KB158631

www.dsan.co.kr

신경향

최근 3개년 기출문제 무료 동영상강의 제공

전기기사 · 전기공사기사

제 어 공 학

대산전기기술학원
NCS · 공사 · 공단 · 공무원

전기기사 핵심시리즈 5

QNA 365

전용 홈페이지를 통한 365일 학습관리

홈페이지를 통한 합격 솔루션

- 온라인 실전모의고사 실시
- 전기(산업)기사 필기 합격가이드
- 공학용계산법 동영상강좌 무료수강
- 쉽게 배우는 전기수학 3개월 동영상강좌 무료수강

① 33인의 전문위원이 엄선한 출제예상문제 수록
② 전기기사 및 산업기사 최신 기출문제 상세해설
③ 저자직강 동영상강좌 및 1:1 학습관리 시스템 운영
④ 국내 최초 유형별 모의고사 시스템 운영

한솔아카데미

책을 펼치며...

현대 사회에서 우리나라는 물론 세계적인 산업 발전에 전기 에너지의 이용은 나날이 증가하고 있습니다. 전기 분야 자격증에 관심을 가지고 있는 모든 수험생 분들을 위해 급변하는 출제경향과 기술 발전에 맞추어 전기(공사)기사 및 산업기사, 공무원, 각종 공채시험과 NCS적용 문제 해결을 위한 이론서를 발간하게 되었습니다. 40년 가까이 되는 전기 전문교육기관들의 담당 교수님들께서 직접 집필하였습니다. 본서는 개념 설명 및 핵심 분석을 통한 단기간에 자격증 취득이 가능할 뿐만 아니라 비전공자도 이해할 수 있습니다. 기초부터 활용능력까지 습득 할 수 있는 수험서입니다.

본 교재의 구성

1. 핵심논점 정리
2. 핵심논점 필수예제
3. 핵심 요약노트
4. 기출문제 분석표
5. 출제예상문제

본 교재의 특징

1. 비전공자도 알 수 있는 개념 설명
   전기기사 자격증은 최근의 취업난 속에서 더욱 더 필요한 자격증입니다. 비전공자, 유사 전공자들의 수험준비가 나날이 증가하고 있습니다. 본 수험서는 누구나 쉽게 이해할 수 있도록 기본개념을 충실히 하였습니다.
2. 문제의 해결 능력을 기르는 핵심정리
   기출문제 중 최다기출 문제 및 높은 수준의 기출문제 풀이를 통해 학습함으로써 문제해결 능력 배양에 효과적인 학습서입니다. 실전형 문제를 통해 자격시험 및 NCS시험의 동시 대비가 가능합니다.
3. 신경향 실전형 개념 정리 기본서
   개념만으론 부족한 실전 용어 정리 및 활용으로 개념과 문제를 동시에 해결할 수 있습니다. 기본부터 실전 문제까지 모든 과정이 수록되어 있습니다. 매년 새로워지는 출제경향을 분석하여 수험준비에 필요한 시간단축에 효과적인 기본서입니다.
4. 365일 Q&A SYSTEM
   예제문제, 단원문제, 기출문제까지 명확한 해설을 통해 스스로 학습하는 경우 궁금증을 명확하고 빠르게 해결할 수 있습니다. 전기전공관련 질문사항의 경우 홈페이지를 통해 명확한 답변을 받으실 수 있습니다.

앞으로도 항상 여러분께 꼭 필요한 교재로 남을 것을 약속드리며 여러분의 충고와 조언을 받아 더욱 발전적인 모습으로 정진하는 수험서가 되도록 노력하겠습니다.

전기기사 수험연구회

전기기사, 전기산업기사 시험정보

❶ 수험원서접수

- 접수기간 내 인터넷을 통한 원서접수(www.q-net.or.kr) 원서접수 기간 이전에 미리 회원가입 후 사진 등록 필수
- 원서접수시간은 원서접수 첫날 09:00부터 마지막 날 18:00까지

❷ 기사 시험과목

구 분	전기기사	전기공사기사	전기 철도 기사
필 기	1. 전기자기학 2. 전력공학 3. 전기기기 4. 회로이론 및 제어공학 5. 전기설비기술기준	1. 전기응용 및 공사재료 2. 전력공학 3. 전기기기 4. 회로이론 및 제어공학 5. 전기설비기술기준	1. 전기자기학 2. 전기철도공학 3. 전력공학 4. 전기철도구조물공학
실 기	전기설비설계 및 관리	전기설비견적 및 관리	전기철도 실무

❸ 기사 응시자격

- 산업기사+1년 이상 경력자
- 기능사+3년 이상 경력자
- 타분야 기사자격 취득자
- 4년제 관련학과 대학 졸업 및 졸업예정자
- 전문대학 졸업+2년 이상 경력자
- 교육훈련기관(기사 수준) 이수자 또는 이수예정자
- 교육훈련기관(산업기사 수준) 이수자 또는 이수예정자+2년 이상 경력자
- 동일 직무분야 4년 이상 실무경력자

❹ 산업기사 시험과목

구 분	전기산업기사	전기공사산업기사
필 기	1. 전기자기학 2. 전력공학 3. 전기기기 4. 회로이론 5. 전기설비기술기준	1. 전기응용 2. 전력공학 3. 전기기기 4. 회로이론 5. 전기설비기술기준
실 기	전기설비설계 및 관리	전기설비 견적 및 시공

❺ 산업기사 응시자격

- 기능사+1년 이상 경력자
- 타분야 산업기사 자격취득자
- 전문대 관련학과 졸업 또는 졸업예정자
- 교육훈련기간(산업기사 수준) 이수자 또는 이수예정자
- 동일 직무분야 2년 이상 실무경력자

[제어공학 출제기준]

적용기간 : 2024.1.1. ~ 2026.12.31.

세 부 항 목	세 세 항 목
1. 자동제어계의 요소 및 구성	1. 제어계의 종류 2. 제어계의 구성과 자동제어의 용어 3. 자동제어계의 분류 등
2. 블록선도와 신호흐름선도	1. 블록선도의 개요 2. 궤환제어계의 표준형 3. 블록선도의 변환 4. 아날로그계산기 등
3. 상태공간해석	1. 상태변수의 의의 2. 상태변수와 상태방정식 3. 선형시스템의 과도응답 등
4. 정상오차와 주파수응답	1. 자동제어계의 정상오차 2. 과도응답과 주파수응답 3. 주파수응답의 궤적표현 4. 2차계에서 MP와 WP 등
5. 안정도판별법	1. Routh-Hurwitz안정도판별법 2. Nyquist안정도판별법 3. Nyquist선도로부터의 이득과 위상여유 4. 특성방정식의 근 등
6. 근궤적과 자동제어의 보상	1. 근궤적 2. 근궤적의 성질 3. 종속보상법 4. 지상보상의 영향 5. 조절기의 제어동작 등
7. 샘플값제어	1. sampling방법 2. Z변환법 3. 펄스전달함수 4. sample값 제어계의 Z변환법에 의한 해석 5. sample값 제어계의 안정도 등
8. 시퀀스제어	1. 시퀀스제어의 특징 2. 제어요소의 동작과 표현 3. 불대수의 기본정리 4. 논리회로 5. 무접점회로 6. 유접점회로 등

이 책의 특징

01 핵심논점 정리

- 단원별 필수논점을 누구나 이해할 수 있도록 설명을 하였다.
- 전기기사시험과 전기산업기사 기출문제 빈도가 낮으므로 핵심논점 정리를 꼼꼼히 학습하여야 한다.

02 필수예제

- 해당논점의 Key Word를 제시하여 논점을 숙지할 수 있게 하였다.
- 최근 10개년 기출문제를 분석하여 최대빈도의 문제를 수록하였다.

03 출제빈도

- 단원별 핵심논점마다 요약정리를 통해 개념정리에 도움을 주며 이해력향상을 위한 추가설명을 첨부하여 한 눈에 알 수 있게 하였다.

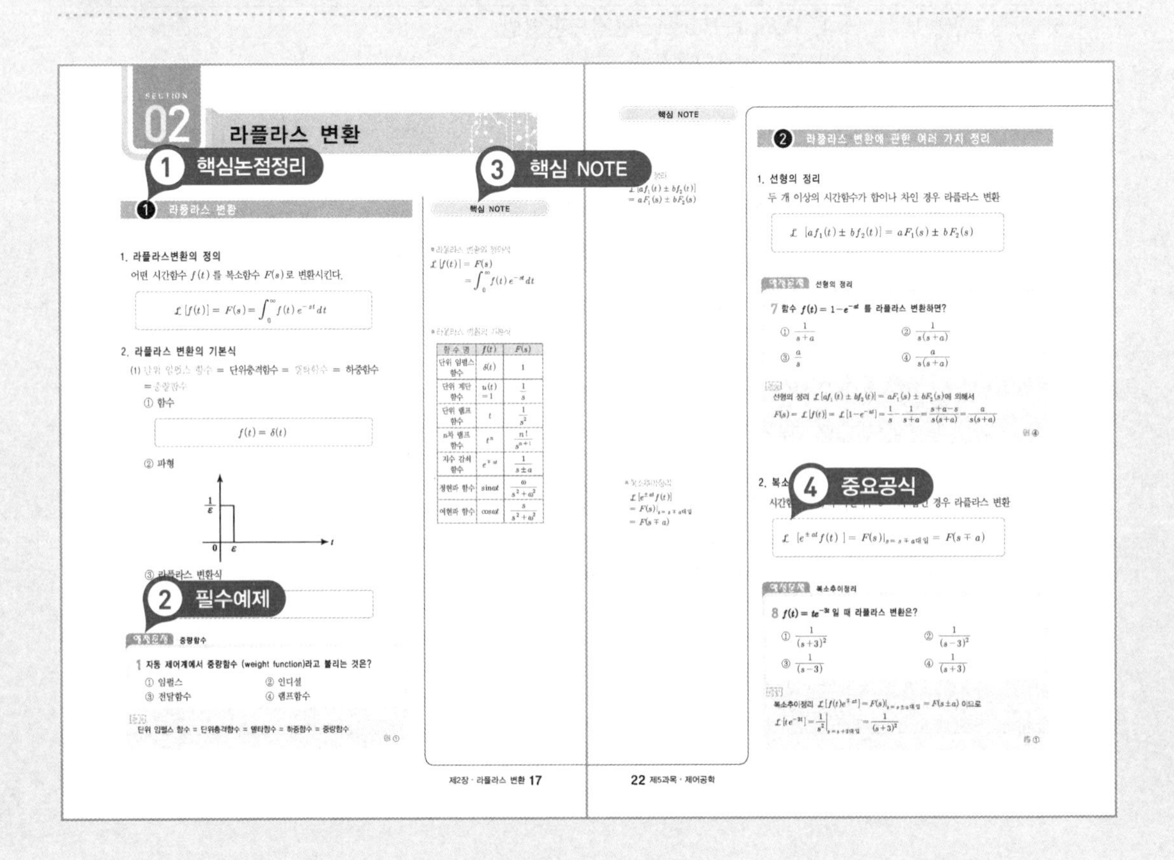

04 중요공식

- 단원별 필수 논점과 공식 중 출제빈도가 높은 중요공식은 중요박스를 삽입하여 꼭 암기할 수 있도록 하였다.

05 출제예상

- 최근 20개년 기출문제 경향을 바탕으로 상세해설과 함께 최대 출제빈도 문제들로 출제예상문제를 수록하였다.

06 과년도 기출문제

- 최근 5개년간 출제문제를 출제형식 그대로 수록하여 최종 출제경향파악 및 학습 완성도를 평가해 볼 수 있게 하였다.

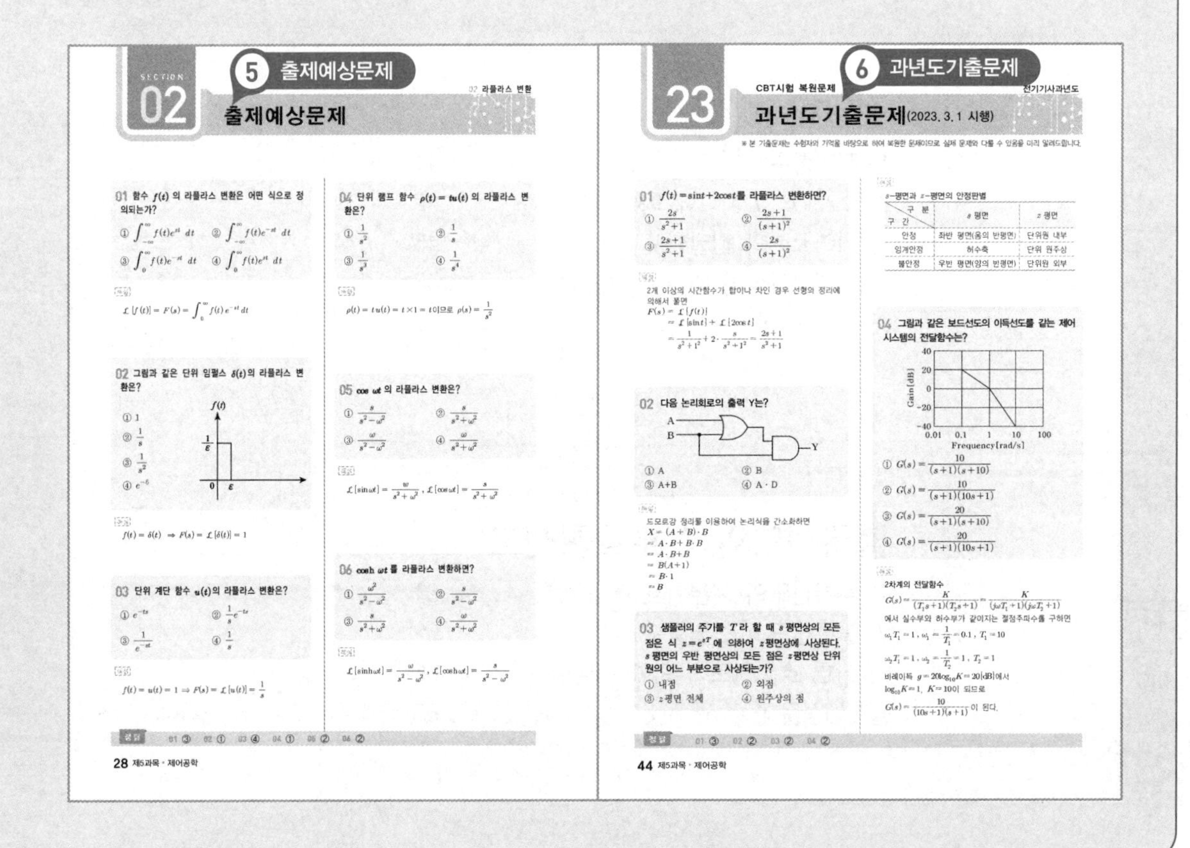

SECTION 02 ⑤ 출제예상문제

02 라플라스 변환

출제예상문제

01 함수 $f(t)$ 의 라플라스 변환은 어떤 식으로 정의되는가?

① $\int_{-\infty}^{\infty} f(t)e^{st}\,dt$ ② $\int_{-\infty}^{\infty} f(t)e^{-st}\,dt$

③ $\int_{0}^{\infty} f(t)e^{-st}\,dt$ ④ $\int_{0}^{\infty} f(t)e^{st}\,dt$

해설

$\mathcal{L}[f(t)] = F(s) = \int_0^{\infty} f(t)e^{-st}dt$

02 그림과 같은 단위 임펄스 $\delta(t)$의 라플라스 변환은?

① 1 ② $\frac{1}{s}$ ③ $\frac{1}{s^2}$ ④ $e^{-\delta}$

해설

$f(t) = \delta(t) \Rightarrow F(s) = \mathcal{L}[\delta(t)] = 1$

03 단위 계단 함수 $u(t)$의 라플라스 변환은?

① e^{-ts} ② $\frac{1}{s}e^{-ts}$

③ $\frac{1}{e^{-st}}$ ④ $\frac{1}{s}$

해설

$f(t) = u(t) = 1 \Rightarrow F(s) = \mathcal{L}[u(t)] = \frac{1}{s}$

04 단위 램프 함수 $\rho(t) = tu(t)$ 의 라플라스 변환은?

① $\frac{1}{s^2}$ ② $\frac{1}{s}$

③ $\frac{1}{s^3}$ ④ $\frac{1}{s^4}$

해설

$\rho(t) = tu(t) = t \times 1 = t$이므로 $\rho(s) = \frac{1}{s^2}$

05 $\cos\omega t$ 의 라플라스 변환은?

① $\frac{s}{s^2-\omega^2}$ ② $\frac{s}{s^2+\omega^2}$

③ $\frac{\omega}{s^2-\omega^2}$ ④ $\frac{\omega}{s^2+\omega^2}$

해설

$\mathcal{L}[\sin\omega t] = \frac{w}{s^2+\omega^2}$, $\mathcal{L}[\cos\omega t] = \frac{s}{s^2+\omega^2}$

06 $\cosh\omega t$ 를 라플라스 변환하면?

① $\frac{\omega^2}{s^2-\omega^2}$ ② $\frac{s}{s^2-\omega^2}$

③ $\frac{s}{s^2+\omega^2}$ ④ $\frac{\omega}{s^2+\omega^2}$

해설

$\mathcal{L}[\sinh\omega t] = \frac{\omega}{s^2-\omega^2}$, $\mathcal{L}[\cosh\omega t] = \frac{s}{s^2-\omega^2}$

정답 01 ③ 02 ① 03 ④ 04 ① 05 ② 06 ②

28 제5과목 · 제어공학

23 ⑥ 과년도기출문제

CBT시험 복원문제 전기기사과년도

과년도기출문제(2023. 3. 1 시행)

※ 본 기출문제는 수험자의 기억을 바탕으로 하여 복원한 문제이므로 실제 문제와 다를 수 있음을 미리 알려드립니다.

01 $f(t) = \sin t + 2\cos t$를 라플라스 변환하면?

① $\frac{2s}{s^2+1}$ ② $\frac{2s+1}{(s+1)^2}$

③ $\frac{2s+1}{s^2+1}$ ④ $\frac{2s}{(s+1)^2}$

해설

2개 이상의 시간함수가 합이나 차인 경우 선형의 정리에 의해서 풀면

$F(s) = \mathcal{L}[f(t)]$
$= \mathcal{L}[\sin t] + \mathcal{L}[2\cos t]$
$= \frac{1}{s^2+1^2} + 2\cdot\frac{s}{s^2+1^2} = \frac{2s+1}{s^2+1}$

02 다음 논리회로의 출력 Y는?

① A ② B

③ A+B ④ A · D

해설

드모르강 정리를 이용하여 논리식을 간소화하면

$X = (A+B)\cdot B$
$= A\cdot B + B\cdot B$
$= A\cdot B + B$
$= B(A+1)$
$= B\cdot 1$
$= B$

03 샘플러의 주기를 T라 할 때 s 평면상의 모든 점은 식 $z = e^{sT}$ 에 의하여 z 평면상에 사상된다. s 평면의 우반 평면상의 모든 점은 z평면상 단위원의 어느 부분으로 사상되는가?

① 내점 ② 외점

③ z평면 전체 ④ 원주상의 점

해설

s-평면과 z-평면의 안정판별

구간 \ 구분	s 평면	z 평면
안정	좌반 평면(음의 반평면)	단위원 내부
임계안정	허수축	단위 원주상
불안정	우반 평면(양의 반평면)	단위원 외부

04 그림과 같은 보드선도의 이득선도를 갖는 제어 시스템의 전달함수는?

① $G(s) = \frac{10}{(s+1)(s+10)}$

② $G(s) = \frac{10}{(s+1)(10s+1)}$

③ $G(s) = \frac{20}{(s+1)(s+10)}$

④ $G(s) = \frac{20}{(s+1)(10s+1)}$

해설

2차계의 전달함수

$G(s) = \frac{K}{(T_1s+1)(T_2s+1)} = \frac{K}{(j\omega T_1+1)(j\omega T_2+1)}$

에서 실수부와 허수부가 같아지는 절점주파수를 구하면

$\omega_1 T_1 = 1$, $\omega_1 = \frac{1}{T_1} = 0.1$, $T_1 = 10$

$\omega_2 T_2 = 1$, $\omega_2 = \frac{1}{T_2} = 1$, $T_2 = 1$

비례이득 $g = 20\log_{10}K = 20$[dB]에서

$\log_{10}K = 1$, $K = 10$이 되므로

$G(s) = \frac{10}{(10s+1)(s+1)}$이 된다.

정답 01 ③ 02 ② 03 ② 04 ②

44 제5과목 · 제어공학

CONTENTS

1 자동제어계의 요소와 구성

2 라플라스 변환

3 전달함수

4 블록선도와 신호흐름선도

5 자동제어계의 과도응답

6 주파수 응답

7 안정도

8 근궤적법

CONTENTS

9 상태방정식 및 Z 변환

10 시퀀스 제어

11 제어기기

12 과년도기출문제

Engineer Electricity

자동제어계의 요소와 구성

Chapter 01

자동제어계의 요소와 구성

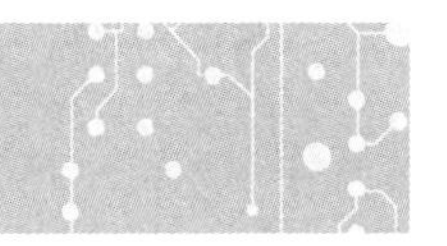

① 자동제어계의 종류 및 구성

핵심 NOTE

1. 자동제어계의 종류

(1) 개루프 제어계(open loop control system)

가장 간단한 장치로서 제어동작이 출력과 관계없이 신호의 통로가 열려 있는 제어계로서 미리 정해진 순서에 따라서 각 단계가 순차적으로 진행되므로 시퀀스 제어(sequential control)라고도 한다.

■ 개루우프 제어계의 특징

① 제어시스템이 가장 간단하며, 설치비가 싸다.

② 제어동작이 출력과 관계없어 오차가 많이 생길 수 있으며 오차를 교정 할 수가 없다.

(2) 폐루프 제어계(closed loop control system)

출력값을 입력방향으로 피드백 시켜 일정한 목표값과 비교·검토하여 오차를 자동적으로 정정하게 하는 제어계로서 피드백 제어(feedback control)라고도 하며 입력과 출력을 비교하는 장치가 필수적이다.

■ 피드백 제어계의 특징

① 정확성의 증가

② 계의 특성 변화에 대한 입력 대 출력비의 감도 감소

③ 대역폭이 증가한다.

④ 외부 조건의 변화에 대한 영향을 줄이 수 있다.

⑤ 제어계가 복잡해지고 제어기의 값이 비싸진다.

■ 개루프 제어계

미리 정해진 순서에 따라서 각 단계가 순차적으로 진행되므로 시퀀스 제어(sequential control)라고도 한다.

■ 폐루프 제어계

입력과 출력을 비교하는 장치가 필수적

■ 피드백 제어계의 특징

- 정확성의 증가
- 계의 특성 변화에 대한 입력대 출력비의 감도 감소
- 대역폭이 증가한다.
- 외부 조건의 변화에 대한 영향을 줄이 수 있다.
- 제어계가 복잡해지고 제어기의 값이 비싸진다.

2. 피드백 제어계의 구성

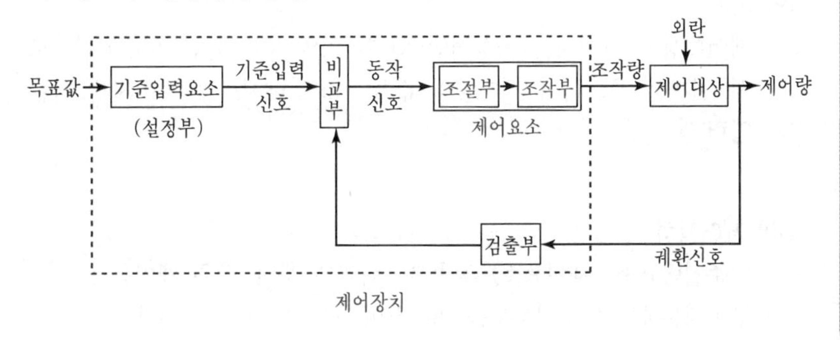

핵심 NOTE

■ 기준입력요소
목표값을 제어할 수 있는 신호로 바꾸어주는 장치

■ 제어요소
조절부와 조작부로 구성되어 있으며 동작신호를 조작량으로 변 환하는 장치

■ 조작량
제어장치 또는 제어요소의 출력 이면서 제어대상의 입력인 신호

■ 제어장치
제어대상은 제외

(1) 목표값(입력)
제어계의 설정되는 값으로서 제어계에 가해지는 입력을 의미한다.

(2) 기준입력요소
목표값을 제어할 수 있는 신호로 바꾸어주는 장치로서 제어계의 설정부를 의미한다.

(3) 동작신호
목표값과 제어량 사이에서 나타나는 편차값으로서 제어요소의 입력 신호이다.

(4) 제어요소
조절부와 조작부로 구성되어 있으며 동작신호를 조작량으로 변환하는 장치이다.

(5) 조작량
제어장치 또는 제어요소의 출력이면서 제어대상의 입력인 신호이다.

(6) 제어대상
제어기구로서 제어장치를 제외한 나머지 부분을 의미한다.

(7) 제어량(출력)
제어계의 출력으로서 제어대상에서 만들어지는 값이다.

(8) 검출부
제어량을 검출하는 부분으로서 입력과 출력을 비교할 수 있는 비교부에 출력 신호를 공급하는 장치이다.

(9) 외란
제어대상에 가해지는 정상적인 입력이외의 좋지 않은 외부입력으로서 편차를 유도하여 제어량의 값을 목표값에서부터 멀어지게 하는 입력

(10) 제어장치
기준입력요소, 제어요소, 검출부, 비교부 등과 같은 제어동작이 이루어지는제어계 구성부분을 의미하며 제어대상은 제외된다.

핵심 NOTE

예제문제 피드백 제어계

1 피드백 제어계의 특징이 아닌 것은?

① 정확성이 증가한다.
② 대역폭이 증가한다.
③ 구조가 간단하고 설치비가 비싸다.
④ 계의 특성 변화에 대한 입력 대 출력비의 감도가 감소한다.

해설
피드백 제어계는 출력값을 입력방향으로 피드백시켜 일정한 목표값과 비교·검토하여 오차를 자동적으로 정정하게 되므로 구조가 복잡하다.

답 ③

예제문제 피드백 제어계

2 피드백 제어계에서 반드시 필요한 장치는 어느 것인가?

① 구동 장치
② 응답 속도를 빠르게 하는 장치
③ 안정도를 좋게 하는 장치
④ 입력과 출력을 비교하는 장치

해설
피드백 제어계에서는 오차를 정정하기 위하여 입력과 출력을 비교하는 장치가 반드시 필요하다.

답 ④

예제문제 제어장치

3 다음 요소 중 피드백 제어계의 제어장치에 속하지 않는 것은?

① 설정부
② 조절부
③ 검출부
④ 제어대상

해설
제어대상은 제어기구로서 제어장치를 제외한 나머지 부분을 의미한다.

답 ④

예제문제 제어요소

4 제어요소는 무엇으로 구성되는가?

① 비교부와 검출부
② 검출부와 조작부
③ 검출부와 조절부
④ 조절부와 조작부

해설
제어요소는 조절부와 조작부로 구성되어 있으며 동작신호를 조작량으로 변환하는 장치이다.

답 ④

핵심 NOTE

■ 제어량에 의한 분류
- 서보기구 제어
  위치, 방향, 자세, 각도, 거리
- 프로세스 제어
  온도, 압력, 유량, 액면, 습도, 농도
- 자동조정 제어
  전압, 주파수, 장력, 속도

2 자동제어계의 분류

1. 제어량에 의한 분류

(1) 서보기구 제어

제어량이 기계적인 추치제어이다.

예) 위치, 방향, 자세, 각도, 거리

(2) 프로세스 제어

공정제어라고도 하며 제어량이 피드백 제어계로서 주로 정치제어인 경우이다.

예) 온도, 압력, 유량, 액면, 습도, 농도

(3) 자동조정 제어

제어량이 정치제어이다.

예) 전압, 주파수, 장력, 속도

예제문제 서보기구 제어량

5 피드백 제어계 중 물체의 위치, 방위, 자세 등의 기계적 변위를 제어량으로 하는 것은?

① 서보기구(servomechanism)
② 프로세스제어(process control)
③ 자동조정(automatic regulation)
④ 프로그램제어(program control)

해설

제어량에 의한 분류
① 서보기구 제어 : 위치, 방향, 자세, 각도, 거리
② 프로세스 제어 : 온도, 압력, 유량, 액면, 습도, 농도
③ 자동조정 제어 : 전압, 주파수, 장력, 속도

답 ①

예제문제 프로세스 제어량

6 프로세스제어에 속하는 것은?

① 전압 ② 압력
③ 자동조정 ④ 정치제어

해설

제어량에 의한 분류
① 서보기구 제어 : 위치, 방향, 자세, 각도, 거리
② 프로세스 제어 : 온도, 압력, 유량, 액면, 습도, 농도
③ 자동조정 제어 : 전압, 주파수, 장력, 속도

답 ②

2. 목표값(제어목적)에 의한 분류

(1) 정치제어

목표값이 시간에 관계없이 항상 일정한 것을 제어

예) 연속식 압연기

(2) 추치제어

목표값의 크기나 위치가 시간에 따라 변하는 것을 제어

추치제어의 3종류 (추종제어, 프로그램제어, 비율제어)

① 추종제어

제어량에 의한 분류 중 서보 기구에 해당하는 값을 제어한다.

예) 비행기 추적용레이더, 유도미사일

② 프로그램제어

미리 정해진 시간적 변화에 따라 정해진 순서대로 제어 한다.

예) 무인 엘리베이터, 무인 자판기, 무인 열차

③ 비율제어

목표값이 다른 것과 일정비율관계를 가지고 변화하는 경우의 제어 한다.

예제문제 프로그램 제어

7 목표값이 미리 정해진 시간적 변화를 하는 경우 제어량을 그것에 추종시키기 위한 제어는?

① 프로그래밍 제어 ② 정치제어

③ 추종제어 ④ 비율제어

해설

목표값이 미리 정해진 시간적 변화를 하는 경우 제어량을 그것에 추종시키기 위한 제어를 프로그래밍 제어라 하며 그 예로는 무인열차, 무인자판기, 무인엘리베이터 등이 있다.

답 ①

예제문제 추종제어

8 다음의 제어량에서 추종제어에 속하지 않는 것은?

① 유량 ② 위치

③ 방위 ④ 자세

해설

추종제어는 제어량에 의한 분류 중 서보 기구에 해당하는 값을 제어하므로 위치, 방향, 자세, 각도, 거리등이 속한다.

답 ①

핵심 NOTE

■ 목표값(제어목적)에 의한 분류

1. 정치제어 : 목표값이 시간에 일정한 것을 제어
   예) 연속식 압연기
2. 추치제어 : 목표값이 시간에 따라 변하는 것을 제어
   - 추종제어
     예) 비행기 추적용레이더, 유도미사일
   - 프로그램제어 : 미리 정해진 순서대로 제어 한다.
     예) 무인 엘리베이터, 무인 자판기, 무인 열차
   - 비율제어 : 목표값이 일정비율 관계를 가지고 변화하는 것

핵심 NOTE

■ 동작에 의한 분류

1. 연속동작에 의한 분류
- 비례동작(P제어)
  off-set(잔류편차)가 발생, 속응성(응답속도)이 나쁘다.
- 비례 미분동작(PD제어)
  진동을 억제하여 속응성(응답속도)를 개선한다.
  [진상보상요소]
- 비례 적분동작(PI제어) 정상특성을 개선하여 off-set(오프셋, 잔류편차, 정상편차, 정상오차)를 제거한다.
  [지상보상요소]
- 비례미분적분동작(PID제어)
  최상의 최적제어로서 off-set를 제거하며 속응성 또한 개선하여 안정한 제어가 되도록 한다.
  [진·지상보상요소]

2. 불연속 동작에 의한 분류(사이클링 발생)
- ON-OFF 제어
- 샘플링제어

3. 동작에 의한 분류

(1) 연속동작에 의한 분류

① 비례동작(P제어)
off-set(오프셋, 잔류편차, 정상편차, 정상오차)가 발생, 속응성(응답속도)이 나쁘다.

② 비례 미분동작(PD제어)
진동을 억제하여 속응성(응답속도)를 개선한다. [진상보상요소]

③ 비례 적분동작(PI제어)
정상특성을 개선하여 off-set(오프셋, 잔류편차, 정상편차, 정상오차)를 제거한다. [지상보상요소]

④ 비례미분적분동작(PID제어)
최상의 최적제어로서 off-set를 제거하며 속응성 또한 개선하여 안정한 제어가 되도록 한다. [진·지상보상요소]

(2) 불연속 동작에 의한 분류(사이클링 발생)

① ON-OFF 제어(2위치 제어)
② 샘플링제어

예제문제 비례미분동작

9 PD 제어동작은 프로세스제어계의 과도특성개선에 쓰인다. 이것에 대응하는 보상 요소는?

① 지상보상 요소　② 진상보상 요소
③ 진지상보상 요소　④ 동상보상 요소

해설
비례 미분동작(PD제어)은 진동을 억제하여 속응성(응답속도)를 개선한다. ⇒ 진상보상요소

답 ②

예제문제 비례미분적분동작

10 PID 동작은 어느 것인가?

① 사이클링은 제거할 수 있으나 오프셋은 생긴다
② 오프셋은 제거되나 제어동작에 큰 부동작시간이 있으면 응답이 늦어진다
③ 응답속도는 빨리 할 수 있으나 오프셋은 제거되지 않는다
④ 사이클링과 오프셋이 제거되고 응답속도가 빠르며 안정성도 있다

해설
비례미분적분동작(PID제어)은 최상의 최적제어로서 off-set를 제거하며 속응성 또한 개선하여 안정한 제어가 되도록 한다. ⇒ 진·지상보상요소

답 ④

출제예상문제

01 다음 용어 설명 중 옳지 않은 것은?

① 목표값을 제어할 수 있는 신호로 변환하는 장치를 기준입력장치
② 목표값을 제어할 수 있는 신호로 변환하는 장치를 조작부
③ 제어량을 설정값과 비교하여 오차를 계산하는 장치를 오차검출기
④ 제어량을 측정하는 장치를 검출단

해설

기준입력장치는 목표값을 제어할 수 있는 신호로 바꾸어주는 장치로서 제어계의 설정부를 의미한다.

02 제어계를 동작시키는 기준으로서 직접 제어계에 가해지는 신호는?

① 기준입력신호 ② 동작신호
③ 조절신호 ④ 주 피드백신호

해설

기준 입력 신호는 제어계를 동작시키는 기준으로 직접 제어계에 가해지는 입력 신호이다.

03 동작신호를 만드는 부분은?

① 검출부 ② 비교부
③ 조작부 ④ 제어부

해설 피드백제어계의 구성

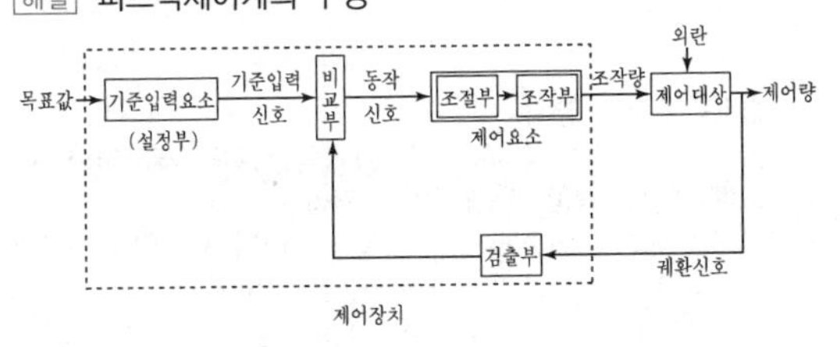

04 다음 그림 중 ①에 알맞은 신호는?

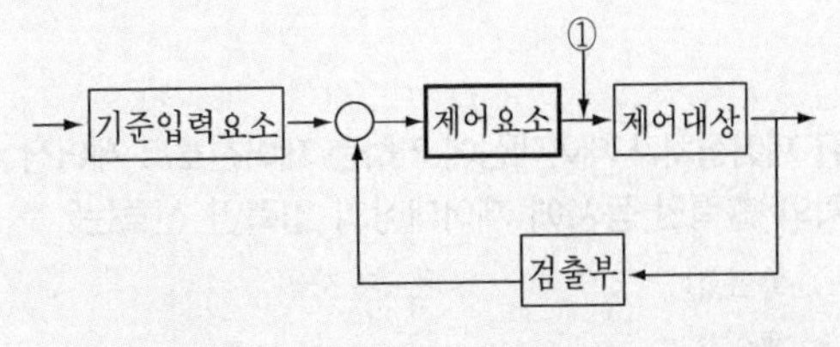

① 기준입력 ② 동작신호
③ 조작량 ④ 제어량

해설

조작량이란 제어요소에서 제어대상에 인가되는 양을 의미한다.

05 조절부와 조작부로 이루어진 요소는?

① 기준입력요소 ② 피드백요소
③ 제어요소 ④ 제어대상

해설

제어요소는 조절부와 조작부로 구성되어 있으며 동작신호를 조작량으로 변환하는 장치이다.

06 피드백 제어계에서 제어요소에 대한 설명 중 옳은 것은?

① 목표치에 비례하는 신호를 발생하는 요소 이다
② 조작부와 검출부로 구성되어 있다
③ 조절부와 검출부로 구성되어 있다
④ 동작신호를 조작량으로 변환시키는 요소이다

해설

제어요소는 조절부와 조작부로 구성되어 있으며 동작신호를 조작량으로 변환하는 장치이다

정답 01 ② 02 ① 03 ② 04 ③ 05 ③ 06 ④

07 제어요소가 제어대상에 주는 양은?

① 기준입력신호 ② 동작신호
③ 제어량 ④ 조작량

08 제어장치가 제어대상에 가하는 제어신호로 제어장치의 출력인 동시에 제어대상의 입력인 신호는?

① 목표값 ② 조작량
③ 제어량 ④ 동작 신호

09 전기로의 온도를 900[℃]로 일정하게 유지시키기 위하여, 열전 온도계의 지시값을 보면서 전압 조정기로 전기로에 대한 인가전압을 조절하는 장치가 있다. 이 경우 열전온도계는 어느 용어에 해당되는가?

① 검출부 ② 조작량
③ 조작부 ④ 제어량

해설

검출부는 제어량을 검출하는 부분으로서 입력과 출력을 비교할 수 있는 비교부에 출력신호를 공급하는 장치이다.

제어대상 : 전기로 제어량 : 온도
목표값 : 900℃ 검출부 : 열전도계
제어요소 : 전압조정기 조작량 : 인가전압

10 목표값 200[℃]의 전기로에서 열전온도계의 지시에 따라 전압 조정기로 전압을 조절하여 온도를 일정하게 유지시킨다면 온도는 다음 어느 것에 해당되는가?

① 제어량 ② 조작부
③ 조작량 ④ 검출부

해설

제어량은 숫자에 대한 이름으로 되어있다.

11 보일러의 온도를 70[℃]로 일정하게 유지시키기 위하여 기름의 공급을 변화시킬 때 목표값은?

① 70[℃] ② 온도
③ 기름 공급량 ④ 보일러

해설

목표값은 숫자로 되어 있다.

12 인가직류 전압을 변화시켜서 전동기의 회전수를 800[rpm]으로 하고자 한다. 이 경우 회전수는 어느 용어에 해당되는가?

① 목표값 ② 조작량
③ 제어량 ④ 제어 대상

해설

제어량은 숫자에 대한 이름으로 되어있다.

13 제어기기의 대표적인 것을 들면 검출기, 변환기, 증폭기, 조작기기를 들 수 있는데 서보 모터(Servo moter)는 어디에 속하는가?

① 검출기 ② 변환기
③ 조작기기 ④ 증폭기

14 자동제어의 분류에서 제어량의 종류에 의한 분류가 아닌 것은?

① 서보기구 ② 추치제어
③ 프로세서제어 ④ 자동조정

해설

제어량에 의한 분류

① 서보기구 제어 : 제어량이 기계적인 추치 제어이다.
예) 위치, 방향, 자세, 각도, 거리
② 프로세스 제어 : 공정제어라고도 하며 제어량이 피드백 제어계로서 주로 정치제어인 경우 이다.
예) 온도, 압력, 유량, 액면, 습도, 농도
③ 자동조정 제어 : 제어량이 정치제어이다.
예) 전압, 주파수, 장력, 속도

정답 07 ④ 08 ② 09 ① 10 ① 11 ① 12 ③ 13 ③ 14 ②

15 자동제어의 추치제어 3종이 아닌 것은?

① 프로세스제어 ② 추종제어
③ 비율제어 ④ 프로그램제어

해설
추치제어는 목표값의 크기나 위치가 시간에 따라 변하는 것을 제어하는 것으로서 추종제어, 프로그램 제어, 비율제어인 3종류로 분류된다.

16 자동 조정계가 속하는 제어계는?

① 추종제어 ② 정치제어
③ 프로그램제어 ④ 비율제어

해설
정치제어는 목표값이 시간에 따라 변화하지 않는 것을 제어하는 것으로서 프로세스와 자동조정이 이에 속한다.

17 다음 중 제어량을 어떤 일정한 목표값으로 유지 하는 것을 목적으로 하는 제어법은?

① 추종제어 ② 비율제어
③ 프로그램제어 ④ 정치제어

해설
정치제어는 목표값이 시간에 관계없이 항상 일정한 값을 제어하는 것을 말하며 연속식 압연기 등에 사용된다

18 연속식 압연기의 자동제어는 다음 중 어느 것인가?

① 정치제어 ② 추종제어
③ 프로그래밍제어 ④ 비례제어

해설
연속식 압연기는 압력을 일정하게 유지해야 하므로 목표값이 시간에 따라 변화하지 않는 것을 제어하는 정치제어이다.

19 인공위성을 추적하는 레이더(rader)의 제어방식은?

① 정치제어 ② 비율제어
③ 추종제어 ④ 프로그램제어

해설
항공기를 레이더로 추적하는 제어와 같이 임의로 변화하는 목표값을 추적하는 제어를 추종제어라 한다.

20 열차의 무인 운전을 위한 제어는 어느 것에 속하는가?

① 정치제어 ② 추종제어
③ 비율제어 ④ 프로그램제어

21 엘리베이터의 자동제어는 다음 중 어느 것에 속하는가?

① 추종제어 ② 프로그램제어
③ 정치제어 ④ 비율제어

22 서보기구에서 직접 제어되는 제어량은 주로 어느 것인가?

① 압력, 유량, 액위, 온도
② 수분, 화학 성분
③ 위치, 각도
④ 전압, 전류, 회전 속도, 회전력

해설
제어량에 의한 분류
① 서보기구 제어 : 제어량이 기계적인 추치 제어이다.
예) 위치, 방향, 자세, 각도, 거리
② 프로세스 제어 : 공정제어라고도 하며 제어량이 피드백 제어계로서 주로 정치제어인 경우이다.
예) 온도, 압력, 유량, 액면, 습도, 농도
③ 자동조정 제어 : 제어량이 정치제어이다.
예) 전압, 주파수, 장력, 속도

정답 15 ① 16 ② 17 ④ 18 ① 19 ③ 20 ④ 21 ② 22 ③

23 **제어계 중에서 물체의 위치(속도, 가속도), 각도(자세, 방향)등의 기계적인 출력을 목적으로 하는 제어는?**

① 프로세서제어
② 프로그램제어
③ 자동조정제어
④ 서보제어

해설

서보기구 제어는 제어량이 기계적인 추치제어로서 위치, 방향, 자세, 각도, 거리등을 제어한다.

24 **프로세스제어의 제어량이 아닌 것은?**

① 물체의 자세 ② 액위면
③ 유량 ④ 온도

해설

제어량에 의한 분류
① 서보기구 제어 : 제어량이 기계적인 추치제어이다.
예) 위치, 방향, 자세, 각도, 거리
② 프로세스 제어 : 공정제어라고도 하며 제어량이 피드백 제어계로서 주로 정치제어인 경우이다.
예) 온도, 압력, 유량, 액면, 습도, 농도
③ 자동조정 제어 : 제어량이 정치제어이다.
예) 전압, 주파수, 장력, 속도

25 **원유를 증류 장치에 의하여 휘발유, 등유, 경유 등으로 분리시키는 장치는 어떤 제어인가?**

① 시퀀스제어
② 프로세스제어
③ 개회로제어
④ 추종제어

26 **제어목적에 의한 분류에 해당되는 것은?**

① 프로세스 제어 ② 서보기구
③ 자동조정 ④ 비율제어

해설

목표값(제어목적)에 의한 분류
(1) 정치제어 : 목표값이 시간에 관계없이 항상 일정한 것을 제어
예) 연속식 압연기
(2) 추치제어 : 목표값의 크기나 위치가 시간에 따라 변하는 것을 제어추치제어의 3종류 (추종제어, 프로그램제어, 비율제어)
① 추종제어 : 제어량에 의한 분류 중 서보 기구에 해당하는 값을 제어
예) 비행기 추적용 레이더, 유도미사일
② 프로그램제어 : 미리 정해진 시간적 변화에 따라 정해진 순서대로 제어
예) 무인 엘리베이터, 무인 자판기, 무인 열차
③ 비율제어 : 목표값이 다른 것과 일정비율관계를 가지고 변화하는 경우의 제어

27 **연료의 유량과 공기의 유량과의 사이의 비율을 연소에 적합한 것으로 유지하고자 하는 제어는?**

① 비율제어 ② 추종제어
③ 프로그램제어 ④ 시퀀스제어

28 **제어요소의 동작 중 연속 동작이 아닌 것은?**

① D 동작 ② ON-OFF 동작
③ P + D 동작 ④ P + I 동작

해설

자동제어계의 동작에 의한 분류
(1) 연속동작에 의한 분류
① 비례동작(P제어)
② 비례 미분동작(P+D제어)
③ 비례 적분동작(P+I제어)
④ 비례미분적분제어(P+I+D제어)
(2) 불연속 동작에 의한 분류
① ON-OFF 동작
② 샘플링동작

정답 23 ④ 24 ① 25 ② 26 ④ 27 ① 28 ②

29 잔류편차가 있는 제어계는?

① 비례 제어계(P 제어계)
② 적분 제어계(I 제어계)
③ 비례 적분 제어계(PI 제어계)
④ 비례 적분 미분 제어계(PID 제어계)

해설

비례제어(P제어)은 off-set(오프셋, 잔류편차, 정상편차, 정상오차)가 발생, 속응성(응답속도)이 나쁘다.

30 오프셋이 있는 제어는?

① I 제어 ② P 제어
③ PI 제어 ④ PID 제어

해설

비례제어(P제어)은 off-set(오프셋, 잔류편차, 정상편차, 정상오차)가 발생, 속응성(응답속도)이 나쁘다.

31 PD 제어동작은 공정제어계의 무엇을 개선하기 위하여 쓰이고 있는가?

① 정밀성 ② 속응성
③ 안정성 ④ 이득

해설

비례 미분동작(PD제어)은 진동을 억제하여 속응성(응답속도)를 개선한다. ⇒ 진상보상요소

32 진동이 일어나는 장치의 진동을 억제시키는데 가장 효과적인 제어동작은?

① ON-OFF동작 ② 비례동작
③ 미분동작 ④ 적분동작

해설

비례 미분동작(PD제어)은 진동을 억제하여 속응성(응답속도)를 개선한다. ⇒ 진상보상요소

33 PI 제어동작은 제어계의 무엇을 개선하기 위해 쓰는가?

① 정상특성
② 속응성
③ 안정성
④ 이득

해설

비례 적분동작(PI제어)은 정상특성을 개선하여 off-set(오프셋, 잔류편차, 정상편차, 정상오차)를 제거 한다. ⇒ 지상보상요소

34 조절부의 동작에 의한 분류 중 제어계의 오차가 검출될 때 오차가 변화하는 속도에 비례하여 조작량을 조절하는 동작으로 오차가 커지는 것을 미연에 방지하는 제어동작은 무엇인가?

① 비례동작제어
② 미분동작제어
③ 적분동작제어
④ 온-오프(ON-OFF)제어

35 PI 제어동작은 프로세스제어계의 정상특성 개선에 흔히 쓰인다. 이것에 대응하는 보상 요소는?

① 지상보상 요소
② 진상보상 요소
③ 진지상보상 요소
④ 동상보상 요소

해설

비례 적분동작(PI제어)은 정상특성을 개선하여 off-set(오프셋, 잔류편차, 정상편차, 정상오차)를 제거 한다. ⇒ 지상보상요소

정답 29 ① 30 ② 31 ② 32 ③ 33 ① 34 ② 35 ①

36 **비례적분제어(PI 동작)의 단점은?**

① 사이클링을 일으킨다.
② 오프세트를 크게 일으킨다.
③ 응답의 진동 시간이 길다.
④ 간헐 현상이 있다.

해설

비례적분제어는 잔류편차가 없지만 간헐현상이 있다.

37 **정상특성과 응답속응성을 동시에 개선시키려면 다음 어느 제어를 사용해야 하는가?**

① P 제어 ② PI 제어
③ PD 제어 ④ PID 제어

해설

비례미분적분동작(PID제어)은 최상의 최적제어로서 off-set를 제거하며 속응성 또한 개선하여 안정한 제어가 되도록 한다. ⇒ 진·지상보상요소

38 **다음 동작중 속응도의 정상편차에서 최적제어가 되는 것은?**

① P 동작 ② PI 동작
③ PD 동작 ④ PID 동작

해설

비례미분적분동작(PID제어)은 최상의 최적제어로서 off-set를 제거하며 속응성 또한 개선하여 안정한 제어가 되도록 한다. ⇒ 진·지상보상요소

정 답 36 ④ 37 ④ 38 ④

Engineer Electricity

라플라스 변환

Chapter 02

라플라스 변환

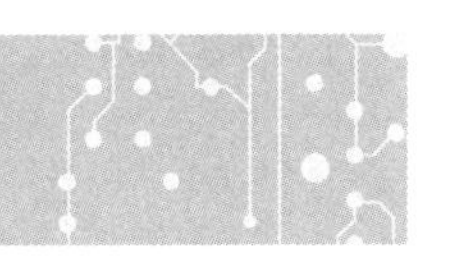

1 라플라스 변환

1. 라플라스변환의 정의

어떤 시간함수 $f(t)$ 를 복소함수 $F(s)$ 로 변환시킨다.

$$\mathcal{L}[f(t)] = F(s) = \int_0^\infty f(t)\, e^{-st} dt$$

2. 라플라스 변환의 기본식

(1) 단위 임펄스 함수 = 단위충격함수 = 델타함수 = 하중함수 = 중량함수

① 함수

$$f(t) = \delta(t)$$

② 파형

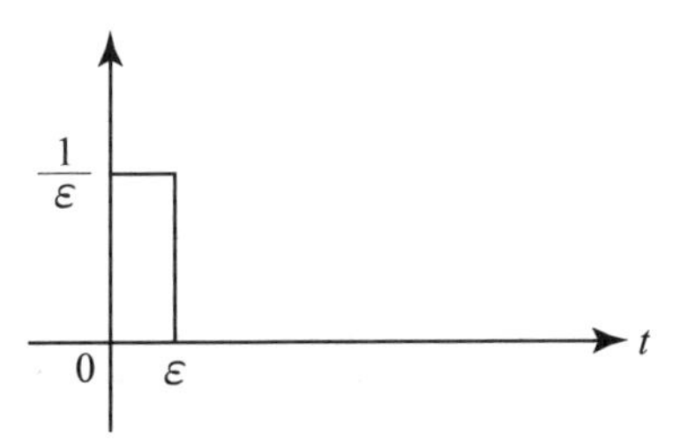

③ 라플라스 변환식

$$F(s) = 1$$

예제문제 중량함수

1 자동 제어계에서 중량함수 (weight function)라고 불리는 것은?

① 임펄스　　② 인디셜
③ 전달함수　　④ 램프함수

해설
단위 임펄스 함수 = 단위충격함수 = 델타함수 = 하중함수 = 중량함수

답 ①

핵심 NOTE

■ 라플라스 변환의 정의식

$$\mathcal{L}[f(t)] = F(s) = \int_0^\infty f(t)\, e^{-st} dt$$

■ 라플라스 변환의 기본식

함 수 명	$f(t)$	$F(s)$
단위 임펄스 함수	$\delta(t)$	1
단위 계단 함수	$u(t)=1$	$\frac{1}{s}$
단위 램프 함수	t	$\frac{1}{s^2}$
n차 램프 함수	t^n	$\frac{n!}{s^{n+1}}$
지수 감쇠 함수	$e^{\mp at}$	$\frac{1}{s\pm a}$
정현파 함수	$\sin\omega t$	$\frac{\omega}{s^2+\omega^2}$
여현파 함수	$\cos\omega t$	$\frac{s}{s^2+\omega^2}$

핵심 NOTE

(2) 단위 계단 함수(unit step function)의 Laplace 변환

① 함수

$$f(t) = u(t) = 1$$

② 파형

③ 라플라스 변환

$$F(s) = \frac{1}{s}$$

예제문제 라플라스변환

2 그림과 같은 직류 전압의 라플라스 변환을 구하면?

① $\frac{E}{s-1}$

② $\frac{E}{s+1}$

③ $\frac{E}{s}$

④ $\frac{E}{s^2}$

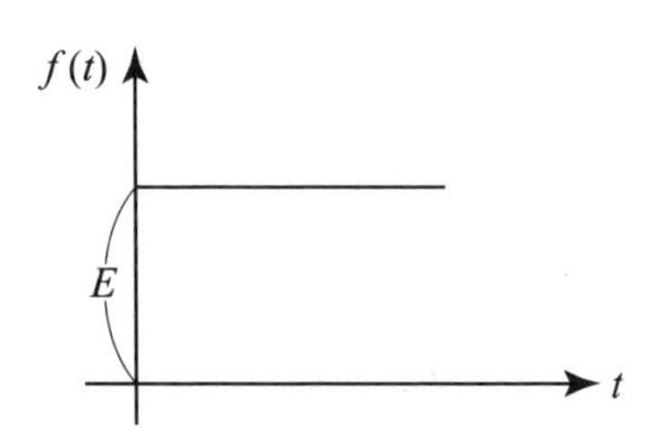

해설

시간함수 $f(t) = Eu(t)$ 이므로 $F(s) = E \times \frac{1}{s} = \frac{E}{s}$

답 ③

(3) 지수감쇠, 지수증가 함수의 Laplace 변환

① 시간함수

$$f(t) = e^{\mp at}$$

② 파형

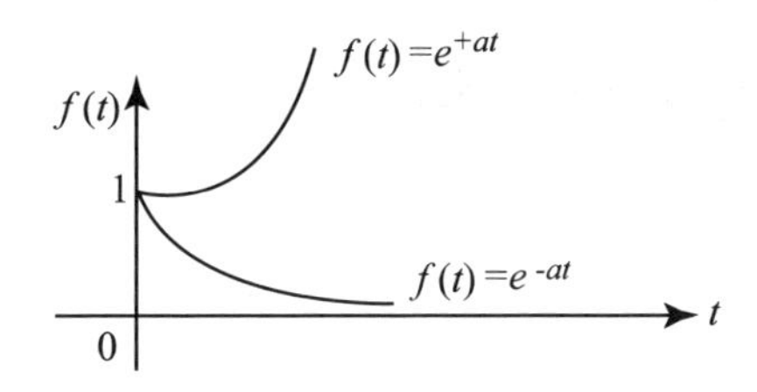

③ 라플라스 변환식

$$F(s) = \frac{1}{s \pm a}$$

예제문제 라플라스변환

3 $e^{j\omega t}$의 라플라스 변환은?

① $\frac{1}{s-j\omega}$　② $\frac{1}{s+j\omega}$

③ $\frac{1}{s^2-\omega^2}$　④ $\frac{\omega}{s^2-\omega^2}$

해설

$f(t) = e^{\pm at}$, $F(s) = \frac{1}{s \mp a}$ 이므로

$F(s) = \mathcal{L} f(t) = \mathcal{L}[e^{j\omega t}] = \frac{1}{s-j\omega}$

답 ①

(4) 단위램프(ramp)함수의 Laplace 변환

① 함수

$$f(t) = t\,u(t)$$

② 파형

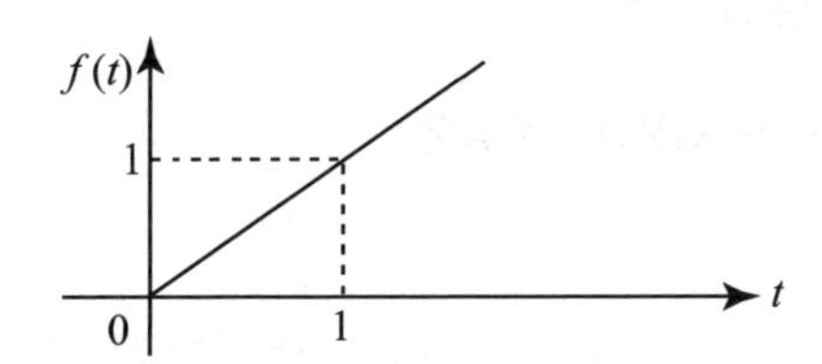

③ 라플라스 변환식

$$F(s) = \frac{1}{s^2}$$

핵심 NOTE

예제문제 라플라스변환

4 다음 파형의 라플라스 변환은?

① $\dfrac{E}{s^2}$

② $\dfrac{E}{Ts^2}$

③ $\dfrac{E}{s}$

④ $\dfrac{E}{Ts}$

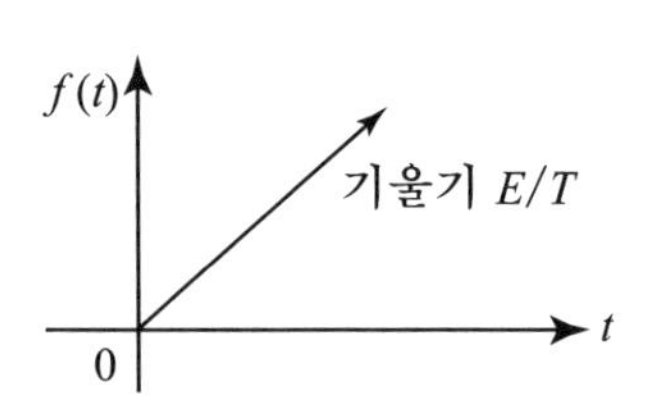

해설

$f(t) = \dfrac{E}{T} t\,u(t)$ 이므로 $F(s) = \dfrac{E}{T} \cdot \dfrac{1}{s^2} = \dfrac{E}{Ts^2}$

답 ②

(5) n 차 램프(ramp)함수의 Laplace 변환

① 함수

$$f(t) = t^n$$

② 라플라스 변환

$$F(s) = \frac{n!}{s^{n+1}}$$

[참고] $2! = 2 \times 1 = 2$

$3! = 3 \times 2 \times 1 = 6$

$4! = 4 \times 3 \times 2 \times 1 = 24$

예제문제 라플라스변환

5 $f(t) = 3t^2$ 의 라플라스 변환은?

① $\dfrac{3}{s^2}$ ② $\dfrac{3}{s^3}$

③ $\dfrac{6}{s^2}$ ④ $\dfrac{6}{s^3}$

해설

$\mathcal{L}[at^n] = a\dfrac{n!}{s^{n+1}}$ 에서 $F(s) = \mathcal{L}[3t^2] = 3\dfrac{2!}{s^{2+1}} = \dfrac{6}{s^3}$

답 ④

(6) 삼각함수의 Laplace 변환

① $f(t) = \sin\omega t$ | $F(s) = \dfrac{\omega}{s^2 + \omega^2}$

② $f(t) = \cos\omega t$ | $F(s) = \dfrac{s}{s^2 + \omega^2}$

③ $f(t) = \sinh\omega t$, $F(s) = \dfrac{\omega}{s^2 - \omega^2}$

④ $f(t) = \cosh\omega t$, $F(s) = \dfrac{s}{s^2 - \omega^2}$

예제문제 **라플라스변환**

6 $\mathcal{L}[\sin t] = \dfrac{1}{s^2+1}$ **을 이용하여 ① $\mathcal{L}[\cos \omega t]$, ② $\mathcal{L}[\sin at]$를 구하면?**

① ① $\dfrac{1}{s^2-a^2}$ ② $\dfrac{1}{s^2-\omega^2}$

② ① $\dfrac{1}{s+a}$ ② $\dfrac{s}{s+\omega}$

③ ① $\dfrac{s}{s^2+\omega^2}$ ② $\dfrac{a}{s^2+a^2}$

④ ① $\dfrac{1}{s+a}$ ② $\dfrac{1}{s-\omega}$

해설

$\mathcal{L}[\cos \omega t] = \dfrac{s}{s^2+\omega^2}$, $\mathcal{L}[\sin at] = \dfrac{a}{s^2+a^2}$

답 ③

핵심 NOTE

■ 선형의 정리
$\mathcal{L}[af_1(t) \pm bf_2(t)]$
$= aF_1(s) \pm bF_2(s)$

■ 복소추이정리
$\mathcal{L}[e^{\pm at}f(t)]$
$= F(s)|_{s=s\mp a\text{대입}}$
$= F(s \mp a)$

2 라플라스 변환에 관한 여러 가지 정리

1. 선형의 정리

두 개 이상의 시간함수가 합이나 차인 경우 라플라스 변환

$$\mathcal{L}[af_1(t) \pm bf_2(t)] = aF_1(s) \pm bF_2(s)$$

예제문제 선형의 정리

7 함수 $f(t) = 1 - e^{-at}$ 를 라플라스 변환하면?

① $\frac{1}{s+a}$ ② $\frac{1}{s(s+a)}$

③ $\frac{a}{s}$ ④ $\frac{a}{s(s+a)}$

해설

선형의 정리 $\mathcal{L}[af_1(t) \pm bf_2(t)] = aF_1(s) \pm bF_2(s)$에 의해서

$F(s) = \mathcal{L}[f(t)] = \mathcal{L}[1 - e^{-at}] = \frac{1}{s} - \frac{1}{s+a} = \frac{s+a-s}{s(s+a)} = \frac{a}{s(s+a)}$

답 ④

2. 복소 추이 정리

시간함수 $f(t)$와 자연지수 $e^{\pm at}$가 곱인 경우 라플라스 변환

$$\mathcal{L}[e^{\pm at}f(t)] = F(s)|_{s=s\mp a\text{대입}} = F(s \mp a)$$

예제문제 복소추이정리

8 $f(t) = te^{-3t}$ 일 때 라플라스 변환은?

① $\frac{1}{(s+3)^2}$ ② $\frac{1}{(s-3)^2}$

③ $\frac{1}{(s-3)}$ ④ $\frac{1}{(s+3)}$

해설

복소추이정리 $\mathcal{L}[f(t)e^{\mp at}] = F(s)|_{s=s\pm a\text{대입}} = F(s \pm a)$ 이므로

$\mathcal{L}[te^{-3t}] = \frac{1}{s^2}\Big|_{s=s+3\text{대입}} = \frac{1}{(s+3)^2}$

답 ①

3. 복소 미분 정리

시간함수 $f(t)$와 n차 램프함수 t^n이 곱인 경우 라플라스 변환

$$\mathcal{L}\ [t^n f(t)\ ] = (-1)^n \frac{d^n}{ds^n} F(s)$$

예) $f(t) = t\sin\omega t \Rightarrow F(s) = \dfrac{2\omega s}{(s^2+\omega^2)^2}$

$f(t) = t\cos\omega t \Rightarrow F(s) = \dfrac{s^2-\omega^2}{(s^2+\omega^2)^2}$

4. 시간 추이 정리

시간이 지연(늦어짐)된 경우 라플라스 변환

$$\mathcal{L}\ [f(t-a)\ ] = F(s)e^{-as}$$

예제문제 시간추이정리

9 그림과 같은 ramp 함수의 라플라스 변환은?

① $e^2\dfrac{1}{s^2}$

② $e^{-s}\dfrac{1}{s^2}$

③ $e^{2s}\dfrac{1}{s^2}$

④ $e^{-2s}\dfrac{1}{s^2}$

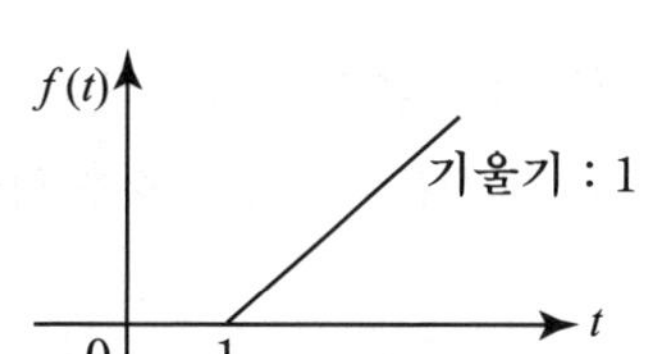

해설

시간추이정리 $\mathcal{L}\ [f(t-a)\ ] = F(s)e^{-as}$에 의해서 라플라스 변환하면

$f(t) = 1(t-1)$이므로 $F(s) = 1 \times \dfrac{1}{s^2} \times e^{-1s} = \dfrac{e^{-s}}{s^2}$

답 ②

핵심 NOTE

■ 복소미분정리

$\mathcal{L}\,[t^n f(t)\ ]$

$= (-1)^n \dfrac{d^n}{ds^n} F(s)$

핵심 NOTE

■ 실미분 정리

$$\mathcal{L}\left[\frac{d^n}{dt^n}f(t)\right] = s^n F(s) - s^{n-1}f(0) - s^{n-2}f'(0) - \cdots = s^n F(s)$$

■ 실적분 정리

$$\mathcal{L}\left[\int f(t)\,dt\right] = \frac{1}{s}F(s)$$

■ 초기값 정리

$$f(0) = \lim_{t\to 0} f(t) = \lim_{s\to\infty} sF(s)$$

5. 실미분 정리

시간함수 $f(t)$가 미분되어 있는 경우 라플라스 변환

$$\mathcal{L}\left[\frac{d^n}{dt^n}f(t)\right] = s^n F(s) - s^{n-1}f(0) - s^{n-2}f'(0) - \cdots$$

예제문제 실미분정리

10 $f(t) = \dfrac{d}{dt}\cos\omega t$를 라플라스 변환하면?

① $\dfrac{\omega^2}{s^2+\omega^2}$ ② $\dfrac{-s^2}{s^2+\omega^2}$

③ $\dfrac{s}{s^2+\omega^2}$ ④ $\dfrac{-\omega^2}{s^2+\omega^2}$

해설

실미분 정리를 이용하여 라플라스 변환하면

$$\mathcal{L}\left[\frac{d}{dt}f(t)\right] = sF(s) - f(0)$$

$$\therefore \mathcal{L}\left[\frac{d}{dt}\cos\omega t\right] = s\cdot\frac{s}{s^2+\omega^2} - \cos 0° = \frac{s^2}{s^2+\omega^2} - 1 = \frac{-\omega^2}{s^2+\omega^2}$$

답 ④

6. 실적분 정리 (초기값 : $f(0) = 0$)

시간함수 $f(t)$가 적분되어 있는 경우 라플라스 변환

$$\mathcal{L}\left[\int f(t)\,dt\right] = \frac{1}{s}F(s)$$

7. 초기값 정리

$$f(0) = \lim_{t\to 0} f(t) = \lim_{s\to\infty} sF(s)$$

• 편법

$sF(s) \Rightarrow$ ① 분모의 차수가 높다 : 0

② 분자의 차수가 높다 : ∞

③ 분모와 분차의 차수가 같다 : 최고차항의 계수를 나눈다.

8. 최종값(정상값) 정리

$$f(\infty) = \lim_{t \to \infty} f(t) = \lim_{s \to 0} sF(s)$$

예제문제 초기값 정리

11 다음과 같은 $I(s)$ 의 초기값 $i(0^+)$ 가 바르게 구해진 것은?

$$I(s) = \frac{2(s+1)}{s^2 + 2s + 5}$$

① $\frac{2}{5}$ ② $\frac{1}{5}$

③ 2 ④ -2

해설

초기값 정리 $\lim_{t \to 0} f(t) = \lim_{s \to \infty} s \cdot aF(s)$에 의해서

$$\lim_{t \to 0} i(t) = \lim_{s \to \infty} s \cdot I(s) = \lim_{s \to \infty} s \cdot \frac{2(s+1)}{s^2 + 2s + 5} = 2$$

답 ③

예제문제 최종값 정리

12 $F(s) = \dfrac{30s + 40}{2s^3 + 2s^2 + 5s}$ 일 때, $t = \infty$ 일 때의 값은?

① 0 ② 6

③ 8 ④ 15

해설

최종값 정리 $\lim_{t \to \infty} f(t) = \lim_{S \to 0} sF(s)$에 의해서

$$\lim_{t \to \infty} f(t) = \lim_{s \to 0} sF(s) = \lim_{s \to 0} s \cdot \frac{30s + 40}{2s^3 + 2s^2 + 5s} = \frac{40}{5} = 8$$

답 ③

핵심 NOTE

■ 최종값정리

$f(\infty) = \lim_{t \to \infty} f(t) = \lim_{s \to 0} sF(s)$

핵심 NOTE

■ 역라플라스 변환의 기본식

$F(s)$	$f(t)$
1	$\delta(t)$
$\frac{1}{s}$	$u(t)$ $=1$
$\frac{1}{s^2}$	t
$\frac{n!}{s^{n+1}}$	t^n
$\frac{1}{s \pm a}$	$e^{\mp at}$
$\frac{\omega}{s^2+\omega^2}$	$\sin\omega t$
$\frac{s}{s^2+\omega^2}$	$\cos\omega t$

3 라플라스 역변환

복소함수 $F(s)$를 시간함수 $f(t)$로 변환시킨다.

$\mathcal{L}^{-1}[F(s)] = f(t)$

1. 역라플라스변환 기본식

① $F(s) = 1 \Rightarrow f(t) = \delta(t)$

② $F(s) = \frac{1}{s} \Rightarrow f(t) = u(t) = 1$

③ $F(s) = \frac{1}{s \pm a} \Rightarrow f(t) = e^{\mp at}$

④ $F(s) = \frac{1}{s^2} \Rightarrow f(t) = t$

⑤ $F(s) = \frac{n!}{s^{n+1}} \Rightarrow f(t) = t^n$

⑥ $F(s) = \frac{\omega}{s^2+\omega^2} \Rightarrow f(t) = \sin\omega t$

⑦ $F(s) = \frac{s}{s^2+\omega^2} \Rightarrow f(t) = \cos\omega t$

예제문제 역라플라스변환

13 $\frac{1}{s+3}$ 을 역라플라스 변환하면?

① e^{3t}　　② e^{-3t}

③ $e^{\frac{1}{3}}$　　④ $e^{-\frac{1}{3}}$

해설

$f(t) = e^{-at} \leftrightarrow F(s) = \frac{1}{s+a}$ 이므로 $a = 3$ 이므로 $f(t) = e^{-3t}$

답 ②

예제문제 역라플라스변환

14 $F(s) = \frac{e^{-bs}}{s+a}$ 의 역라플라스 변환은?

① $e^{-a(t-b)}$　　② $e^{-a(t+b)}$

③ $e^{a(t-b)}$　　④ $e^{a(t+b)}$

해설

$F(s) = \frac{e^{-bs}}{s+a} = \frac{1}{s+a}e^{-bs}$ 이므로 시간추이를 이용한 역라플라스 변환하면

$f(t) = e^{-a(t-b)}$

답 ①

2. 기본모양이 아닌 경우

(1) 인수분해가 되는 경우 부분 분수전개를 이용

$F(s)=\dfrac{2}{s^2+4s+3}$ 의 역 라플라스 변환은 더해서 4가 나오고 곱해서 3이 나오는 수는 1과 3이 있으므로 s^2+4s+3 을 인수분해하면 $(s+1)(s+3)$ 이 된다. 그러므로

$F(s)=\dfrac{2}{s^2+4s+3}=\dfrac{2}{(s+1)(s+3)}=\dfrac{A}{s+1}+\dfrac{B}{s+3}$ 가 되므로 계수 A, B를 구하면 다음과 같다.

$$A= F(s)(s+1)|_{s=-1}=1$$

$$B= F(s)(s+3)|_{s=-3}=-1$$

그러므로 $F(s)=\dfrac{1}{s+1}-\dfrac{1}{s+3}$ 이므로 이를 역라플라스하면 $f(t)=e^{-t}-e^{-3t}$ 가 된다.

(2) 인수분해가 안되는 경우 완전제곱꼴을 이용(즉, 복소추이를 이용한 문제)

$F(s)=\dfrac{1}{s^2+6s+10}$ 의 역라플라스 변환은 분모의 값이 인수분해가 안 되는 경우 이므로 완전제곱 꼴로 고치면

$s^2+6s+10=s^2+6s+9+1=(s+3)^2+1$ 이 되므로

$F(s)=\dfrac{1}{s^2+6s+10}=\dfrac{1}{(s+3)^2+1^2}$ 이 되어

이를 역라플라스 변환하면 $f(t)=\sin t\cdot e^{-3t}$ 가 된다.

핵심 NOTE

■ 인수분해공식

$s^2+(a+b)s+ab=(s+a)(s+b)$

$s^2-a^2=(s+a)(s-a)$

■ 완전제곱공식

$s^2+2s+1=(s+1)^2$

$s^2+4s+4=(s+2)^2$

$s^2+6s+9=(s+3)^2$

$s^2+8s+16=(s+4)^2$

출제예상문제

01 함수 $f(t)$ 의 라플라스 변환은 어떤 식으로 정의되는가?

① $\int_{-\infty}^{\infty} f(t)e^{st}\, dt$ ② $\int_{-\infty}^{\infty} f(t)e^{-st}\, dt$

③ $\int_{0}^{\infty} f(t)e^{-st}\, dt$ ④ $\int_{0}^{\infty} f(t)e^{st}\, dt$

해설

$$\mathcal{L}\,[f(t)] = F(s) = \int_0^\infty f(t)\, e^{-st}\, dt$$

02 그림과 같은 단위 임펄스 $\delta(t)$의 라플라스 변환은?

① 1

② $\frac{1}{s}$

③ $\frac{1}{s^2}$

④ $e^{-\delta}$

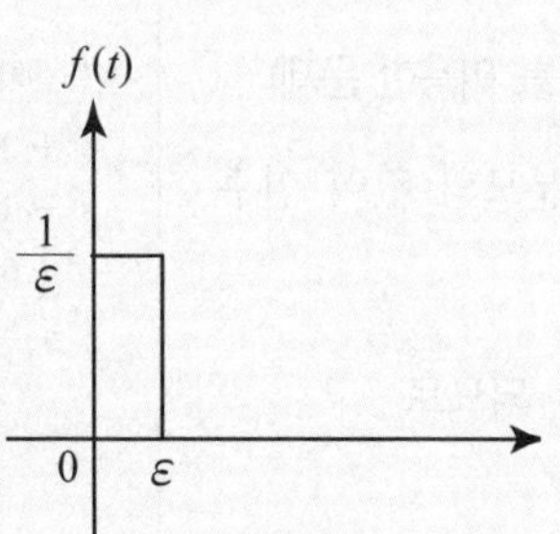

해설

$$f(t) = \delta(t) \;\Rightarrow F(s) = \mathcal{L}\,[\delta(t)] = 1$$

03 단위 계단 함수 $u(t)$의 라플라스 변환은?

① e^{-ts} ② $\frac{1}{s}e^{-ts}$

③ $\frac{1}{e^{-st}}$ ④ $\frac{1}{s}$

해설

$$f(t) = u(t) = 1 \Rightarrow F(s) = \mathcal{L}\,[u(t)] = \frac{1}{s}$$

04 단위 램프 함수 $\rho(t) = tu(t)$ 의 라플라스 변환은?

① $\frac{1}{s^2}$ ② $\frac{1}{s}$

③ $\frac{1}{s^3}$ ④ $\frac{1}{s^4}$

해설

$\rho(t) = t\,u(t) = t \times 1 = t$이므로 $\rho(s) = \frac{1}{s^2}$

05 $\cos\,\omega t$ 의 라플라스 변환은?

① $\frac{s}{s^2-\omega^2}$ ② $\frac{s}{s^2+\omega^2}$

③ $\frac{\omega}{s^2-\omega^2}$ ④ $\frac{\omega}{s^2+\omega^2}$

해설

$$\mathcal{L}\,[\sin\omega t] = \frac{w}{s^2+\omega^2}\,,\; \mathcal{L}\,[\cos\omega t] = \frac{s}{s^2+\omega^2}$$

06 $\cosh\,\omega t$ 를 라플라스 변환하면?

① $\frac{\omega^2}{s^2-\omega^2}$ ② $\frac{s}{s^2-\omega^2}$

③ $\frac{s}{s^2+\omega^2}$ ④ $\frac{\omega}{s^2+\omega^2}$

해설

$$\mathcal{L}\,[\sinh\omega t] = \frac{\omega}{s^2-\omega^2}\,,\; \mathcal{L}\,[\cosh\omega t] = \frac{s}{s^2-\omega^2}$$

정답 01 ③ 02 ① 03 ④ 04 ① 05 ② 06 ②

07 다음 쌍곡선 함수의 라플라스 변환은?

$$f(t) = \sinh at$$

① $\dfrac{s}{s^2-a}$ ② $\dfrac{s}{s^2+a}$

③ $\dfrac{a}{s^2+a^2}$ ④ $\dfrac{a}{s^2-a^2}$

해설

$\mathcal{L}[\sinh \omega t] = \dfrac{\omega}{s^2-\omega^2}$

$\mathcal{L}[\cosh \omega t] = \dfrac{s}{s^2-\omega^2}$

08 기전력 $E_m \sin\omega t$ 의 라플라스 변환은?

① $\dfrac{s}{s^2+\omega^2}E_m$ ② $\dfrac{\omega}{s^2+\omega^2}E_m$

③ $\dfrac{s}{s^2-\omega^2}E_m$ ④ $\dfrac{\omega}{s^2-\omega^2}E_m$

해설

$\mathcal{L}[E_m \sin\omega t] = E_m\dfrac{\omega}{s^2+\omega^2}$

09 $f(t) = \delta(t) - be^{-bt}$ 의 라플라스 변환은? (단, $\delta(t)$ 는 임펄스 함수이다.)

① $\dfrac{b}{s+b}$ ② $\dfrac{s(1-b)+5}{s(s+b)}$

③ $\dfrac{1}{s(s+b)}$ ④ $\dfrac{s}{s+b}$

해설

선형의정리

$\mathcal{L}[af_1(t) \pm bf_2(t)] = aF_1(s) \pm bF_2(s)$에 의해서

$F(s) = \mathcal{L}[f(t)] = \mathcal{L}[\delta(t) - be^{-bt}]$

$= 1 - b\dfrac{1}{s+b} = \dfrac{s+b}{s+b} - \dfrac{b}{s+b}$

$= \dfrac{s+b-b}{s+b} = \dfrac{s}{s+b}$

10 $f(t) = \sin t + 2\cos t$ 를 라플라스 변환하면?

① $\dfrac{2s}{s^2+1}$ ② $\dfrac{2s+1}{(s+1)^2}$

③ $\dfrac{2s+1}{s^2+1}$ ④ $\dfrac{2s}{(s+1)^2}$

해설

선형의 정리

$\mathcal{L}[af_1(t) \pm bf_2(t)] = aF_1(s) \pm bF_2(s)$ 에 의해서

$\mathcal{L}[\sin\omega t] = \dfrac{\omega}{s^2+\omega^2}$, $\mathcal{L}[\cos\omega t] = \dfrac{s}{s^2+\omega^2}$ 이므로

$F(s) = \mathcal{L}[f(t)] = \mathcal{L}[\sin t] + \mathcal{L}[2\cos t]$

$= \dfrac{1}{s^2+1^2} + 2\cdot\dfrac{s}{s^2+1^2} = \dfrac{2s+1}{s^2+1}$

11 주어진 시간함수 $f(t) = 3u(t) + 2e^{-t}$ 일 때 라플라스 변환 함수 $F(s)$ 는?

① $\dfrac{s+3}{s(s+1)}$ ② $\dfrac{5s+3}{s(s+1)}$

③ $\dfrac{3s}{s^2+1}$ ④ $\dfrac{5s+1}{(s+1)s^2}$

해설

$F(s) = \mathcal{L}[f(t)] = \mathcal{L}[3u(t) + 2e^{-t}]$

$= \dfrac{3}{s} + \dfrac{2}{s+1} = \dfrac{3s+3+2s}{s(s+1)} = \dfrac{5s+3}{s(s+1)}$

12 $1 - \cos\omega t$를 라플라스 변환하면?

① $\dfrac{\omega}{s(s^2+\omega^2)}$ ② $\dfrac{s}{s(s^2+\omega^2)}$

③ $\dfrac{s^2}{s(s^2+\omega^2)}$ ④ $\dfrac{\omega^2}{s(s^2+\omega^2)}$

해설

$F(s) = \mathcal{L}[f(t)] = \mathcal{L}[1 - \cos\omega t]$

$= \dfrac{1}{s} - \dfrac{s}{s^2+\omega^2} = \dfrac{\omega^2}{s(s^2+\omega^2)}$

정답 07 ④ 08 ② 09 ④ 10 ③ 11 ② 12 ④

13 $f(t) = \sin t \cos t$ 를 라플라스 변환하면?

① $\frac{1}{s^2+4}$ ② $\frac{1}{s^2+2}$

③ $\frac{1}{(s+2)^2}$ ④ $\frac{1}{(s+4)^2}$

해설

삼각함수의 곱의 공식에 의해서

$\sin t \cos t = \frac{1}{2}[\sin(t+t) + \sin(t-t)]$

$= \frac{1}{2}[\sin 2t + \sin 0°] = \frac{1}{2}\sin 2t$ 가 된다.

$F(s) = \mathcal{L}[\sin t \cos t] = \mathcal{L}\left[\frac{1}{2}\sin 2t\right]$

$= \frac{1}{2} \cdot \frac{2}{s^2+2^2} = \frac{1}{s^2+4}$

14 $\sin(\omega t+\theta)$의 라플라스 변환은?

① $\frac{\omega \sin\theta}{s^2+\omega^2}$ ② $\frac{\omega\cos\theta}{s^2+\omega^2}$

③ $\frac{\cos\theta+\sin\theta}{s^2+\omega^2}$ ④ $\frac{\omega\cos\theta+s\sin\theta}{s^2+\omega^2}$

해설

삼각함수 가법정리에 의해서

$f(t) = \sin(\omega t+\theta)$

$= \sin\omega t\cos\theta + \cos\omega t\sin\theta$ 이므로

$\mathcal{L}[f(t)] = \mathcal{L}[\sin\omega t\cos\theta] + \mathcal{L}[\cos\omega t\sin\theta]$

$= \cos\theta\frac{\omega}{s^2+\omega^2} + \sin\theta\frac{s}{s^2+\omega^2}$

$= \frac{\omega\cos\theta + s\sin\theta}{s^2+\omega^2}$

[참고] 삼각함수 가법정리

$\sin(\alpha \pm \beta) = \sin\alpha\cos\beta \pm \cos\alpha\sin\beta$ (사코 ± 코사)

$\cos(\alpha \pm \beta) = \cos\alpha\cos\beta \mp \sin\alpha\sin\beta$ (코코 ∓ 사사)

15 $f(t) = te^{-at}$ 일 때 라플라스 변환하면 $F(s)$의 값은?

① $\frac{2}{(s+a)^2}$ ② $\frac{1}{s(s+a)}$

③ $\frac{1}{(s+a)^2}$ ④ $\frac{1}{s+a}$

해설

복소추이정리

$\mathcal{L}[f(t)e^{\mp at}] = F(s)|_{s=s\pm a \text{대입}}$ 이므로

$\mathcal{L}[te^{-at}] = \left.\frac{1}{s^2}\right|_{s=s+a\text{대입}} = \frac{1}{(s+a)^2}$

16 $\mathcal{L}[t^2e^{at}]$는 얼마인가?

① $\frac{1}{(s-a)^2}$ ② $\frac{2}{(s-a)^2}$

③ $\frac{1}{(s-a)^3}$ ④ $\frac{2}{(s-a)^3}$

해설

복소추이정리

$\mathcal{L}[f(t)e^{\mp at}] = F(s)|_{s=s\pm a \text{대입}}$ 이므로

$\mathcal{L}[t^2e^{at}] = \left.\frac{2!}{s^{2+1}}\right|_{s=s-a\text{대입}} = \frac{2}{(s-a)^3}$

17 $e^{-at}\cos\omega t$ 의 라플라스 변환은?

① $\frac{s+a}{(s+a)^2+\omega^2}$ ② $\frac{\omega}{(s+a)^2+\omega^2}$

③ $\frac{\omega}{(s^2+a^2)^2}$ ④ $\frac{s+a}{(s^2+a^2)^2}$

해설

복소추이정리

$\mathcal{L}[f(t)e^{\mp at}] = F(s)|_{s=s\pm a \text{대입}}$ 이므로

$\mathcal{L}[e^{-at}\cos\omega t] = \left.\frac{s}{s^2+\omega^2}\right|_{s=s+a\text{대입}}$

$= \frac{s+a}{(s+a)^2+\omega^2}$

정답 13 ① 14 ④ 15 ③ 16 ④ 17 ①

18 $f(t) = \sin\omega t$ 로 주어졌을 때 $\mathcal{L}[e^{-at}\sin\omega t]$ 를 구하면?

① $\dfrac{\omega}{(s+a)^2+\omega^2}$ ② $\dfrac{s+a}{(s+a)^2+\omega^2}$

③ $\dfrac{s^2-\omega^2}{(s^2+\omega^2)^2}$ ④ $\dfrac{s^2+\omega^2}{(s^2-\omega^2)^2}$

해설

복소추이정리

$\mathcal{L}[f(t)e^{\mp at}] = F(s)|_{s=s\pm a \text{대입}}$ 이므로

$$\mathcal{L}[e^{-at}\sin\omega t] = \frac{\omega}{s^2+\omega^2}\bigg|_{s=s+a\text{대입}} = \frac{\omega}{(s+a)^2+\omega^2}$$

19 $e^{-2t}\cos 3t$ 의 라플라스 변환은?

① $\dfrac{s+2}{(s+2)^2+3^2}$ ② $\dfrac{s-2}{(s-2)^2+3^2}$

③ $\dfrac{s}{(s+2)^2+3^2}$ ④ $\dfrac{s}{(s-2)^2+3^2}$

해설

복소추이정리

$\mathcal{L}[f(t)e^{\mp at}] = F(s)|_{s=s\pm a \text{대입}}$ 이므로

$$\mathcal{L}[e^{-2t}\cos 3t] = \frac{s}{s^2+3^2}\bigg|_{s=s+2\text{대입}} = \frac{s+2}{(s+2)^2+3^2}$$

20 그림과 같은 단위 계단함수는?

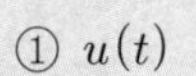

① $u(t)$

② $u(t-a)$

③ $u(a-t)$

④ $-u(t-a)$

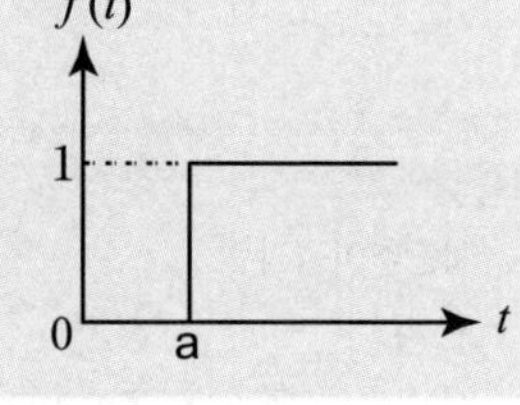

해설

단위계단함수에서 시간이 a만큼 지연된 파형이므로

$f(t) = u(t-a)$

21 그림과 같이 표시되는 파형을 함수로 표시하는 식은?

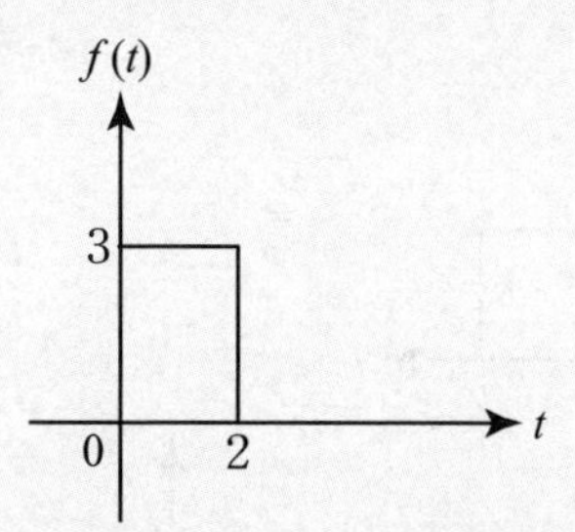

① $3u(t)-u(t-2)$ ② $3u(t)-3u(t-2)$

③ $3u(t)+3u(t-2)$ ④ $3u(t+2)-3u(t)$

해설

아래 그림에 의해서 시간함수

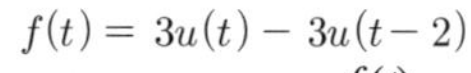

$f(t) = 3u(t) - 3u(t-2)$

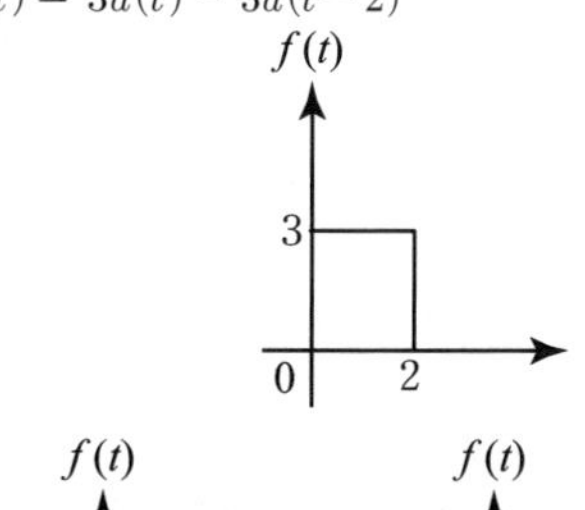

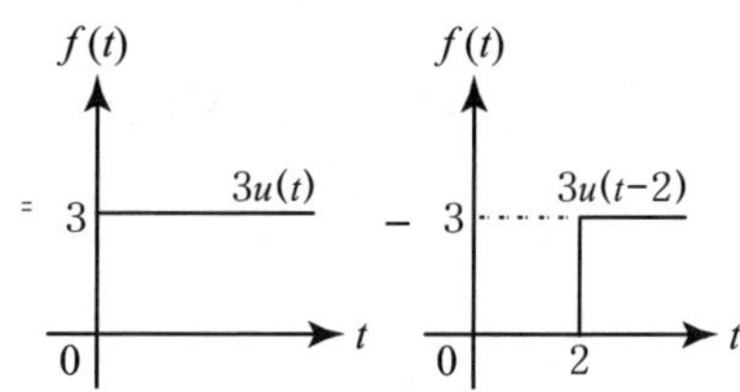

22 그림과 같이 높이가 1인 펄스의 라플라스 변환은?

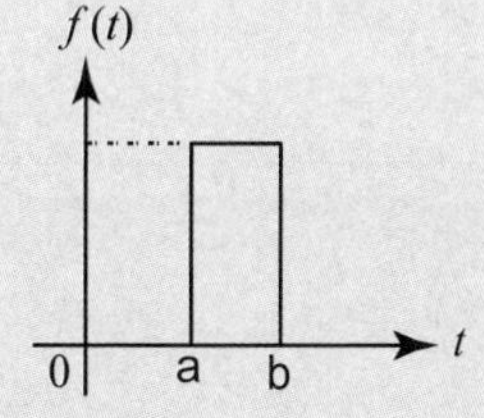

① $\dfrac{1}{s}(e^{-as}+e^{-bs})$ ② $\dfrac{1}{s}(e^{-as}-e^{-bs})$

③ $\dfrac{1}{a-b}\left(\dfrac{e^{-as}+e^{-bs}}{s}\right)$ ④ $\dfrac{1}{a-b}\left(\dfrac{e^{-as}-e^{-bs}}{s}\right)$

정답 18 ① 19 ① 20 ② 21 ② 22 ②

해설

아래 그림에 의해서 시간함수
$f(t)=u(t-a)-u(t-b)$ 가 되므로

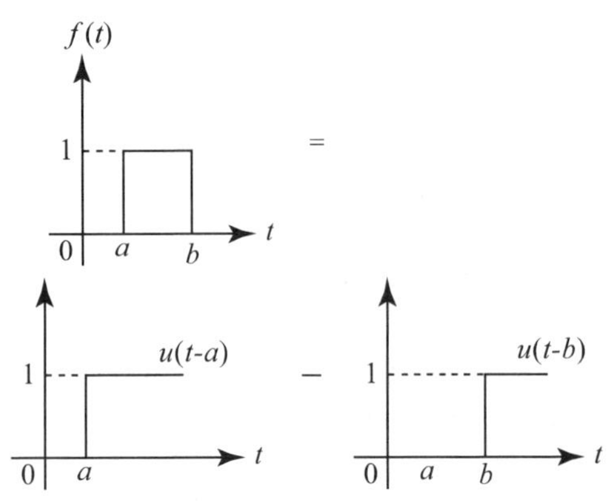

시간추이정리
$\mathcal{L}[f(t-a)]=F(s)e^{-as}$ 에 의해서
라플라스 변환하면
$F(s)=\frac{1}{s}e^{-as}-\frac{1}{s}e^{-bs}=\frac{1}{s}(e^{-as}-e^{-bs})$가 된다.

23 그림과 같은 파형의 라플라스 변환은?

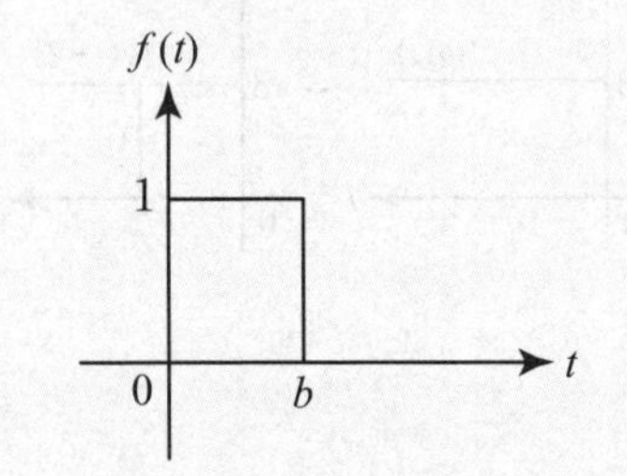

① $\frac{1}{b}\left(\frac{1-e^{-bs}}{s}\right)$

② $\frac{1}{b}\left(\frac{1+e^{-bs}}{s}\right)$

③ $\frac{1}{s}(1-e^{-bs})$

④ $\frac{1}{s}(1+e^{-bs})$

해설

아래 그림에 의해서 시간함수
$f(t)=u(t)-u(t-b)$ 가 되므로

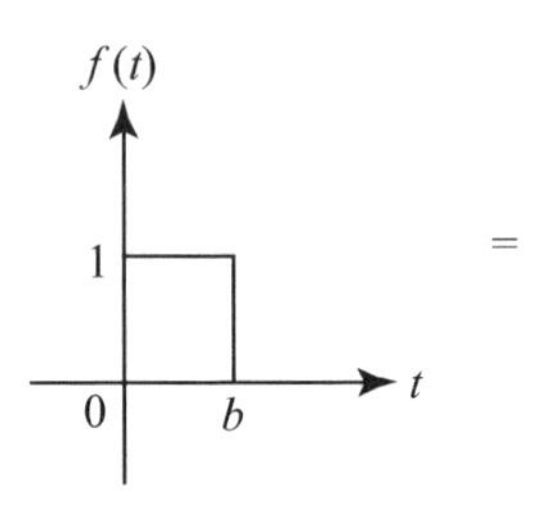

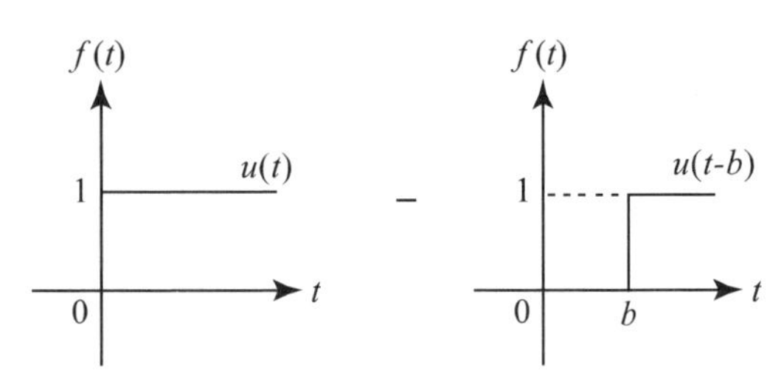

시간추이정리
$\mathcal{L}[f(t-a)]=F(s)e^{-as}$ 에 의해서
라플라스 변환하면
$F(s)=\frac{1}{s}-\frac{1}{s}e^{-bs}=\frac{1}{s}(1-e^{-bs})$ 가 된다.

24 다음 파형의 Laplace 변환은?

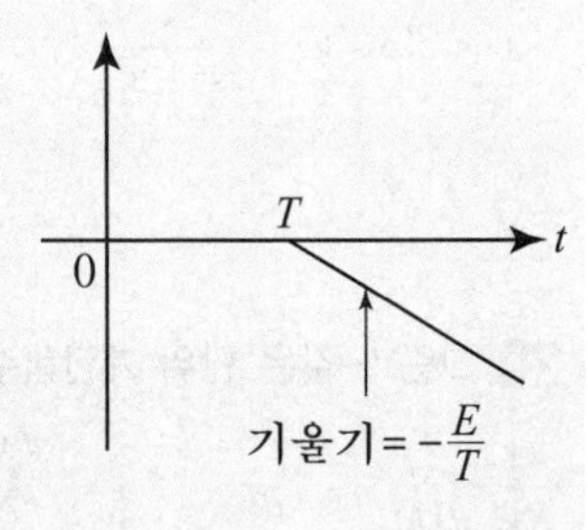

① $\frac{E}{Ts}e^{-Ts}$

② $-\frac{E}{Ts}e^{-Ts}$

③ $-\frac{E}{Ts^2}e^{-Ts}$

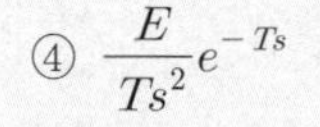
④ $\frac{E}{Ts^2}e^{-Ts}$

해설

시간추이정리
$\mathcal{L}[f(t-a)]=F(s)e^{-as}$ 에 의해서 라플라스 변환하면
$f(t)=-\frac{E}{T}(t-T)$ 이므로

$F(s)=-\frac{E}{T}\times\frac{1}{s^2}\times e^{-Ts}=-\frac{E}{Ts^2}e^{-Ts}$

정답 23 ③ 24 ③

25 그림과 같은 정현파의 라플라스 변환은?

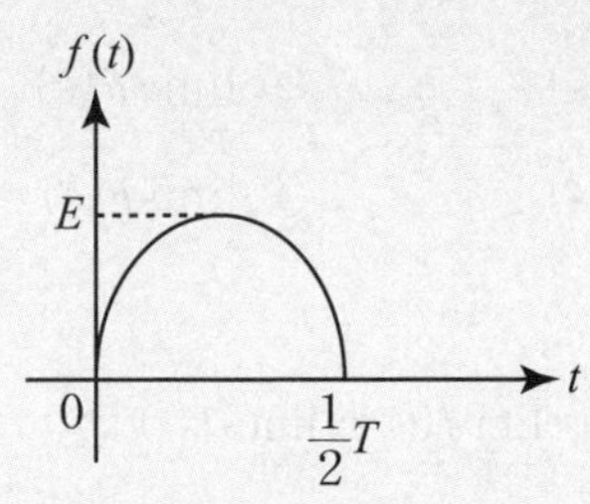

① $\dfrac{E\omega}{s^2+\omega^2}\left(1-e^{\frac{-1}{2}Ts}\right)$

② $\dfrac{Es}{s^2+\omega^2}\left(1-e^{\frac{-1}{2}Ts}\right)$

③ $\dfrac{E\omega}{s^2+\omega^2}\left(1+e^{\frac{-1}{2}Ts}\right)$

④ $\dfrac{Es}{s^2+\omega^2}\left(1+e^{\frac{-1}{2}Ts}\right)$

해설

시간함수는

$f(t) = E\sin\omega t + E\sin\omega\left(t-\frac{1}{2}T\right)$ 이므로

라플라스 변환시키면

$$F(s) = \frac{E\omega}{s^2+\omega^2} + \frac{E\omega}{s^2+\omega^2}e^{-\frac{1}{2}TS}$$

$$= \frac{E\omega}{s^2+\omega^2}\left(1+e^{-\frac{1}{2}TS}\right)$$

26 그림과 같은 파형의 라플라스 변환은?

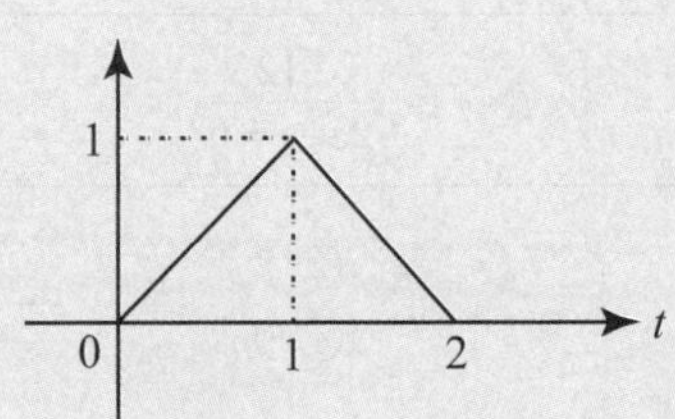

① $1-2e^{-S}+e^{-2S}$ ② $s(1-2e^{-S}+e^{-2S})$

③ $\dfrac{1}{s}(1-2e^{-S}+e^{-2S})$ ④ $\dfrac{1}{s^2}(1-2e^{-S}+e^{-2S})$

해설

$0 \le t \le 1$ 에서 $f_1(t) = t$

$1 \le t \le 2$ 에서 $f_2(t) = 2-t$ 이므로

$$\mathcal{L}[f(t)] = \int_0^1 te^{-st}dt + \int_1^2 (2-t)e^{-st}dt$$

$$= \left[t\cdot\frac{e^{-st}}{-s}\right]_0^1 + \frac{1}{s}\int_0^1 e^{-st}dt + \left[(2-t)\frac{e^{-st}}{-s}\right]_1^2 - \frac{1}{s}\int_1^2 e^{-st}dt$$

$$= -\frac{e^{-s}}{s} - \frac{e^{-s}}{s^2} + \frac{1}{s^2} + \frac{e^{-s}}{s} + \frac{e^{-2s}}{s^2} - \frac{e^{-s}}{s^2}$$

$$= \frac{1}{s^2}(1-2e^{-s}+e^{-2s})$$

27 그림과 같은 게이트 함수의 라플라스 변환을 구하면?

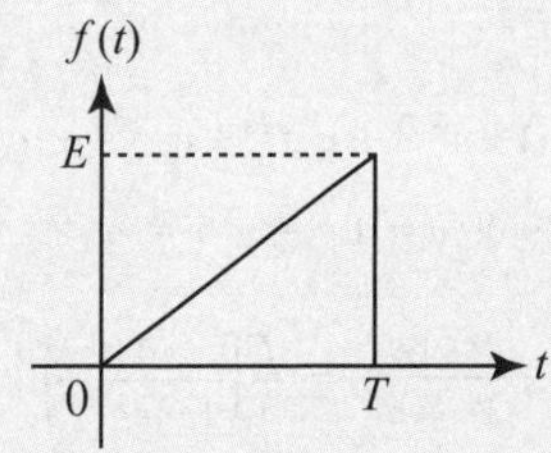

① $\dfrac{E}{Ts^2}[1-(Ts+1)e^{-TS}]$

② $\dfrac{E}{Ts^2}[1+(Ts+1)e^{-TS}]$

③ $\dfrac{E}{Ts^2}(Ts+1)e^{-TS}$

④ $\dfrac{E}{Ts^2}(Ts-1)e^{-TS}$

해설

시간추이정리 $\mathcal{L}[f(t-a)] = F(s)e^{-as}$ 에 의해서 라플라스 변환하면

$$f(t) = \frac{E}{T}tu(t) - \frac{E}{T}(t-T)u(t-T) - Eu(t-T)$$

$$F(s) = \mathcal{L}[f(t)] = \frac{E}{T}\cdot\frac{1}{s^2} - \frac{E}{T}\frac{1}{s^2}e^{-Ts} - E\frac{1}{s}e^{-Ts}$$

$$= \frac{E}{Ts^2}(1-e^{-Ts}-Tse^{-Ts})$$

$$= \frac{E}{Ts^2}[1-(Ts+1)e^{-Ts}]$$

정답 25 ③ 26 ④ 27 ①

28 그림과 같은 계단 함수의 Laplace 변환은?

① $\dfrac{E}{1-e^{-Ts}}$

② $\dfrac{E}{s(1-e^{-Ts})}$

③ $E(1-e^{-Ts})$

④ $\dfrac{E}{s}(1-e^{-Ts})$

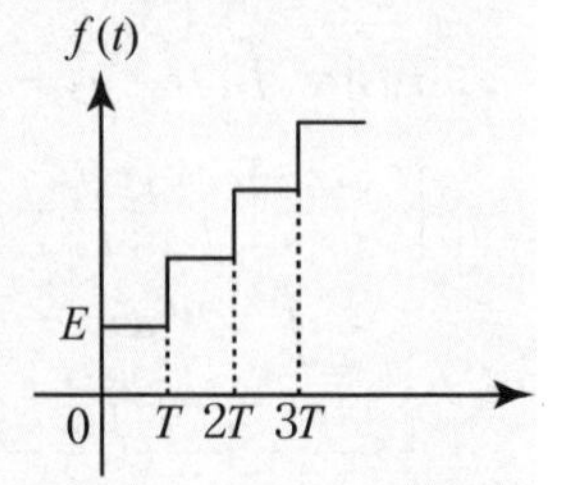

해설

시간함수

$f(t) = Eu(t) + Eu(t-T) + Eu(t-2T) + Eu(t-3T) + \cdots\cdots$ 이므로

라플라스 변환하면

$$F(s) = E\frac{1}{s} + E\frac{1}{s}e^{-Ts} + E\frac{1}{s}e^{-2Ts} + E\frac{1}{s}e^{-3Ts} + \cdots\cdots$$

$$= \frac{E}{s}(1 + e^{-Ts} + e^{-2Ts} + e^{-3Ts} + \cdots\cdots$$

이므로 초기항이 $a=1$, 공비 $r = e^{-Ts}$ 인 등비수열이 되므로

$$F(s) = \frac{E}{s} \times \frac{\text{초기항}}{1-\text{등비}} = \frac{E}{s}\left(\frac{1}{1-e^{-Ts}}\right) = \frac{E}{s(1-e^{-Ts})}$$

29 $t\sin\omega t$ 의 라플라스 변환은?

① $\dfrac{\omega}{(s^2+\omega^2)^2}$ ② $\dfrac{\omega s}{(s^2+\omega^2)^2}$

③ $\dfrac{\omega^2}{(s^2+\omega^2)^2}$ ④ $\dfrac{2\omega s}{(s^2+\omega^2)^2}$

해설

복소 미분정리

$\mathcal{L}[t^n f(t)] = (-1)^n \dfrac{d^n F(s)}{ds^n}$ 이므로

$$F(s) = (-1)\frac{d}{ds}\{\mathcal{L}(\sin\omega t)\} = (-1)\frac{d}{ds}\frac{\omega}{s^2+\omega^2} = \frac{2\omega s}{(s^2+\omega^2)^2}$$

30 $\mathcal{L}[f(t)] = F(s)$ 일 때의 $\lim_{t\to\infty} f(t)$ 는?

① $\lim_{s\to 0} F(s)$ ② $\lim_{s\to 0} sF(s)$

③ $\lim_{s\to\infty} F(s)$ ④ $\lim_{s\to\infty} sF(s)$

해설

최종값 정리 $\lim_{t\to\infty} f(t) = \lim_{S\to 0} sF(s)$

31 다음과 같은 $I(s)$의 초기값 $i(0_+)$가 바르게 구해진 것은?

$$I(s) = \frac{2(s+1)}{s^2+2s+5}$$

① $\dfrac{2}{5}$ ② $\dfrac{1}{5}$

③ 2 ④ −2

해설

초기값 정리 $\lim_{t\to 0} f(t) = \lim_{s\to\infty} s\cdot F(s)$ 에 의해서

$$\lim_{t\to 0} i(t) = \lim_{s\to\infty} s\cdot I(s) = \lim_{s\to\infty} s\cdot\frac{2(s+1)}{s^2+2s+5} = 2$$

32 다음과 같은 전류의 초기값 $i(0_+)$가 옳게 구해진 것은?

$$I(s) = \frac{12}{2s(s+6)}$$

① 6 ② 2

③ 1 ④ 0

해설

초기값 정리 $\lim_{t\to 0} f(t) = \lim_{s\to\infty} s\cdot F(s)$ 에 의해서

$$\lim_{t\to 0} i(t) = \lim_{s\to\infty} sI(s) = \lim_{s\to\infty} s\cdot\frac{12}{2s(s+6)} = 0$$

정답 28 ② 29 ④ 30 ② 31 ③ 32 ④

33 주어진 회로에서 어느 가지 전류 $i(t)$를 라플라스 변환하였더니 $I(s)=\dfrac{2s+5}{s(s+1)(s+2)}$로 주어졌다. $t=\infty$ 에서 전류 $i(\infty)$를 구하면?

① 2.5　② 0
③ 5　④ ∞

해설

최종값 정리 $\lim_{t\to\infty} i(t)=\lim_{S\to 0} sI(s)$ 에 의해서

$$\lim_{t\to\infty} i(t)=\lim_{s\to 0} sI(s)=\lim_{s\to 0} s\cdot\frac{2s+5}{s(s+1)(s+2)}=2.5$$

34 어떤 제어계의 출력이 $C(s)=\dfrac{5}{s(s^2+s+2)}$로 주어질 때 출력의 시간 함수 $c(t)$의 정상값은?

① 5　② 2
③ $\dfrac{2}{5}$　④ $\dfrac{5}{2}$

해설

최종값 정리 $\lim_{t\to\infty} i(t)=\lim_{S\to 0} sI(s)$ 에 의해서

$$\lim_{t\to\infty} c(t)=\lim_{s\to 0} s\,C(s)=\lim_{s\to o}\frac{5}{s^2+s+2}=\frac{5}{2}$$

35 $F(s)=\dfrac{8}{s^3}+\dfrac{3}{s+2}$의 역라플라스 변환은?

① $(3t^2+3e^{-3t})u(t)$　② $(4t^2+3e^{-2t})u(t)$
③ $(8t^2-3e^{2t})u(t)$　④ $(8t^2+3e^{-2t})u(t)$

해설

$F(s)=\dfrac{8}{s^3}+\dfrac{3}{s+2}=4\cdot\dfrac{2\times1}{s^{2+1}}+3\dfrac{1}{s+2}$ 이므로

역라플라스 변환하면

$\therefore f(t)=(4t^2+3e^{-2t})u(t)$

[참고] $\mathcal{L}[at^n]=a\dfrac{n!}{s^{n+1}}$, $\mathcal{L}[e^{\pm at}]=\dfrac{1}{s\mp a}$

36 $f(t)=\mathcal{L}^{-1}\dfrac{1}{s(s+1)}$은?

① $1+e^{-t}$　② $1-e^{-t}$
③ $\dfrac{1}{1-e^{-t}}$　④ $\dfrac{1}{1+e^{-t}}$

해설

$$F(s)=\frac{1}{s(s+1)}=\frac{A}{s}+\frac{B}{s+1}$$

$$A=\lim_{s\to0}s\cdot F(s)=\left[\frac{1}{s+1}\right]_{s=0}=1$$

$$B=\lim_{s\to-1}(s+1)F(s)=\left[\frac{1}{s}\right]_{s=-1}=-1$$

$$F(s)=\frac{1}{s}-\frac{1}{s+1}$$

$\therefore f(t)=1-e^{-t}$

37 $F(s)=\dfrac{s+1}{s^2+2s}$로 주어졌을 때 $F(s)$의 역변환을 한 것은?

① $\dfrac{1}{2}(1+e^{t})$　② $\dfrac{1}{2}(1-e^{-t})$
③ $\dfrac{1}{2}(1+e^{-2t})$　④ $\dfrac{1}{2}(1-e^{-2t})$

해설

$$F(s)=\frac{s+1}{s^2+2s}=\frac{s+1}{s(s+2)}=\frac{A}{s}+\frac{B}{s+2}$$

$$A=\lim_{s\to0}s\cdot F(s)=\left[\frac{s+1}{s+2}\right]_{s=0}=\frac{1}{2}$$

$$B=\lim_{s\to-2}(s+2)F(s)=\left[\frac{s+1}{s}\right]_{s=-2}=\frac{1}{2}$$

$$F(s)=\frac{\frac{1}{2}}{s}+\frac{\frac{1}{2}}{s+2}=\frac{1}{2}\left(\frac{1}{s}+\frac{1}{s+2}\right)$$

$\therefore f(t)=\dfrac{1}{2}(1+e^{-2t})$

38 $F(s)=\dfrac{5s+3}{s(s+1)}$의 라플라스 역변환은?

① $2+3e^{-t}$　② $3+2e^{-t}$
③ $3-2e^{-t}$　④ $2-3e^{-t}$

정답　33 ①　34 ④　35 ②　36 ②　37 ③　38 ②

해설

$$F(s) = \frac{5s+3}{s(s+1)} = \frac{A}{s} + \frac{B}{s+1}$$

$$A = \lim_{s \to 0} s \cdot F(s) = \left[\frac{5s+3}{s+1}\right]_{s=0} = 3$$

$$B = \lim_{s \to -1} (s+1)F(s) = \left[\frac{5s+3}{s}\right]_{s=-1} = 2$$

$$F(s) = \frac{3}{s} + \frac{2}{s+1} = 3\frac{1}{s} + 2\frac{1}{s+1}$$

$$\therefore\ f(t) = 3 + 2e^{-t}$$

39 $F(s) = \dfrac{s}{(s+1)(s+2)}$ 일 때 $f(t)$ 를 구하면?

① $1-2e^{-2t}+e^{-t}$　② $e^{-2t}-2e^{-t}$
③ $2e^{-2t}+e^{-t}$　④ $2e^{-2t}-e^{-t}$

해설

$$F(s) = \frac{s}{(s+1)(s+2)} = \frac{A}{(s+1)} + \frac{B}{(s+2)}$$

$$A = F(s)(s+1)|_{s=-1} = \left[\frac{s}{s+2}\right]_{s=-1} = -1$$

$$B = F(s)(s+2)|_{s=-2} = \left[\frac{s}{s+1}\right]_{s=-2} = 2$$

$$F(s) = -\frac{1}{s+1} + \frac{2}{s+2} = -\frac{1}{s+1} + 2\frac{1}{s+2}$$

$$\therefore\ f(t) = -e^{-t} + 2e^{-2t}$$

40 $F(s) = \dfrac{2s+3}{s^2+3s+2}$ 의 시간 함수는?

① $e^{-t}-e^{-2t}$　② $e^{-t}+e^{-2t}$
③ $e^{-t}+2e^{-2t}$　④ $e^{-t}-2e^{-2t}$

해설

$$F(s) = \frac{2s+3}{s^2+3s+2} = \frac{2s+3}{(s+1)(s+2)} = \frac{A}{s+1} + \frac{B}{s+2}$$

$$A = F(s)(s+1)|_{s=-1} = \left.\frac{2s+3}{s+2}\right|_{s=-1} = 1$$

$$B = F(s)(s+2)|_{s=-2} = \left.\frac{2s+3}{s+1}\right|_{s=-2} = 1$$

$$F(s) = \frac{1}{s+1} + \frac{1}{s+2}$$

$$\therefore\ f(t) = e^{-t} + e^{-2t}$$

41 $F(s) = \dfrac{s+2}{(s+1)^2}$ 의 시간 함수 $f(t)$ 는?

① $e^{-t}+te^{-t}$　② $e^{-t}-te^{-t}$
③ $e^{-t}+(e^{-t})^2$　④ $e^{-t}-(e^{-t})^2$

해설

$$F(s) = \frac{s+2}{(s+1)^2} = \frac{s+1+1}{(s+1)^2} = \frac{1}{s+1} + \frac{1}{(s+1)^2}$$

$$\therefore\ f(t) = e^{-t} + te^{-t}$$

42 어떤 회로의 전류에 대한 라플라스 변환이 다음과 같을 때 전류의 시간 함수는?

$$I(s) = \frac{1}{s^2+2s+2}$$

① $5e^{-t}$　② $2\sin t\, u(t)$
③ $e^{-t}\sin t\, u(t)$　④ $e^{-t}\cos t\, u(t)$

해설

$$F(s) = \frac{1}{s^2+2s+2} = \frac{1}{(s+1)^2+1}$$

$$\therefore\ f(t) = e^{-t}\sin t\ u(t)$$

43 $F(s) = \dfrac{2(s+1)}{s^2+2s+5}$ 의 시간 함수 $f(t)$ 는?

① $2e^{-t}\cos 2t$　② $2e^{t}\cos 2t$
③ $2e^{-t}\sin 2t$　④ $2e^{t}\sin 2t$

해설

$F(s) = \dfrac{2(s+1)}{s^2+s+5} = 2\dfrac{s+1}{(s+1)^2+2^2}$ 이므로

$$\therefore\ f(t) = 2e^{-t}\cos 2t$$

정답　39 ④　40 ②　41 ①　42 ③　43 ①

44 $\mathcal{L}^{-1}\left[\frac{1}{s^2+2s+5}\right]$의 값은?

① $e^{-t}\sin 2t$
② $\frac{1}{2}e^{-t}\sin t$
③ $\frac{1}{2}e^{-t}\sin 2t$
④ $e^{-t}\sin t$

해설

$$\mathcal{L}^{-1}\left[\frac{1}{s^2+2s+5}\right] = \mathcal{L}^{-1}\left[\frac{1}{(s+1)^2+2^2}\right] = \mathcal{L}^{-1}\left[\frac{1}{2}\cdot\frac{2}{(s+1)^2+2^2}\right] = \frac{1}{2}e^{-t}\sin 2t$$

45 $f(t) = \mathcal{L}^{-1}\left[\frac{1}{s^2+6s+10}\right]$의 값은 얼마인가?

① $e^{-3t}\sin t$
② $e^{-3t}\cos t$
③ $e^{-t}\sin 5t$
④ $e^{-t}\sin 5\omega t$

해설

$$F(s) = \frac{1}{s^2+6s+10} = \frac{1}{(s+3)^2+1^2}$$

$\therefore\ f(t) = e^{-3t}\sin t$

46 라플라스 변환함수 $F(s) = \frac{s+2}{s^2+4s+13}$에 대한 역변환 함수 $f(t)$는?

① $e^{-2t}\cos 3t$
② $e^{-3t}\cos 2t$
③ $e^{3t}\cos 2t$
④ $e^{2t}\cos 3t$

해설

$$F(s) = \frac{s+2}{s^2+4s+13} = \frac{s+2}{(s+2)^2+9} = \frac{s+2}{(s+2)^2+3^2}$$

$\therefore\ f(t) = e^{-2t}\cos 3t$

47 $\frac{dx}{dt}+3x=5$의 라플라스 변환은? (단, $x(0_+)=0$ 이다.)

① $\frac{5}{s+3}$
② $\frac{3}{s(s+5)}$
③ $\frac{3s}{s+5}$
④ $\frac{5}{s(s+3)}$

해설

$\frac{dx(t)}{dt}+3x(t)=5$를 라플라스 변환하면

$sX(s)+3X(s) = \frac{5}{s}$ 이므로 $X(s) = \frac{5}{(s+3)\cdot s}$

48 $\frac{di(t)}{dt}+4i(t)+4\int i(t)dt = 50u(t)$를 라플라스 변환하여 풀면 전류는?
(단, $t=0$에서 $i(0)=0$, $\int_{-\infty}^{0} i(t)dt = 0$ 이다.)

① $50e^{2t}(1+t)$
② $e^{t}(1+5t)$
③ $\frac{1}{4}(3-e^{t})$
④ $50te^{-2t}$

해설

$\frac{di(t)}{dt}+4i(t)+4\int i(t)dt = 50u(t)$를 라플라스 변환하면

$$sI(s)+4I(s)+\frac{4}{s}I(s) = \frac{50}{s}$$

$$I(s)\left(s+4+\frac{4}{s}\right) = \frac{50}{s}$$

$$I(s) = \frac{\frac{50}{s}}{s+4+\frac{4}{s}} = \frac{50}{s^2+4s+4} = \frac{50}{(s+2)^2} = 50\frac{1}{(s+2)^2}$$ 이므로

이를 역라플라스 변환하면

$\therefore\ i(t) = \mathcal{L}^{-1}[I(s)] = 50te^{-2t}$

정답 44 ③ 45 ① 46 ① 47 ④ 48 ④

memo

Engineer Electricity

전달함수

Chapter 03

SECTION 03 전달함수

1 전달함수

전달 함수는 "모든 초기치를 0으로 했을 때 입력 신호의 라플라스 변환에 대한 출력 신호의 라플라스 변환과의 비"로 정의한다.

입력 $r(t)$ → $R(s)$ → [전달함수 $G(s)$] → 출력 $c(t)$ → $C(s)$

전달함수 $G(s)$

$$G(s) = \frac{\mathcal{L}[c(t)]}{\mathcal{L}[r(t)]} = \frac{C(s)}{R(s)}$$

핵심 NOTE

■ 전달함수

모든 초기치를 0으로 했을 때 입력 신호의 라플라스 변환에 대한 출력 신호의 라플라스 변환과의 비

$G(s) = \frac{\mathcal{L}[c(t)]}{\mathcal{L}[r(t)]} = \frac{C(s)}{R(s)}$

예제문제 전달함수

1 전달함수의 성질 중 옳지 않은 것은?

① 어떤 계의 전달함수는 그 계에 대한 임펄스응답의 라플라스 변환과 같다.

② 전달함수 $P(s)$인 계의 입력이 임펄스함수(δ 함수)이고 모든 초기값이 0 이면 그 계의 출력변환은 $P(s)$와 같다.

③ 계의 전달함수는 계의 미분방정식을 라플라스 변환하고 초기값에 의하여 생긴 항을 무시하면 $P(s) = \mathcal{L}^{-1}\left[\frac{Y^2}{X^2}\right]$ 와 같이 얻어진다.

④ 계의 전달함수의 분모를 0으로 놓으면 이것이 곧 특성방정식이 된다.

해설

계의 전달함수는 계의 미분방정식을 라플라스 변환하고 초기값에 의하여 생긴 항을 무시하면 $P(s) = \frac{Y(s)}{X(s)}$와 같이 얻어진다.

답 ③

핵심 NOTE

■ 직렬연결시 전달함수

$G(s)=\frac{V_o(s)}{V_i(s)}=\frac{\text{출력 임피던스}}{\text{입력 임피던스}}$

단, R, L, C 에 대한 임피던스

$R[\Omega] \Rightarrow Z(s) = R[\Omega]$

$L[\mathrm{H}] \Rightarrow Z(s) = j\omega L = sL[\Omega]$

$C[\mathrm{F}] \Rightarrow Z(s) = \frac{1}{j\omega C} = \frac{1}{sC}[\Omega]$

❷ 소자(R, L, C)에 따른 전달함수

1. 직렬연결시 전달함수

입력전압 라플라스에 대한 출력전압 라플라스와의 비. 즉, 전압비를 구한다.

$$G(s)=\frac{V_o(s)}{V_i(s)}=\frac{\text{출력 임피던스}}{\text{입력 임피던스}}$$ (직렬연결시 전류가 일정하므로)

단, R, L, C 에 대한 임피던스

$R[\Omega] \Rightarrow Z(s) = R[\Omega]$

$L[\mathrm{H}] \Rightarrow Z(s) = j\omega L = sL[\Omega]$

$C[\mathrm{F}] \Rightarrow Z(s) = \frac{1}{j\omega C} = \frac{1}{sC}[\Omega]$

ex) 그림에서 전기 회로의 전달 함수는?

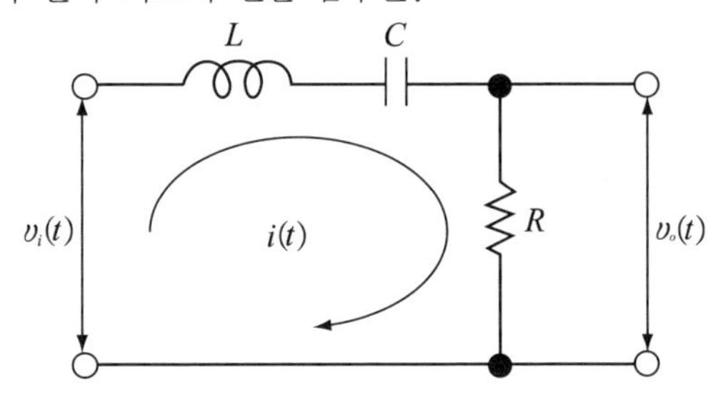

sol) 입, 출력 전압방정식은

$$v_i(t) = Ri(t) + \frac{1}{C}\int i(t)dt + L\frac{di(t)}{dt}\ [\mathrm{V}]$$

$$v_0(t) = Ri(t)\ [\mathrm{V}]$$

라플라스 변환시키면

$$V_i(s) = \left(R + \frac{1}{Cs} + Ls\right)I(s),\ V_0(s) = RI(s)$$ 이므로

전달함수는?

$$G(s) = \frac{V_0(s)}{V_i(s)} = \frac{RI(s)}{\left(R + \frac{1}{Cs} + Ls\right)I(s)}$$

$$= \frac{RCs}{LCs^2 + RCs + 1}$$

핵심 NOTE

별해

$$G(s)=\frac{V_o(s)}{V_i(s)}=\frac{\text{출력 임피던스}}{\text{입력 임피던스}}$$

$$=\frac{R}{Ls+\frac{1}{Cs}+R}=\frac{RCs}{LCs^2+RCs+1}$$

예제문제 전달함수

2 $R-C$ 저역 필터 회로의 전달 함수 $G(j\omega)$ 는 $\omega=0$ 에서 얼마인가?

① 0
② 0.5
③ 1
④ 0.707

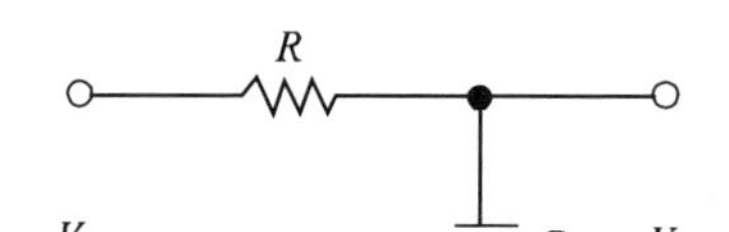

해설

$$G(s)=\frac{V_2(s)}{V_1(s)}=\frac{\text{출력 임피던스}}{\text{입력 임피던스}}=\frac{\frac{1}{sC}}{R+\frac{1}{sC}}=\frac{1}{sRC+1}$$

$G(j\omega)=\dfrac{1}{j\omega RC+1}$ 에서 $\omega=0$ 이므로 $|G(j\omega)|=1$

답 ③

예제문제 전달함수

3 그림과 같은 회로의 전달 함수는?
(단, $T_1=R_2C$, $T_2=(R_1+R_2)C$ 이다.)

① $\dfrac{T_1}{T_2s+1}$

② $\dfrac{T_2s}{T_1s+1}$

③ $\dfrac{T_1s+1}{T_2s+1}$

④ $\dfrac{T_1(T_1s+1)}{T_2(T_2s+1)}$

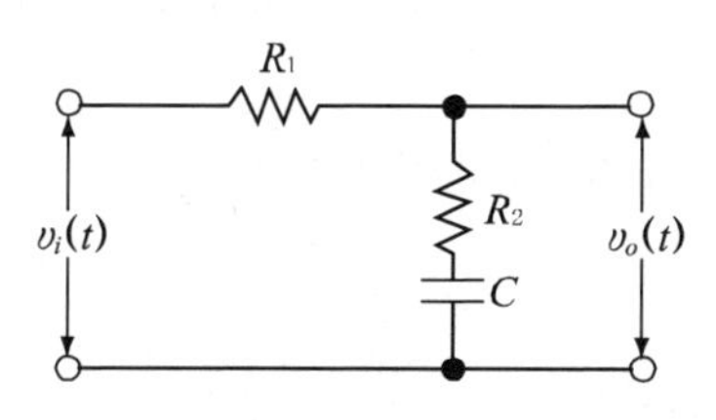

해설

$$G(s)=\frac{V_o(s)}{V_i(s)}=\frac{\text{출력 임피던스}}{\text{입력 임피던스}}=\frac{R_2+\frac{1}{Cs}}{R_1+R_2+\frac{1}{Cs}}=\frac{R_2Cs+1}{(R_1+R_2)Cs+1}$$

$T_1=R_2C$, $T_2=(R_1+R_2)C$이므로

$$G(s)=\frac{R_2Cs+1}{(R_1+R_2)Cs+1}=\frac{T_1s+1}{T_2s+1}$$

답 ③

핵심 NOTE

■ 병렬연결시 전달함수

$$G(s) = \frac{V_o(s)}{I(s)} = \frac{1}{\text{합성어드미턴스}}$$

단, R, L, C 에 대한 어드미턴스

$R[\Omega] \Rightarrow Y(s) = \frac{1}{R}[℧]$

$L[\text{H}] \Rightarrow Y(s) = \frac{1}{sL}[℧]$

$C[\text{F}] \Rightarrow Y(s) = sC[℧]$

2. 병렬연결시 전달함수

전류에 대한 출력전압 라플라스와의 비(즉, 임피던스를 구한다.)

$$G(s) = \frac{V_o(s)}{I(s)} = Z(s) = \frac{1}{Y(s)} = \frac{1}{\text{합성 어드미턴스}}$$

단, R, L, C 에 대한 어드미턴스

$R[\Omega] \Rightarrow Y(s) = \frac{1}{R}[℧]$

$L[\text{H}] \Rightarrow Y(s) = \frac{1}{sL}[℧]$

$C[\text{F}] \Rightarrow Y(s) = sC[℧]$

ex) 그림과 같은 회로에서 전달 함수 $\frac{V_0(s)}{I(s)}$를 구하여라.

단, 초기조건은 모두 0으로 한다.

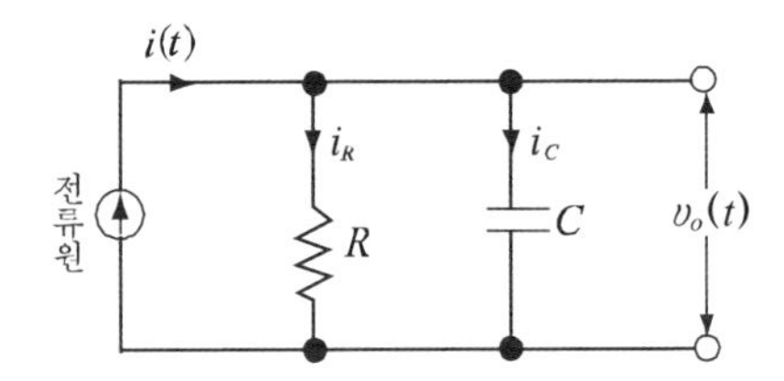

sol) 전류 방정식은 $i(t) = i_R + i_C = \frac{v_o(t)}{R} + C\frac{dv_o(t)}{dt}$ [A]

라플라스 변환시키면

$I(s) = \frac{1}{R}V_o(s) + Cs\,V_o(s) = \left(\frac{1}{R} + Cs\right)V_o(s)$이므로

전달함수 $G(s) = \frac{V_o(s)}{I(s)} = \frac{1}{\frac{1}{R} + Cs} = \frac{R}{1 + RCs}$

별해

$$G(s) = \frac{V_o(s)}{I(s)} = \frac{1}{\text{합성 어드미턴스}} = \frac{1}{\frac{1}{R} + Cs} = \frac{R}{1 + RCs}$$

핵심 NOTE

예제문제 전달함수

4 그림과 같은 회로의 전달 함수 $\dfrac{V_o(s)}{I(s)}$ 는?

① $\dfrac{1}{s(C_1+C_2)}$

② $\dfrac{C_1C_2}{C_1+C_2}$

③ $\dfrac{C_1}{s(C_1+C_2)}$

④ $\dfrac{C_2}{s(C_1+C_2)}$

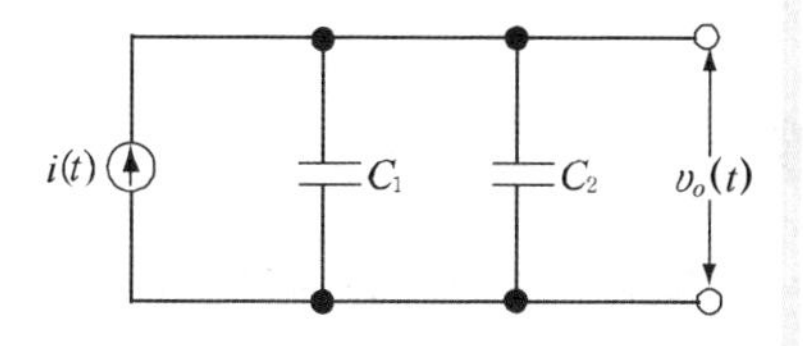

해설

병렬연결시 전달함수

$$G(s) = \frac{E_0(s)}{I(s)} = \frac{1}{\text{합성 어드미턴스}} = \frac{1}{C_1 s + C_2 s} = \frac{1}{s(C_1+C_2)}$$

답 ①

3 제어요소의 전달함수

1. 비례요소

전달 함수 $G(s) = \dfrac{Y(s)}{X(s)} = K$ (K 를 이득 정수라 한다.)

2. 미분 요소

전달 함수 $G(s) = \dfrac{Y(s)}{X(s)} = Ks$

3. 적분 요소

전달 함수 $G(s) = \dfrac{Y(s)}{X(s)} = \dfrac{K}{s}$

4. 1차 지연 요소

전달 함수 $G(s) = \dfrac{Y(s)}{X(s)} = \dfrac{K}{Ts+1}$

5. 2차 지연 요소

전달 함수 $G(s) = \dfrac{Y(s)}{X(s)} = \dfrac{K\omega_n^2}{s^2+2\delta\omega_n s+\omega_n^2}$

여기서, δ은 감쇠 계수 또는 제동비, ω_n은 고유 주파수

■ 제어요소의 전달함수
- 비례요소
  $G(s) = K$
- 미분 요소
  $G(s) = Ks$
- 적분 요소
  $G(s) = \dfrac{K}{s}$
- 1차 지연 요소
  $G(s) = \dfrac{K}{Ts+1}$
- 2차 지연 요소
  $G(s) = \dfrac{K\omega_n^2}{s^2+2\delta\omega_n s+\omega_n^2}$
- 부동작 시간 요소
  $G(s) = Ke^{-LS}$

핵심 NOTE

6. 부동작 시간 요소

전달 함수

$$G(s) = \frac{Y(s)}{X(s)} = Ke^{-LS}$$

(단, L : 부동작 시간)

예제문제 전달함수

5 그림과 같은 요소는 제어계의 어떤 요소인가?

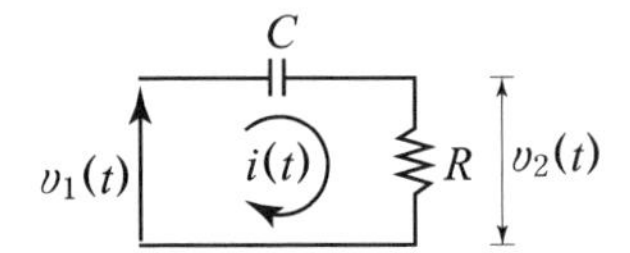

① 적분요소 ② 미분요소
③ 1차 지연요소 ④ 1차 지연 미분요소

해설

$V_1(s) = \left(R + \frac{1}{Cs}\right)I(s)$, $V_2(s) = RI(s)$에서

전달함수

$$G(s) = \frac{V_2(s)}{V_1(s)} = \frac{R}{R + \frac{1}{Cs}} = \frac{RCs}{RCs+1} = \frac{Ts}{Ts+1} = Ts \times \frac{1}{Ts+1}$$ 이므로

1차지연$\left(\frac{1}{Ts+1}\right)$ 및 미분요소(Ts)가 된다.

답 ④

4 미분방정식에 의한 전달함수

실미분정리를 이용하여 전달함수를 구한다.

$$2\frac{d^2y(t)}{dt^2} + 3\frac{dy(t)}{dt} + 5y(t) = 3\frac{dx(t)}{dt} + x(t)$$

실미분정리를 이용하여 라플라스 변환시키면

$2s^2Y(s) + 3sY(s) + 5Y(s) = 3sX(s) + X(s)$

$Y(s)(2s^2 + 3s + 5) = X(s)(3s + 1)$이므로

전달함수는 $G(s) = \frac{Y(s)}{X(s)} = \frac{3s+1}{2s^2+3s+5}$이 된다.

핵심 NOTE

예제문제 미분방정식에 의한 전달함수

6 입력신호 $x(t)$ 와 출력신호 $y(t)$ 의 관계가 다음과 같을 때 전달함수는? $\left(단,\ \frac{d^2}{dt^2}y(t)+5\frac{d}{dt}y(t)+6y(t)=x(t)\right)$

① $\frac{1}{(s+2)(s+3)}$

② $\frac{s+1}{(s+2)(s+3)}$

③ $\frac{s+4}{(s+2)(s+3)}$

④ $\frac{s}{(s+2)(s+3)}$

해설

미분방정식의 양변을 라플라스 변환하면

$s^2 Y(s)+5s\,Y(s)+6\,Y(s)=X(s)$

$(s^2+5s+6)\,Y(s)=X(s)$

$\therefore\ G(s)=\frac{Y(s)}{X(s)}=\frac{1}{s^2+5s+6}=\frac{1}{(s+2)(s+3)}$

답 ①

예제문제 미분방정식에 의한 전달함수

7 $\frac{B(s)}{A(s)}=\frac{2}{2s+3}$ 의 전달함수를 미분방정식으로 표시하면?

① $3\frac{d}{dt}b(t)+2b(t)=2a(t)$

② $\frac{d}{dt}b(t)+b(t)=a(t)$

③ $2\frac{d}{dt}b(t)+3b(t)=2a(t)$

④ $3\frac{d}{dt}b(t)+b(t)=a(t)$

해설

$\frac{B(s)}{A(s)}=\frac{2}{2s+3}$ 에서 $2s\,B(s)+3B(s)=2A(s)$

$2\frac{d}{dt}b(t)+3b(t)=2a(t)$

답 ③

출제예상문제

01 전달함수를 정의 할 때 옳게 나타낸 것은?

① 모든 초기값을 0으로 한다.
② 모든 초기값을 고려한다.
③ 입력만을 고려한다.
④ 주파수 특성만을 고려한다.

해설

전달함수의 정의는 모든 초기값을 0으로 유지한 후 입력 라플라스에 대한 출력라플라스와의 비를 말한다.

02 그림에서 전달함수 $G(s)$는?

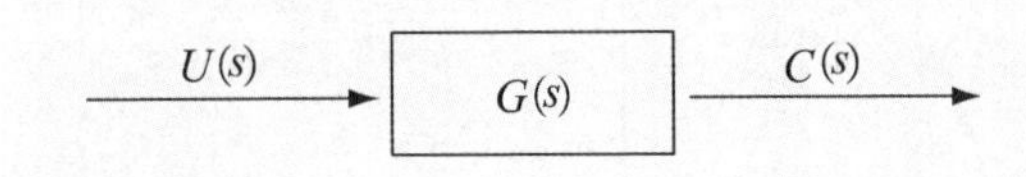

① $\dfrac{U(s)}{C(s)}$　② $\dfrac{C(s)}{U(s)}$

③ $U(s) \cdot C(s)$　④ $\dfrac{C^2(s)}{U^2(s)}$

해설

전달함수의 정의는 모든 초기값을 0으로 유지한 후 입력 라플라스에 대한 출력라플라스와의 비를 말하므로

$$G(s) = \frac{C(s)}{U(s)}$$

03 다음 사항 중 옳게 표현된 것은?

① 비례 요소의 전달 함수는 $\dfrac{1}{Ts}$ 이다.
② 미분 요소의 전달 함수는 K 이다.
③ 적분 요소의 전달 함수는 Ts 이다.
④ 1차 지연 요소의 전달 함수는 $\dfrac{K}{Ts+1}$ 이다.

해설

비례 요소 : K, 미분 요소 : Ts,

적분 요소 : $\dfrac{1}{Ts}$, 1차 지연 요소 : $\dfrac{K}{Ts+1}$

04 그림과 같은 블록선도가 의미하는 요소는?

$R(s) \rightarrow \boxed{\dfrac{K}{1+sT}} \rightarrow C(s)$

① 1차 늦은 요소　② 0차 늦은 요소
③ 2차 늦은 요소　④ 1차 빠른 요소

해설

1차 지연(늦은)요소의 전달함수

$$G(s) = \frac{K}{Ts+1}$$

05 부동작 시간(dead time) 요소의 전달 함수는?

① K　② $\dfrac{K}{s}$

③ Ke^{-Ls}　④ Ks

해설

부동작시간요소의 전달함수

$$G(s) = Ke^{-Ls} = \frac{K}{e^{Ls}}$$

06 단위계단함수를 어떤 제어요소에 입력으로 넣었을 때 그 전달함수가 그림과 같은 블록선도로 표시될 수 있다면 이것은?

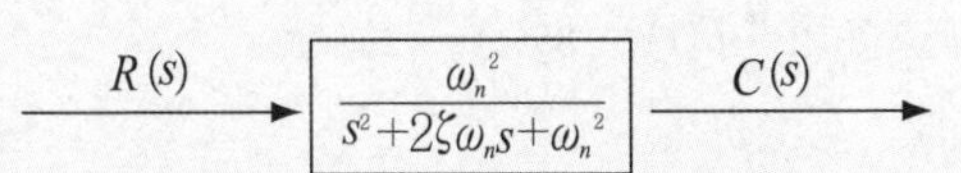

① 1차지연요소　② 2차지연요소
③ 미분요소　④ 적분요소

해설

2차지연요소의 전달함수

$$G(s) = \frac{\omega_n^2}{s^2 + 2\zeta\omega_n s + \omega_n^2}$$

정답　01 ①　02 ②　03 ④　04 ①　05 ③　06 ②

07 그림과 같은 회로의 전달함수는? (단, 초기값은 0이다.)

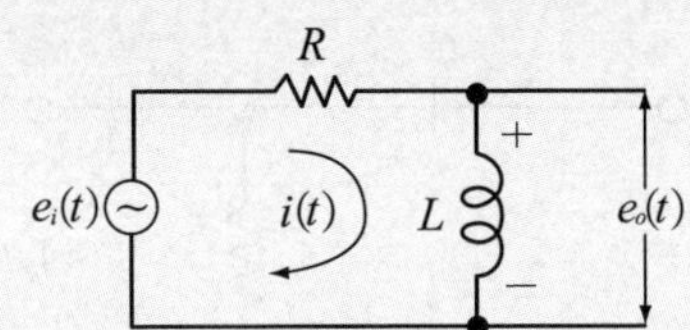

① $\frac{s}{R+Ls}$ ② $\frac{1}{s+\frac{R}{L}}$

③ $\frac{1}{R+Ls}$ ④ $\frac{s}{s+\frac{R}{L}}$

해설

입, 출력 전압방정식은

$e_i(t) = Ri(t) + L\frac{di(t)}{dt}$, $e_o(t) = L\frac{di(t)}{dt}$

라플라스 변환시키면

$E_i(s) = (R+Ls)I(s)$, $E_o(s) = Ls\,I(s)$

이므로 전달함수는

$$G(s) = \frac{E_o(s)}{E_i(s)} = \frac{Ls\,I(s)}{(R+Ls)I(s)} = \frac{Ls}{R+Ls} = \frac{s}{s+\frac{R}{L}}$$

[별해]

$$G(s) = \frac{E_o(s)}{E_i(s)} = \frac{\text{출력 임피던스}}{\text{입력 임피던스}} = \frac{Ls}{Ls+R} = \frac{s}{1+\frac{R}{L}}$$

08 그림과 같은 회로의 전달 함수는? (단, $\frac{L}{R} = T$: 시정수이다.)

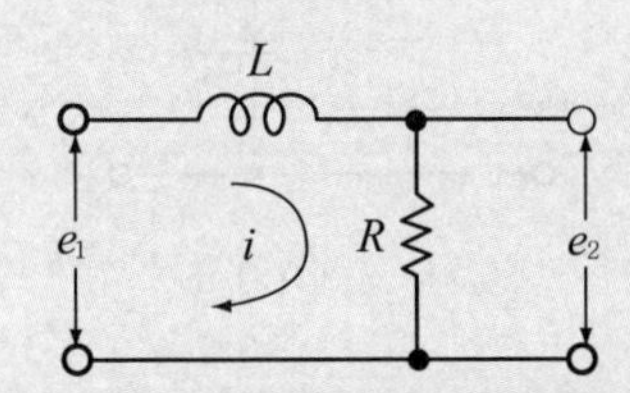

① $\frac{1}{Ts^2+1}$ ② $\frac{1}{Ts+1}$

③ Ts^2+1 ④ $Ts+1$

해설

입, 출력 전압방정식은

$e_1(t) = Ri(t) + L\frac{di(t)}{dt}$, $e_2(t) = Ri(t)$

라플라스 변환시키면

$E_1(s) = (R+Ls)I(s)$, $E_2(s) = RI(s)$이므로

전달함수는

$$G(s) = \frac{E_2(s)}{E_1(s)} = \frac{RI(s)}{(R+Ls)I(s)} = \frac{R}{R+Ls} = \left.\frac{1}{\frac{L}{R}s+1}\right|_{T=\frac{L}{R}} = \frac{1}{Ts+1}$$

[별해]

$$G(s) = \frac{E_2(s)}{E_1(s)} = \frac{\text{출력 임피던스}}{\text{입력 임피던스}} = \frac{R}{sL+R} = \frac{1}{s\cdot\frac{L}{R}+1} = \frac{1}{Ts+1}$$

09 그림과 같은 회로망의 전달함수 $G(s)$는? (단, $s = j\omega$ 이다.)

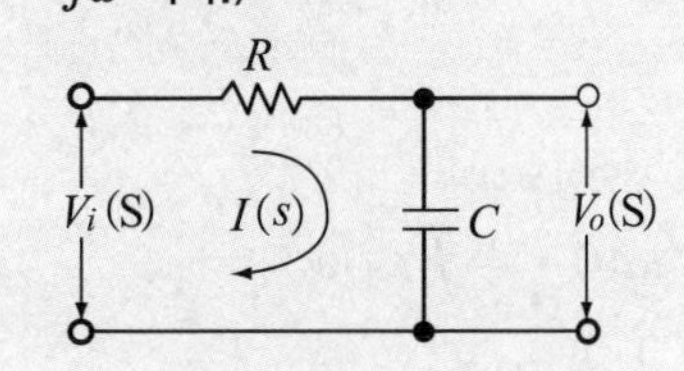

① $\frac{1}{1+s}$ ② $\frac{CR}{s+CR}$

③ $\frac{CR}{RCs+1}$ ④ $\frac{1}{RCs+1}$

해설

입, 출력 전압방정식은

$v_i(t) = Ri(t) + \frac{1}{C}\int i(t)dt$

$v_0(t) = \frac{1}{C}\int i(t)dt$

라플라스 변환시키면

$V_i(s) = \left(R+\frac{1}{Cs}\right)I(s)$, $V_0(s) = \frac{1}{Cs}I(s)$

이므로 전달함수는

$$G(s) = \frac{V_0(s)}{V_i(s)} = \frac{\frac{1}{Cs}I(s)}{\left(R+\frac{1}{Cs}\right)I(s)} = \frac{1}{RCs+1}$$

정답 07 ④ 08 ② 09 ④

[별해]

$$G(s) = \frac{E_2(s)}{E_1(s)} = \frac{\text{출력 임피던스}}{\text{입력 임피던스}}$$

$$= \frac{\frac{1}{Cs}}{R + \frac{1}{Cs}} = \frac{1}{RCs + 1}$$

10 그림과 같은 회로의 전달 함수는? (단, $T = RC$이다.)

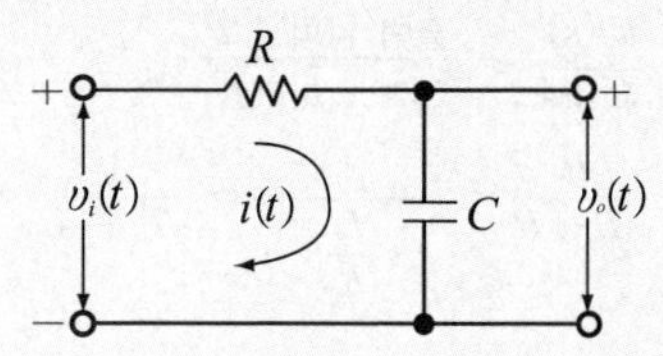

① $\frac{1}{Ts^2+1}$ ② $\frac{1}{Ts+1}$

③ Ts^2+1 ④ $Ts+1$

해설

입, 출력 전압방정식은

$v_i(t) = Ri(t) + \frac{1}{C}\int i(t)dt$

$v_0(t) = \frac{1}{C}\int i(t)dt$

라플라스 변환시키면

$V_i(s) = \left(R + \frac{1}{Cs}\right)I(s)$, $V_0(s) = \frac{1}{Cs}I(s)$ 이므로

전달함수는

$$G(s) = \frac{V_0(s)}{V_i(s)} = \frac{\frac{1}{Cs}I(s)}{\left(R + \frac{1}{Cs}\right)I(s)}$$

$$= \left.\frac{1}{RCs+1}\right|_{T=RC} = \frac{1}{Ts+1}$$

[별해]

$$G(s) = \frac{V_0(s)}{V_i(s)} = \frac{\text{출력 임피던스}}{\text{입력 임피던스}}$$

$$= \frac{\frac{1}{Cs}}{R + \frac{1}{Cs}} = \frac{1}{RCs+1} = \frac{1}{Ts+1}$$

11 그림과 같은 전기회로의 입력을 V_1, 출력을 V_2 라고 할 때 전달함수는? (단, $s = j\omega$ 이다.)

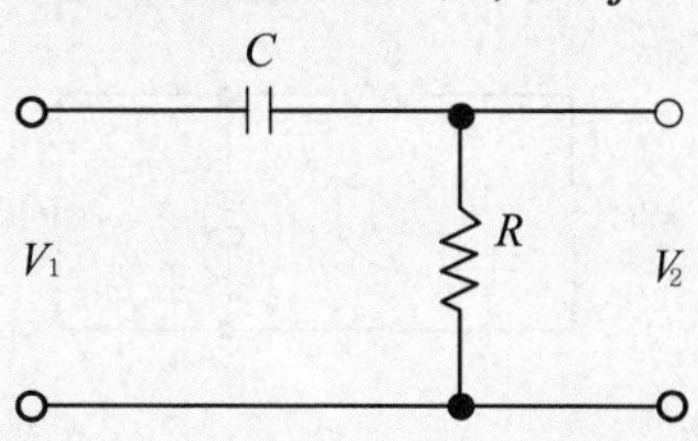

① $\frac{1}{R + \frac{1}{sC}}$ ② $\frac{1}{j\omega + \frac{1}{RC}}$

③ $\frac{j\omega}{j\omega + \frac{1}{RC}}$ ④ $\frac{s}{R} + \frac{1}{sC}$

해설

$$G(s) = \frac{V_2(s)}{V_1(s)} = \frac{\text{출력 임피던스}}{\text{입력 임피던스}}$$

$$= \frac{R}{R + \frac{1}{Cs}} = \frac{RCs}{RCs+1}$$

$$= \frac{s}{s + \frac{1}{RC}} = \frac{j\omega}{j\omega + \frac{1}{RC}}$$

12 $R-C$저역 여파기 회로의 전달함수 $G(j\omega)$에서 $\omega = \frac{1}{RC}$인 경우 $|G(j\omega)|$의 값은?

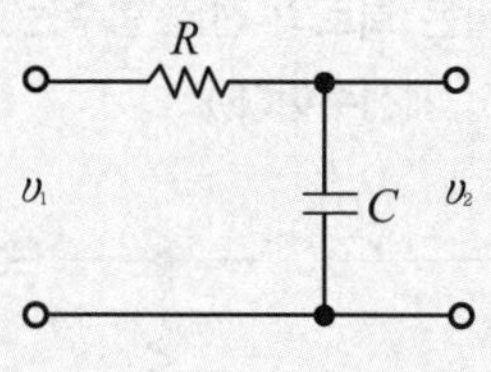

① 0 ② 0.5

③ 1 ④ 0.707

정답 10 ② 11 ③ 12 ④

해설

$$G(s) = \frac{V_2(s)}{V_1(s)} = \frac{\text{출력 임피던스}}{\text{입력 임피던스}}$$

$$= \frac{\frac{1}{sC}}{R + \frac{1}{sC}} = \frac{1}{sRC+1}$$

$G(j\omega) = \frac{1}{j\omega RC+1}$ 에서 $\omega = \frac{1}{RC}$ 일 때

$G(j\omega) = \frac{1}{1+j1}$ 이므로

$$|G(j\omega)| = \frac{1}{\sqrt{1^2+1^2}} = \frac{1}{\sqrt{2}} = 0.707$$

13 그림과 같은 회로망의 전달 함수 $H(s) = \frac{V_2(s)}{V_1(s)}$ 를 구하면?

L
$v_1(t)$ C $v_2(t)$

① $\frac{LC}{1+LCs}$ ② $\frac{LC}{1+LCs^2}$

③ $\frac{1}{1+LCs}$ ④ $\frac{1}{1+LCs^2}$

해설

$$H(s) = \frac{V_2(s)}{V_1(s)} = \frac{\text{출력 임피던스}}{\text{입력 임피던스}}$$

$$= \frac{\frac{1}{Cs}}{Ls + \frac{1}{Cs}} = \frac{1}{1+LCs^2}$$

14 그림과 같은 회로의 전달 함수 $\frac{V_0(s)}{V_i(s)}$ 는?

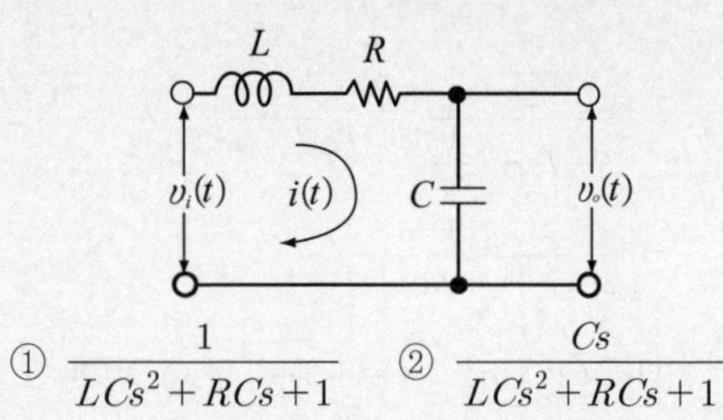

① $\frac{1}{LCs^2+RCs+1}$ ② $\frac{Cs}{LCs^2+RCs+1}$

③ $\frac{Ls}{LCs^2+RCs+1}$ ④ $\frac{LCs^2}{LCs^2RCs+1}$

해설

$$G(s) = \frac{V_o(s)}{V_i(s)} = \frac{\text{출력 임피던스}}{\text{입력 임피던스}}$$

$$= \frac{\frac{1}{Cs}}{R + Ls + \frac{1}{Cs}} = \frac{1}{LCs^2 + RCs + 1}$$

15 그림과 같은 회로의 전압비 전달 함수 $H(j\omega) = \frac{V_c(j\omega)}{V(j\omega)}$ 는?

1[Ω] 1[H]
V 0.25[F] V_c + −

① $\frac{2}{(j\omega)^2+j\omega+2}$ ② $\frac{2}{(j\omega)^2+j\omega+4}$

③ $\frac{4}{(j\omega)^2+j\omega+4}$ ④ $\frac{1}{(j\omega)^2+j\omega+1}$

정답 13 ④ 14 ① 15 ③

해설

$$G(j\omega)=\frac{V_c(j\omega)}{V(j\omega)}=\frac{\text{출력 임피던스}}{\text{입력 임피던스}}$$

$$=\frac{\frac{1}{Cs}}{R+Ls+\frac{1}{Cs}}=\frac{1}{LCs^2+RCs+1}$$

$$=\frac{1}{LC(j\omega)^2+RC(j\omega)+1}$$

$R=1[\Omega]$, $L=1[\mathrm{H}]$, $C=0.25[\mathrm{F}]$ 를 대입하면

$$\therefore\ G(j\omega)=\frac{1}{0.25(j\omega)^2+0.25(j\omega)+1}$$

$$=\frac{4}{(j\omega)^2+j\omega+4}$$

16 그림에서 전기 회로의 전달 함수는?

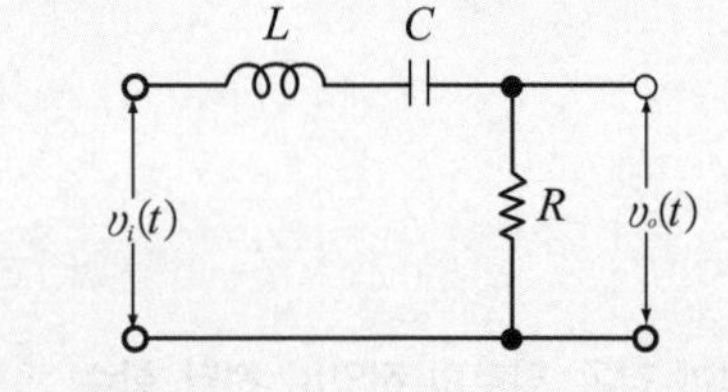

① $\dfrac{LRs}{LCs^2+RCs+1}$ ② $\dfrac{Cs}{LCs^2+RCs+1}$

③ $\dfrac{RCs}{LCs^2+RCs+1}$ ④ $\dfrac{LRCs}{LCs^2+RCs+1}$

해설

$$G(s)=\frac{V_2(s)}{V_1(s)}=\frac{\text{출력 임피던스}}{\text{입력 임피던스}}$$

$$=\frac{R}{Ls+\frac{1}{Cs}+R}=\frac{RCs}{LCS^2+RCs+1}$$

17 다음 지상 네트워크의 전달함수는?

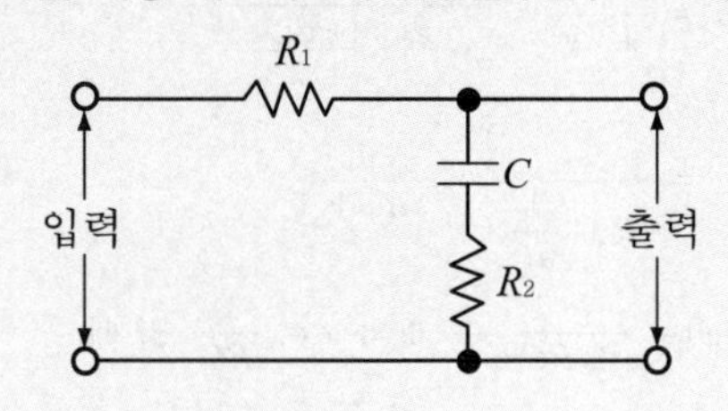

① $\dfrac{s(R_1+R_2)C+1}{sCR_1+1}$

② $\dfrac{sCR_2+1}{s(R_1+R_2)C+1}$

③ $\dfrac{R_1+sC}{R_1+R_2+sC}$

④ $\dfrac{1}{1/R_1+1/R_2+sC}$

해설

입력전압 라플라스

$$E_i(s)=\left(R_1+R_2+\frac{1}{Cs}\right)I(s)$$

출력전압 라플라스

$$E_o(s)=\left(R_2+\frac{1}{Cs}\right)I(s)$$

$$\therefore\ G(s)=\frac{E_o(s)}{E_i(s)}=\frac{R_2+\frac{1}{Cs}}{R_1+R_2+\frac{1}{Cs}}$$

$$=\frac{R_2Cs+1}{(R_1+R_2)Cs+1}$$

[별해]

$$G(s)=\frac{\text{출력 임피던스}}{\text{입력 임피던스}}$$

$$=\frac{R_2+\frac{1}{Cs}}{R_1+R_2+\frac{1}{Cs}}=\frac{R_2Cs+1}{(R_1+R_2)Cs+1}$$

정 답 16 ③ 17 ②

18 그림과 같은 회로에서 전압비 전달 함수는?

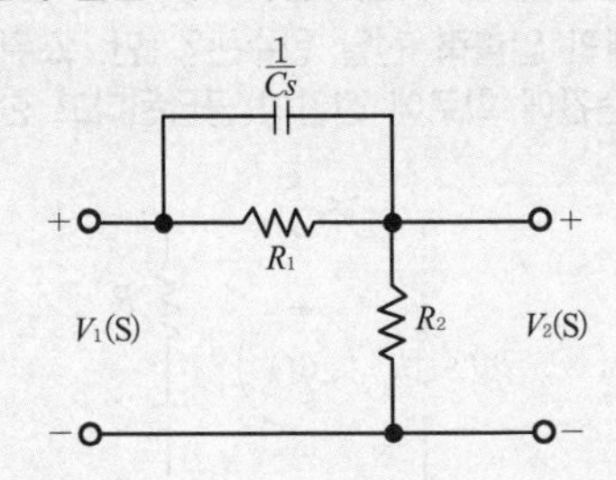

① $\dfrac{R_1}{R_1Cs+1}$

② $\dfrac{s+1}{s+(R_1+R_2)+R_1R_2C}$

③ $\dfrac{R_1R_2s+RCs}{R_1Cs+R_1R_2s^2+C}$

④ $\dfrac{R_2+R_1R_2Cs}{R_2+R_1R_2Cs+R_1}$

해설

등가 회로는 그림과 같다.

R_1과 C가 병렬 연결이므로 합성임피던스는

$$Z=\frac{R_1\times\dfrac{1}{Cs}}{R_1+\dfrac{1}{Cs}}=\frac{R_1}{1+R_1Cs}\text{ 이므로}$$

$$G(s)=\frac{V_2(s)}{V_1(s)}=\frac{\text{출력 임피던스}}{\text{입력 임피던스}}$$

$$=\frac{R_2}{\dfrac{R_1}{1+CsR_1}+R_2}=\frac{R_2+R_1R_2Cs}{R_1+R_2+R_1R_2Cs}$$

19 그림과 같은 회로의 전달 함수는 어느 것인가?

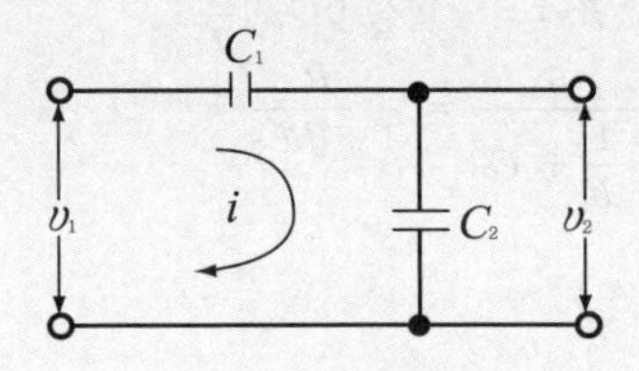

① C_1+C_2

② $\dfrac{C_2}{C_1}$

③ $\dfrac{C_1}{C_1+C_2}$

④ $\dfrac{C_2}{C_1+C_2}$

해설

$$G(s)=\frac{V_2(s)}{V_1(s)}=\frac{\text{출력 임피던스}}{\text{입력 임피던스}}$$

$$=\frac{\dfrac{1}{C_2s}}{\dfrac{1}{C_1s}+\dfrac{1}{C_2s}}=\frac{C_1}{C_1+C_2}$$

20 그림과 같은 회로에서 전달 함수 $\dfrac{V_0(s)}{I(s)}$를 구하여라. (단, 초기조건은 모두 0으로 한다.)

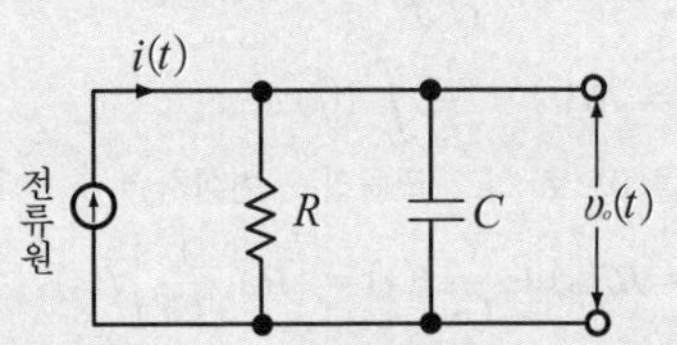

① $\dfrac{1}{RCs+1}$

② $\dfrac{R}{RCs+1}$

③ $\dfrac{C}{RCs+1}$

④ $\dfrac{RCs}{RCs+1}$

해설

전류 방정식은

$$i(t)=i_R+i_C=\frac{v_o(t)}{R}+C\frac{dv_o(t)}{dt}\ \text{[A]}$$

라플라스 변환시키면

$$I(s)=\frac{1}{R}V_o(s)+Cs\,V_o(s)=\left(\frac{1}{R}+Cs\right)V_o(s)\text{므로}$$

전달함수

$$G(s)=\frac{V_o(s)}{I(s)}=\frac{1}{\dfrac{1}{R}+Cs}=\frac{R}{1+RCs}$$

정답 18 ④ 19 ③ 20 ②

[별해]

$$G(s) = \frac{V_o(s)}{I(s)} = \frac{1}{\text{합성 어드미턴스}}$$

$$= \frac{1}{\frac{1}{R} + Cs} = \frac{R}{1+RCs}$$

21 그림에서 e_i 를 입력 전압, e_o 를 출력 전압이라 할 때 전달 함수는?

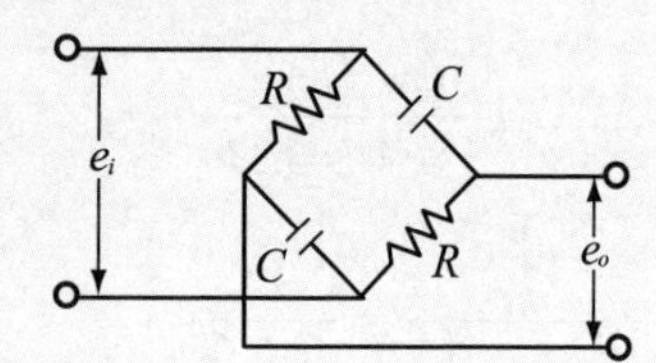

① $\dfrac{RCs-1}{RCs+1}$ ② $\dfrac{1}{RCs+1}$

③ $\dfrac{RCs+1}{RCs-1}$ ④ $\dfrac{1}{RCs-1}$

해설

$$e_i(t) = Ri(t) + \frac{1}{C}\int i(t)\,dt$$

$$e_o(t) = Ri(t) - \frac{1}{C}\int i(t)\,dt$$

초기값을 0으로 하고 라플라스 변환하면

$$E_i(s) = RI(s) + \frac{1}{Cs}I(s) = \left(R + \frac{1}{Cs}\right)I(s)$$

$$E_o(s) = RI(s) - \frac{1}{Cs}I(s) = \left(R - \frac{1}{Cs}\right)I(s)$$

$$\therefore\ G(s) = \frac{E_o(s)}{E_i(s)} = \frac{R - \frac{1}{Cs}}{R + \frac{1}{Cs}} = \frac{CRs-1}{CRs+1}$$

22 다음 회로에서 입력을 $v(t)$, 출력을 $i(t)$로 했을 때의 입출력 전달 함수는? (단, 스위치 S는 $t=0$ 순간에 회로에 전압이 공급된다고 한다.)

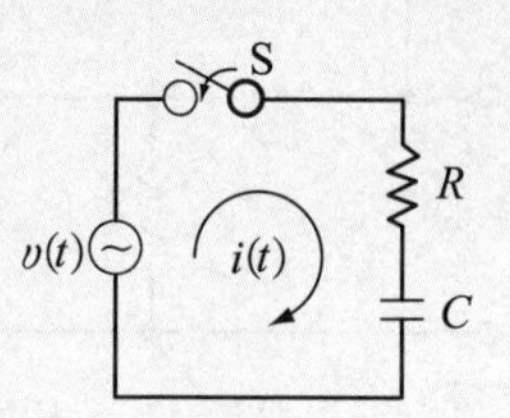

① $\dfrac{I(s)}{V(s)} = \dfrac{s}{R\left(s+\dfrac{1}{RC}\right)}$

② $\dfrac{I(s)}{V(s)} = \dfrac{1}{RC\left(s+\dfrac{1}{RC}\right)}$

③ $\dfrac{I(s)}{V(s)} = \dfrac{s}{RCs+1}$

④ $\dfrac{I(s)}{V(s)} = \dfrac{RCs}{RCs+1}$

해설

전압에 대한 전류의 전달함수는

$$G(s) = \frac{I(s)}{V(s)} = Y(s) = \frac{1}{Z(s)}$$

$$= \frac{1}{R + \frac{1}{Cs}} = \frac{Cs}{RCs+1}$$

$$= \frac{s}{Rs + \frac{1}{C}} = \frac{s}{R\left(s + \frac{1}{RC}\right)}$$

23 R−L−C 회로망에서 입력전압을 $ei(t)$[V], 출력량을 전류 $i(t)$[A] 로 할 때, 이 요소의 전달함수는?

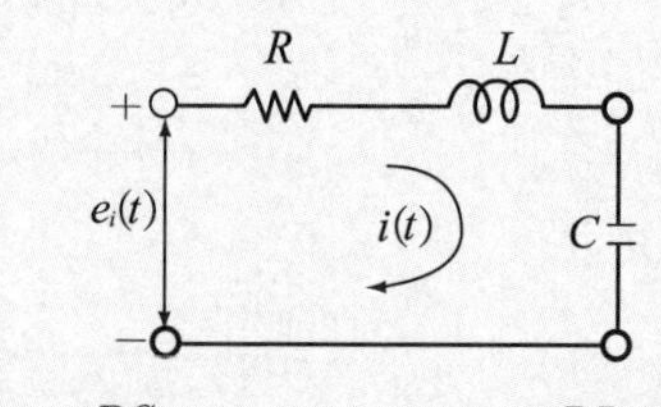

① $\dfrac{RS}{LCs^2+RCs+1}$ ② $\dfrac{RLs}{LCs^2+RCs+1}$

③ $\dfrac{LS}{LCs^2+RCs+1}$ ④ $\dfrac{Cs}{LCs^2+RCs+1}$

정답 21 ① 22 ① 23 ④

해설

전압에 대한 전류의 전달함수는

$$G(s) = \frac{I(s)}{V(s)} = Y(s) = \frac{1}{Z(s)}$$

$$= \frac{1}{R + Ls + \frac{1}{Cs}} = \frac{Cs}{LCs^2 + RCs + 1}$$

24 그림과 같은 회로에서 인가 전압에 의한 전류 i를 입력, V_0를 출력이라 할 때 전달 함수는? (단, 초기조건은 모두 0이다.)

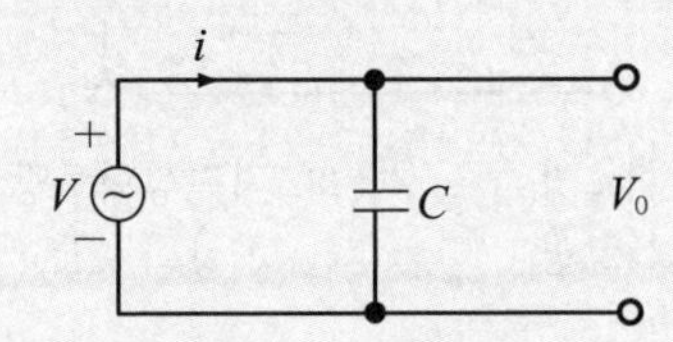

① $\frac{1}{Cs}$ ② Cs

③ $\frac{1}{1+Cs}$ ④ $1+Cs$

해설

출력전압방정식 $v_0(t) = \frac{1}{C}\int i(t)\,dt$

이므로 라플라스 변환하여 풀면

$V_0(s) = \frac{1}{Cs} I(s)$ 이므로

전달함수 $\therefore G(s) = \frac{V_0(s)}{I(s)} = \frac{1}{Cs}$

25 어떤 계를 표시하는 미분 방정식이 $\frac{d^2y(t)}{dt^2} + 3\frac{dy(t)}{dt} + 2y(t) = \frac{dx(t)}{dt} + x(t)$ 라고 한다. $x(t)$ 는 입력, $y(t)$ 는 출력이라고 한다면 이 계의 전달 함수는 어떻게 표시되는가?

① $\frac{s^2+3s+2}{s+1}$ ② $\frac{2s+1}{s^2+s+1}$

③ $\frac{s+1}{s^2+3s+2}$ ④ $\frac{s^2+s+1}{2s+1}$

해설

미분방정식의 양변을 라플라스 변환하면

$s^2 Y(s) + 3s Y(s) + 2Y(s) = sX(s) + X(s)$

$(s^2+3s+2)Y(s) = (s+1)X(s)$

$\therefore G(s) = \frac{Y(s)}{X(s)} = \frac{s+1}{s^2+3s+2}$

26 시간지연요인을 포함한 어떤 특정계가 다음 미분방정식으로 표현된다. 이 계의 전달함수를 구하면?

$$\frac{dy(t)}{dt} + y(t) = x(t-T)$$

① $P(s) = \frac{Y(s)}{X(s)} = \frac{e^{-sT}}{s+1}$

② $P(s) = \frac{X(s)}{Y(s)} = \frac{e^{sT}}{s-1}$

③ $P(s) = \frac{X(s)}{Y(s)} = \frac{s+1}{e^{sT}}$

④ $P(s) = \frac{Y(s)}{X(s)} = \frac{e^{-2sT}}{s+1}$

해설

미분방정식의 양변을 라플라스 변환하면

$sY(s) + Y(s) = X(s)e^{-Ts}$

$(s+1)Y(s) = X(s)e^{-Ts}$

$\therefore P(s) = \frac{Y(s)}{X(s)} = \frac{e^{-Ts}}{s+1}$

27 $\frac{V_0(s)}{V_i(s)} = \frac{1}{s^2+3s+1}$ 의 전달 함수를 미분 방정식으로 표시하면?

① $\frac{d^2}{dt^2}v_o(t) + 3\frac{d}{dt}v_o(t) + v_o(t) = v_i(t)$

② $\frac{d^2}{dt^2}v_i(t) + 3\frac{d}{dt}v_i(t) + v_i(t) = v_o(t)$

③ $\frac{d^2}{dt^2}v_i(t) + 3\frac{d}{dt}v_i(t) + \int v_i(t)dt = v_o(t)$

④ $\frac{d^2}{dt^2}v_o(t) + 3\frac{d}{dt}v_o(t) + \int v_o(t)dt = v_i(t)$

정답 24 ① 25 ③ 26 ① 27 ①

해설

$$\frac{V_0(s)}{V_i(s)} = \frac{1}{s^2+3s+1} \text{에서}$$

$$V_i(s) = s^2 V_o(s) + 3s V_o(s) + V_o(s)$$

$$v_i(t) = \frac{d^2}{dt^2} v_o(t) + 3\frac{d}{dt} v_o(t) + v_o(t)$$

28 어떤 계의 임펄스응답(impulse response)이 정현파신호 $\sin t$ 일 때, 이 계의 전달함수와 미분방정식을 구하면?

① $\frac{1}{s^2+1}$, $\frac{d^2y}{dt^2}+y=x$

② $\frac{1}{s^2-1}$, $\frac{d^2y}{dt^2}+2y=2x$

③ $\frac{1}{2s+1}$, $\frac{d^2y}{dt^2}-y=x$

④ $\frac{1}{2s^2-1}$, $\frac{d^2y}{dt^2}-2y=2x$

해설

임펄스 응답시 기준입력 $x(t)=\delta(t)$ 이고
출력이 $y(t)=\sin t$ 이므로
라플라스 변환시키면

$X(s)=1$, $Y(s)=\frac{1}{s^2+1}$ 이 되므로

전달함수는

$G(s)=\frac{Y(s)}{X(s)}=\frac{1}{s^2+1}$ 이며 미분방정식은

$s^2Y(s)+Y(s)=X(s)$ 에서

역라플라스 변환하면 $\frac{d^2y}{dt^2}+y=x$

29 그림과 같은 회로는?

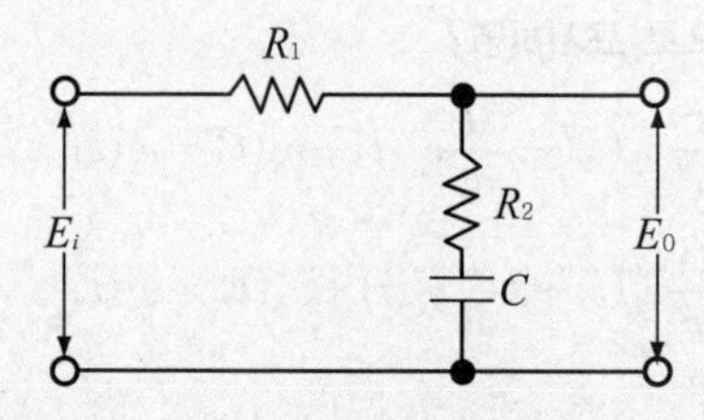

① 미분 회로 ② 적분 회로
③ 가산 회로 ④ 미분, 적분 회로

해설 C 의 위치

입 력 측	출 력 측
미분회로	**적분회로**
진상보상회로	지상보상회로
입력전압이 출력전압의 위상보다 뒤진다	입력전압이 출력전압의 위상보다 앞선다

30 다음 전기회로망은 무슨 회로망인가?

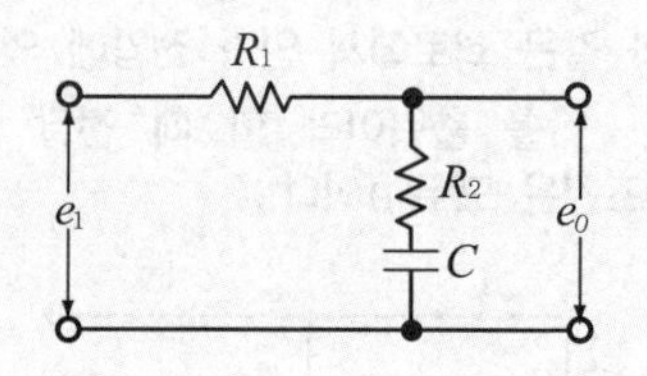

① 진상회로망 ② 지진상회로망
③ 지상회로망 ④ 동상회로망

해설

C의 위치

입 력 측	출 력 측
미분회로	적분회로
진상보상회로	**지상보상회로**
입력전압이 출력전압의 위상보다 뒤진다	입력전압이 출력전압의 위상보다 앞선다

31 다음과 같은 회로에서 출력전압 V_2의 위상은 입력전압 V_1보다 어떠한가?

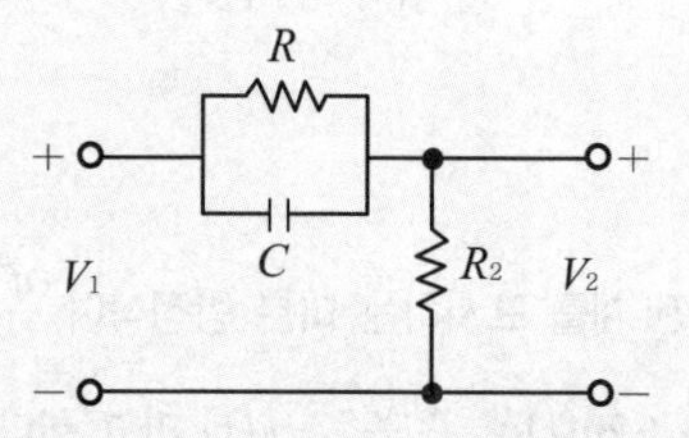

① 같다. ② 앞선다.
③ 뒤진다. ④ 전압과 관계없다.

해설

C의 위치

입 력 측	출 력 측
미분회로	적분회로
진상보상회로	지상보상회로
입력전압이 출력전압의 위상보다 뒤진다	입력전압이 출력전압의 위상보다 앞선다

정답 28 ① 29 ② 30 ③ 31 ②

32 그림의 회로에서 입력전압의 위상은 출력전압보다 어떠한가?

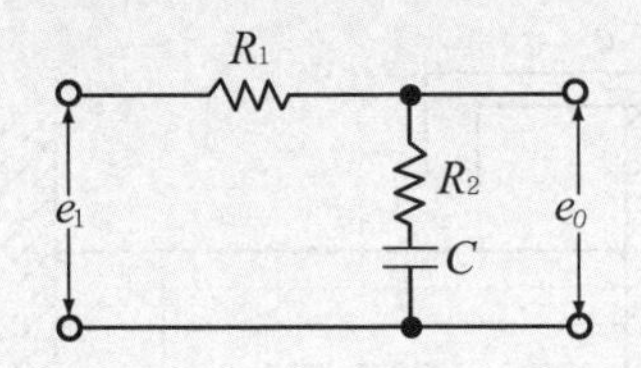

① 앞선다.
② 뒤진다.
③ 같다.
④ 정수에 따라 앞서기도 하고 뒤지기도 한다.

해설

C의 위치

입력측	출력측
미분회로	적분회로
진상보상회로	지상보상회로
입력전압이 출력전압의 위상보다 뒤진다	**입력전압이 출력전압의 위상보다 앞선다**

33 다음의 전달함수를 갖는 회로가 진상보상회로의 특성을 가지려면 그 조건은 어떠한가?

$$G(s) = \frac{s+b}{s+a}$$

① $a > b$ ② $a < b$
③ $a > 1$ ④ $b > 1$

해설

지상 보상 회로(적분회로) : $b > a$
진상 보상 회로(미분회로) : $a > b$

34 그림과 같은 질량-스프링-마찰계의 전달 함수 $G(s) = X(s)/F(s)$는 어느 것인가?

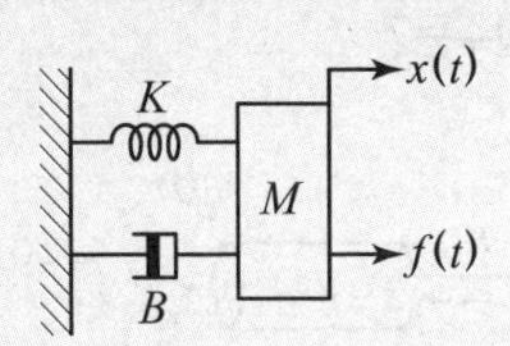

① $\dfrac{1}{Ms^2 + Bs + K}$

② $\dfrac{1}{Ms^2 - Bs - K}$

③ $\dfrac{1}{Ms^2 - Bs + K}$

④ $\dfrac{1}{Ms^2 + Bs - K}$

해설

병진운동계에 의한 힘

$$f(t) = M\frac{d^2x(t)}{dt^2} + B\frac{dx(t)}{dt} + Kx(t)\ [\mathrm{N}]$$

라플라스 변환식

$$F(s) = Ms^2X(s) + BsX(s) + KX(s) = (Ms^2 + Bs + K)X(s)$$

전달함수 $G(s) = \dfrac{X(s)}{F(s)} = \dfrac{1}{Ms^2 + Bs + K}$

여기서, M : 질량, B : 마찰제동계수, K : 스프링 상수, $x(t)$: 변위

35 힘 f에 의하여 움직이고 있는 질량 M인 물체의 좌표와 y축에 가한 힘에 의한 전달함수는?

① Ms^2 ② Ms
③ $\dfrac{1}{Ms}$ ④ $\dfrac{1}{Ms^2}$

해설

질량에 의한 힘 $f(t) = M\dfrac{d^2y(t)}{dt^2}$ [N]

라플라스 변환식 $F(s) = Ms^2Y(s)$

전달함수 $G(s) = \dfrac{Y(s)}{F(s)} = \dfrac{1}{Ms^2}$

정답 32 ① 33 ① 34 ① 35 ④

36 그림과 같은 기계적인 회전운동계에서 토오크 $\tau(t)$를 입력으로, 변위 $\theta(t)$를 출력으로 하였을 때의 전달함수는?

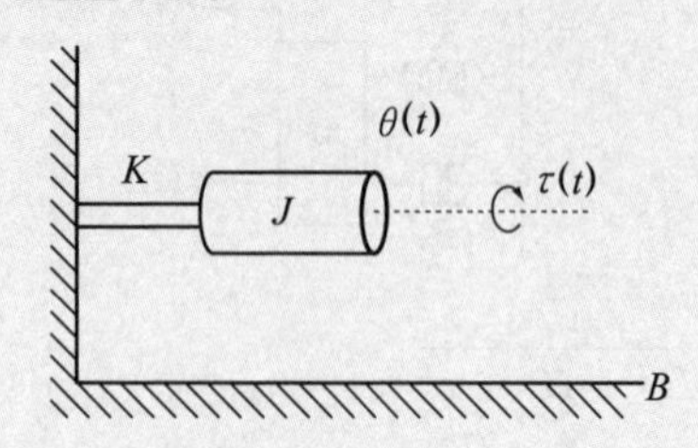

① $\dfrac{1}{Js^2+Bs+K}$

② Js^2+Bs+K

③ $\dfrac{s}{Js^2+Bs+K}$

④ $\dfrac{Js^2+Bs+K}{s}$

해설

회전운동계에 의한 토오크

$\tau(t) = J\dfrac{d^2\theta(t)}{dt^2} + B\dfrac{d\theta(t)}{dt} + K\theta(t)$ [N · m]

라플라스 변환식

$T(s) = Js^2\theta(s) + Bs\theta(s) + K\theta(s)$

$= (Ms^2 + Bs + K)\theta(s)$

전달함수 $G(s) = \dfrac{\theta(s)}{T(s)} = \dfrac{1}{Js^2+Bs+K}$

여기서, J : 관성모우멘트,
B : 마찰제동계수
K : 비틀림 상수,
$\theta(t)$: 각변위

37 그림과 같은 액면계에서 $q(t)$를 입력, $h(t)$를 출력으로 본 전달 함수는?

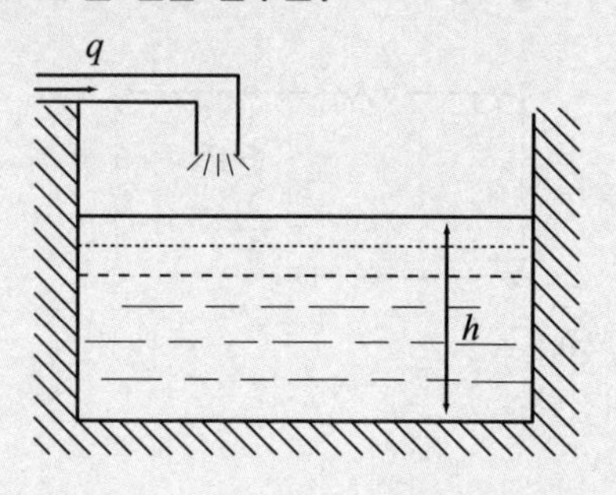

① $\dfrac{K}{s}$

② Ks

③ $1+Ks$

④ $\dfrac{K}{1+s}$

해설

액면계에서 $h(t) = K\int q(t)\,dt$ 이므로

라플라스 변환하면 $H(s) = K\dfrac{1}{s}Q(s)$

전달함수 $G(s) = \dfrac{H(s)}{Q(s)} = \dfrac{K}{s}$ 인 적분요소가 된다.

정 답 36 ① 37 ①

Engineer Electricity

블록선도와 신호흐름선도

Chapter 04

SECTION 04

블록선도와 신호흐름선도

1 블록선도의 기본기호

명 칭	심 벌	내 용
전달요소	[G]	입력신호를 받아서 적당히 변환된 출력신호를 만드는 부분으로 네모 속에는 전달함수를 기입한다.
화살표	A→[G]→B	신호의 진행방향을 표시하며 $A(s)$는 입력, $B(s)$는 출력이므로 $B(s)=G(s)\cdot A(s)$로 나타낼 수 있다.
가합점 (합산점)	A→○→B, ±↑C	두 가지 이상의 신호가 있을 때 이들 신호의 합과 차를 만드는 부분으로 $B(s)=A(s)\pm C(s)$가 된다.
인출점 (분기점)	A→●→B, →C	한 개의 신호를 두 계통으로 분기하기 위한 점으로 $A(s)=B(s)=C(s)$가 된다.

예제문제 블록선도의 기본기호

1 자동제어계의 각 요소를 Black 선로로 표시할 때에 각 요소를 전달함수로 표시하고 신호의 전달경로는 무엇으로 표시하는가?

① 전달함수
② 단자
③ 화살표
④ 출력

답 ③

핵심 NOTE

■ 화살표
신호의 진행방향을 표시

핵심 NOTE

2 블록선도의 전달함수

■ 직렬접속 블록선도의 전달함수
전달요소의 곱
$$G(s) = \frac{C(s)}{R(s)} = G_1 \cdot G_2$$

1. 직렬접속

2개 이상의 요소가 직렬로 결합되어 있는 방식으로 전달요소의 곱이 된다.

합성전달함수

$$G(s) = \frac{C(s)}{R(s)} = G_1 \cdot G_2$$

■ 병렬접속 블록선도의 전달함수
가합점 부호에 따라 합하거나 뺀다.
$$G(s) = \frac{C(s)}{R(s)} = G_1 \pm G_2$$

2. 병렬접속

2개 이상의 요소가 병렬로 결합되어 있는 방식으로 가합점의 부호에 따라 합하거나 뺀다.

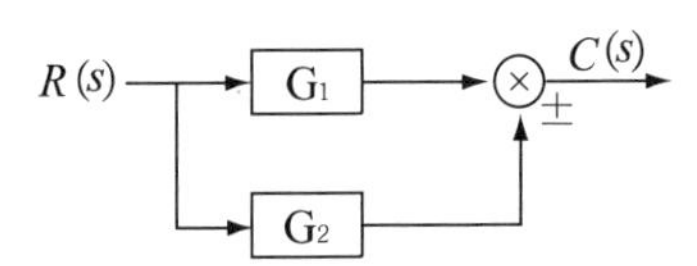

합성전달함수

$$G(s) = \frac{C(s)}{R(s)} = G_1 \pm G_2$$

3. feed back 접속(궤환 접속)

출력신호 $C(s)$의 일부가 요소 $H(s)$을 거쳐 입력측에 feed back되는 결합방식

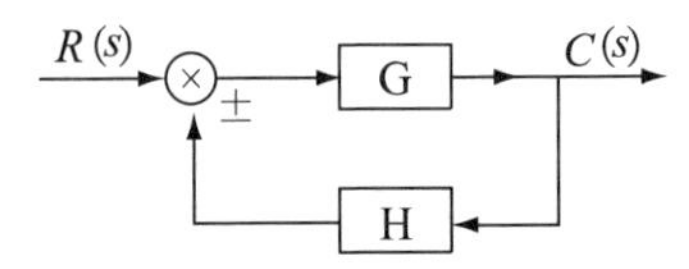

$$C(s) = \{R(s) \pm C(s)H\}\, G$$

$$C(s)\{1 \mp GH\} = R(s)G$$

$$G(s) = \frac{C(s)}{R(s)} = \frac{G}{1 \mp GH}$$

별해 합성 전달함수

$$G(s) = \frac{C(s)}{R(s)} = \frac{\sum \text{전향 경로 이득}}{1 - \sum \text{루프 이득}} = \frac{G}{1 \mp GH}$$

단, 전향경로이득 : 입력에서 출력으로 동일진행방향 갖는 전달요소들의 곱
루프이득 : 피드백 되는 폐루프내의 전달요소들의 곱
피드백 되는 가합점의 부호가 반대로 된다.
Σ : 시그마로서 합(덧셈)을 말한다.

4. 블록선도의 용어 정리

(1) $G(s)$: 종합전달함수
(2) G : 전향전달함수
(3) H : 피드백 전달요소
(4) $H = 1$: 단위 피드백제어계
(5) GH : 개루우프 전달함수
(6) $+$: 정궤환 , $-$: 부궤환
(7) 특성방정식 : 종합전달함수 $G(s)$의 분모가 0 이 되는 방정식
특성방정식 $=1 \mp GH = 0$
(8) 극점(×) : 종합전달함수 $G(s)$의 분모가 0 이 되는 s
특성방정식의 근
(9) 영점(○) : 종합전달함수 $G(s)$의 분자가 0 이 되는 s

예제문제 블럭선도의 전달함수

2 개루프 전달함수가 다음과 같을 때 단위 부궤환 폐루프 전달함수는?

$$G(s) = \frac{s+2}{s(s+1)}$$

① $\frac{s+2}{s^2+s}$　② $\frac{s+2}{s^2+2s+2}$

③ $\frac{s+2}{s^2+s+2}$　④ $\frac{s+2}{s^2+2s+4}$

해설
폐루프 전달함수를 $G'(s)$ 라 하면,

$$G'(s) = \frac{G(s)}{1+G(s)} = \frac{\frac{s+2}{s(s+1)}}{1+\frac{s+2}{s(s+1)}} = \frac{s+2}{s^2+2s+2}$$

답 ②

핵심 NOTE

■ 피드백 제어계 전달함수

$$G(s) = \frac{C(s)}{R(s)} = \frac{\sum \text{전향 경로 이득}}{1 - \sum \text{루프 이득}} = \frac{G}{1 \mp GH}$$

■ 전향경로이득
입력에서 출력으로 동일진행방향 갖는 전달 요소들의 곱

■ 루프이득
피드백되는 폐루프내의 전달요소들의 곱

■ 피드백되는 가합점의 부호가 반대로 된다.

예제문제 블럭선도의 전달함수

3 그림과 같은 계통의 전달함수는?

① $1+G_1G_2$

② $1+G_2+G_1G_2$

③ $\dfrac{G_1G_2}{1-G_1G_2}$

④ $\dfrac{G_2G_3}{1-G_1-G_2}$

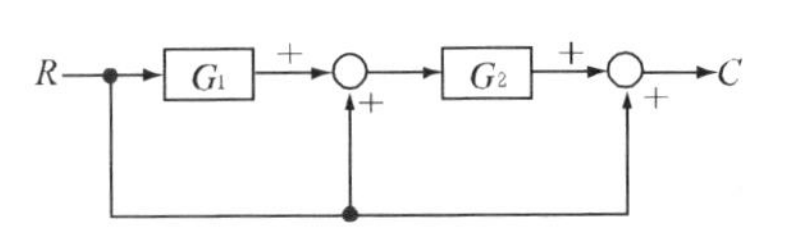

해설

첫 번째 전향경로이득 : $G_1 \times G_2$

두 번째 전향경로이득 : G_2

세 번째 전향경로이득 : 1

루프이득 : 0

전달함수

$$G(s)=\frac{C(s)}{R(s)}=\frac{\sum \text{전향 경로 이득}}{1-\sum \text{루프 이득}}=\frac{G_1G_2+G_2+1}{1-0}=G_1G_2+G_2+1$$

답 ②

예제문제 블록선도의 전달함수

4 그림의 블록선도에서 등가전달함수는?

① $\dfrac{G_1G_2}{1+G_2+G_1G_2G_3}$

② $\dfrac{G_1G_2}{1-G_2+G_1G_2G_3}$

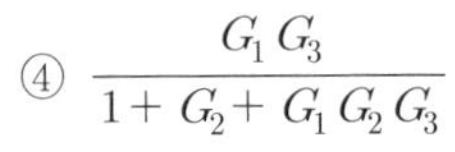

③ $\dfrac{G_1G_3}{1-G_2+G_1G_2G_3}$

④ $\dfrac{G_1G_3}{1+G_2+G_1G_2G_3}$

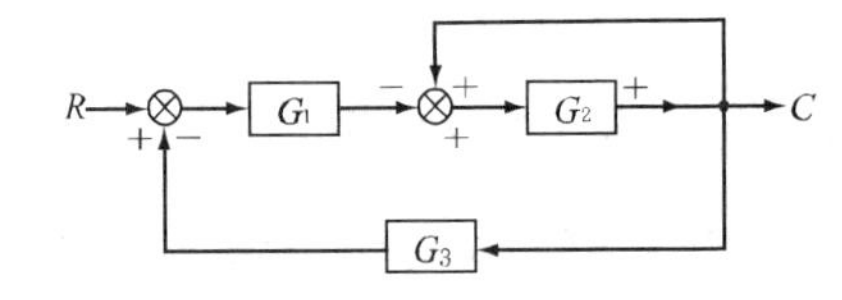

해설

전향경로이득 : $G_1 \times G_2$

첫 번째 루프이득 : $G_1 \times G_2 \times G_3$

두 번째 루프이득 : G_2

전달함수 $G(s)=\dfrac{C(s)}{R(s)}=\dfrac{\sum \text{전향 경로 이득}}{1-\sum \text{루프 이득}}=\dfrac{G_1G_2}{1+G_1G_2G_3-G_2}$

답 ②

예제문제 블록선도의 전달함수

5 다음 그림과 같은 블록선도에서 입력 R와 외란 D가 가해질 때 출력 C는?

① $\dfrac{G_1G_2R+G_2D}{1+G_1G_2G_3}$

② $\dfrac{G_1G_2R-G_2D}{1+G_1G_2G_3}$

③ $\dfrac{G_1G_2R+G_2D}{1-G_1G_2G_3}$

④ $\dfrac{G_1G_2R-G_2D}{1-G_1G_2G_3}$

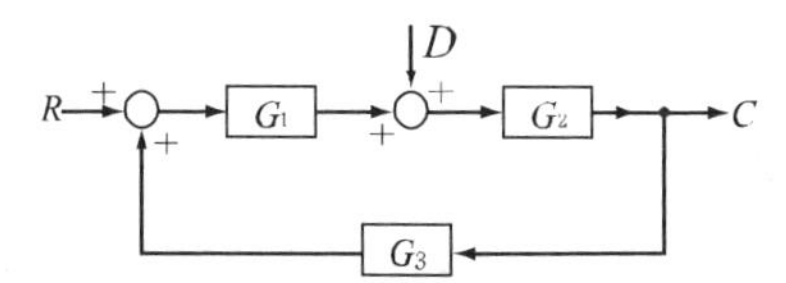

해설

출력 $C=\{(R+CG_3)G_1+D\}G_2=RG_1G_2+CG_1G_2G_3+DG_2$

$C-CG_1G_2G_3=RG_1G_2+DG_2$

$C(1-G_1G_2G_3)=RG_1G_2+DG_2$

$C=\dfrac{RG_1G_2+DG_2}{1-G_1G_2G_3}$

답 ③

3 신호 흐름선도에 의한 전달함수

출력과 입력과의 비, 즉 계통의 이득 또는 전달 함수는 다음 메이슨(Mason)의 정리에 의하여 구할 수 있다.

$$G(s)=\frac{C(s)}{R(s)}=\frac{\sum_{k=1}^{N}G_k\triangle_k}{\triangle}$$

단, $G_k=k$ 번째의 전향경로(forword path)의 이득

$\triangle=1-\sum_n L_{n1}+\sum_n L_{n2}-\sum_n L_{n3}+\cdots$

$\triangle_k=k$ 번째의 전향경로와 접촉하지 않은 부분에 대한 $\triangle$의 값

여기서, L_{n1} : 개개의 폐루우프내의 가지의 곱

L_{n2} : 2개의 접촉되지 않는 폐루우프내의 가지의 곱

L_{n3} : 3개의 접촉되지 않는 폐루우프내의 가지의 곱

핵심 NOTE

■ 신호흐름선도에 의한 전달함수

$$G(s) = \frac{C(s)}{R(s)} = \frac{\sum 전향\ 경로\ 이득}{1 - \sum 루프\ 이득} = \frac{G}{1 \mp GH}$$

■ 전향경로이득

입력에서 출력으로 동일진행방향 갖는 가지들 의 곱

■ 루프이득

피드백되는 폐루프의 가지들의 곱

별해 합성 전달함수

$$G(s) = \frac{C(s)}{R(s)} = \frac{\sum 전향\ 경로\ 이득}{1 - \sum 루프\ 이득}$$

단, 전향경로이득 : 입력에서 출력으로 동일진행방향 갖는 가지들의 곱
루프이득 : 피드백되는 폐루프의 가지들의 곱

예제

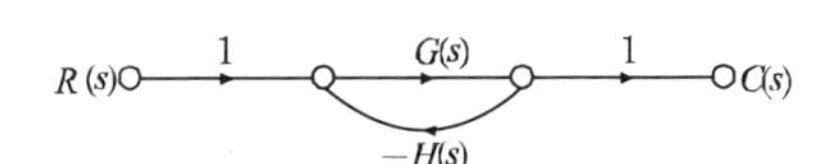

$L_{11} = -G(s)H(s)$

$\triangle = 1 - L_{11} = 1 + G(s)H(s)$

$G_1 = 1 \times G(s) \times 1 = G(s)$

$\triangle_1 = 1$

$$G(s) = \frac{C(s)}{R(s)} = \frac{M_1 \triangle_1}{\triangle} = \frac{G(s)}{1 + G(s)H(s)}$$

별해 전향경로이득 : $1 \times G(s) \times 1 = G(s)$

루프이득 : $-G(s)H(s)$

전달함수

$$G(s) = \frac{C(s)}{R(s)} = \frac{\sum 전향\ 경로\ 이득}{1 - \sum 루프\ 이득} = \frac{G(s)}{1 + G(s)H(s)}$$

예제문제 신호흐름선도의 전달함수

6 아래 신호흐름선도의 전달함수 $\left(\frac{C}{R}\right)$를 구하면?

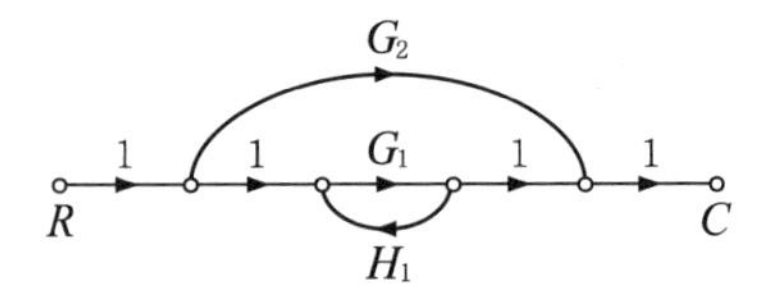

① $\frac{C}{R} = \frac{G_1 + G_2}{1 - G_1 H_1}$　② $\frac{C}{R} = \frac{G_1 + G_2}{1 - G_1 H_1 - G_2 H_2}$

③ $\frac{C}{R} = \frac{G_1 + G_2(1 - G_1 H_1)}{1 - G_1 H_1}$　④ $\frac{C}{R} = \frac{G_1 G_2}{1 - G_1 H_1}$

해설

$G_1 = G_1$, $\Delta_1 = 1$, $G_2 = G_2$, $\Delta_2 = 1 - G_1 H_1$

$L_{11} = G_1 H_1$, $\Delta = 1 - L_{11} = 1 - G_1 H_1$

$$\therefore G = \frac{C}{R} = \frac{G_1 \Delta_1 + G_2 \Delta_2}{\Delta} = \frac{G_1 + G_2(1 - G_1 H_1)}{1 - G_1 H_1}$$

답 ③

핵심 NOTE

예제문제 신호흐름선도의 전달함수

7 그림의 신호흐름선도에서 $\dfrac{C}{R}$ 는?

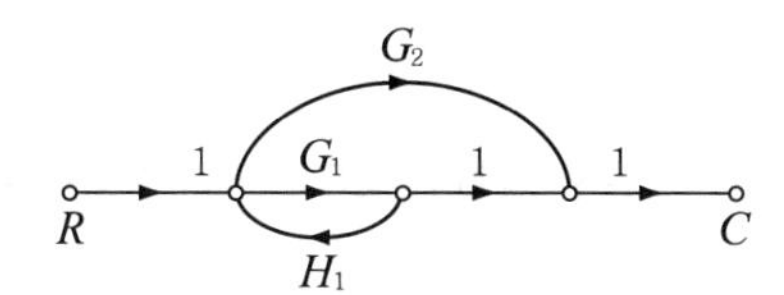

① $\dfrac{G_1+G_2}{1-G_1H_1}$ ② $\dfrac{G_1G_2}{1-G_1H_1}$

③ $\dfrac{G_1+G_2}{1+G_1H_1}$ ④ $\dfrac{G_1G_2}{1+G_1H_1}$

해설

첫 번째 전향경로이득 : $1\times G_1\times 1\times 1 = G_1$

두 번째 전향경로이득 : $1\times G_2\times 1 = G_2$

루프이득 : G_1H_1

전달함수 $G(s)=\dfrac{C(s)}{R(s)}=\dfrac{\sum \text{전향 경로 이득}}{1-\sum \text{루프 이득}}=\dfrac{G_1+G_2}{1-G_1H_1}$

답 ①

SECTION 04

출제예상문제

01 종속으로 접속된 두 전달함수의 종합 전달함수를 구하시오.

① $G_1 + G_2$ ② $G_1 \times G_2$
③ $\frac{1}{G_1} + \frac{1}{G_2}$ ④ $\frac{1}{G_1} \times \frac{1}{G_2}$

해설

전향경로이득 : $G_1 \times G_2$
루프이득 : 0
전달함수

$$G(s) = \frac{C(s)}{R(s)} = \frac{\sum 전향\ 경로\ 이득}{1 - \sum 루프\ 이득} = \frac{G_1 \times G_2}{1-0} = G_1 \times G_2$$

02 그림과 같은 피드백 회로의 종합 전달함수는?

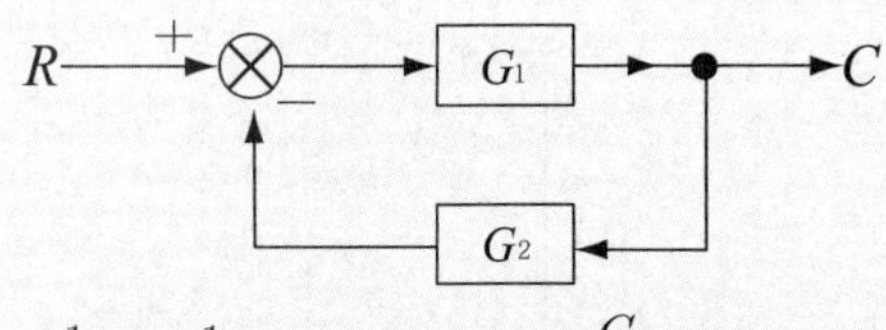

① $\frac{1}{G_1} + \frac{1}{G_2}$ ② $\frac{G_1}{1 - G_1 G_2}$
③ $\frac{G_1}{1 + G_1 G_2}$ ④ $\frac{G_1 G_2}{1 + G_1 G_2}$

해설

전향경로이득 : G_1
루프이득 : $G_1 \cdot G_2$
전달함수

$$G(s) = \frac{C(s)}{R(s)} = \frac{\sum 전향\ 경로\ 이득}{1 - \sum 루프\ 이득} = \frac{G_1}{1 + G_1 \cdot G_2}$$

03 그림의 블록선도에서 C/R를 구하면?

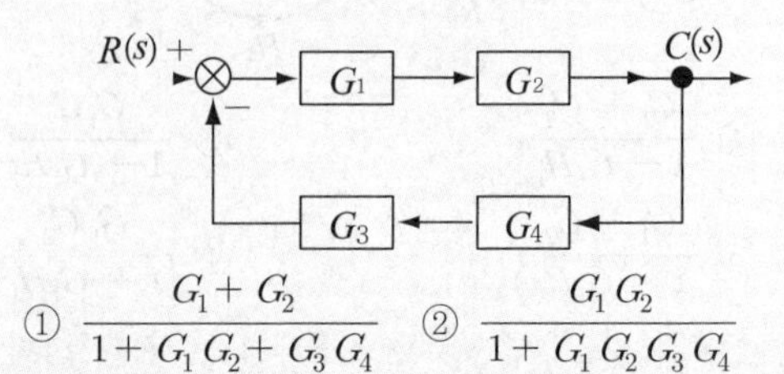

① $\frac{G_1 + G_2}{1 + G_1 G_2 + G_3 G_4}$ ② $\frac{G_1 G_2}{1 + G_1 G_2 G_3 G_4}$
③ $\frac{G_3 G_4}{1 + G_1 G_2 G_3 G_4}$ ④ $\frac{G_1 G_2}{1 + G_1 G_2 + G_3 G_4}$

해설

전향경로이득 : $G_1 \cdot G_2$
루프이득 : $G_1 \cdot G_2 \cdot G_3 \cdot G_4$
전달함수

$$G(s) = \frac{C(s)}{R(s)} = \frac{\sum 전향\ 경로\ 이득}{1 - \sum 루프\ 이득} = \frac{G_1 \cdot G_2}{1 + G_1 \cdot G_2 \cdot G_3 \cdot G_4}$$

04 다음 블록선도의 입 출력비는?

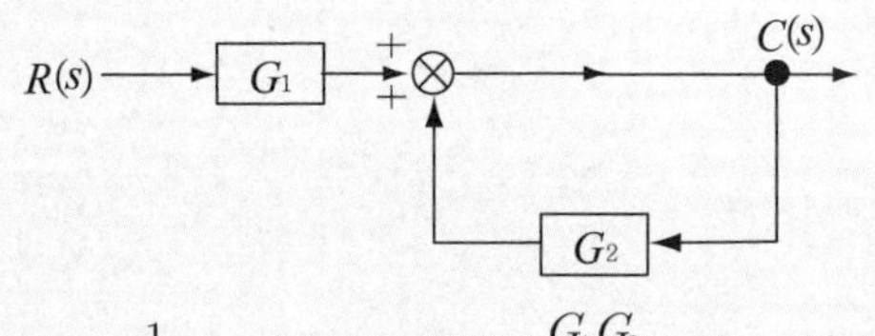

① $\frac{1}{1 + G_1 G_2}$ ② $\frac{G_1 G_2}{1 - G_2}$
③ $\frac{G_1}{1 - G_2}$ ④ $\frac{G_1}{1 + G_2}$

해설

전향경로이득 : G_1 루프이득 : G_2
전달함수

$$G(s) = \frac{C(s)}{R(s)} = \frac{\sum 전향\ 경로\ 이득}{1 - \sum 루프\ 이득} = \frac{G_1}{1 - G_2}$$

정답 01 ② 02 ③ 03 ② 04 ③

05 그림과 같은 블록선도에서 전달함수는?

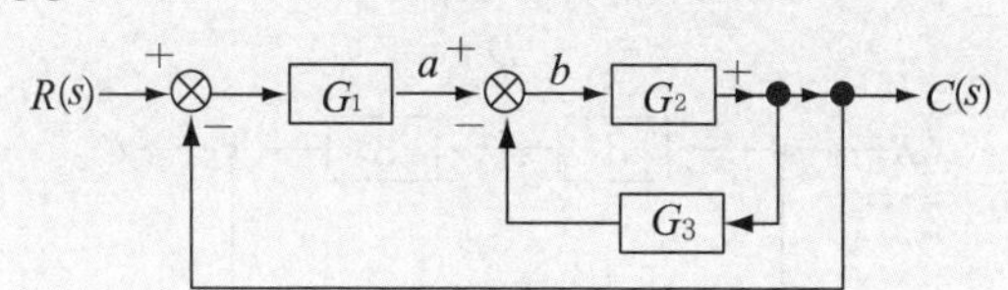

① $G(s) = \dfrac{G_1 G_2}{1 - G_1 G_2 - G_2 G_3}$

② $G(s) = \dfrac{G_1 G_3}{1 - G_1 G_2 - G_2 G_3}$

③ $G(s) = \dfrac{G_1 G_3}{1 + G_1 G_2 + G_2 G_3}$

④ $G(s) = \dfrac{G_1 G_2}{1 + G_1 G_2 + G_2 G_3}$

해설

전향경로이득 : $G_1 \times G_2$

첫 번째 루프이득 : $G_1 \times G_2$

두 번째 루프이득 : $G_2 \times G_3$

전달함수

$$G(s) = \frac{C(s)}{R(s)} = \frac{\sum \text{전향 경로 이득}}{1 - \sum \text{루프 이득}}$$

$$= \frac{G_1 G_2}{1 + G_1 G_2 + G_2 G_3}$$

06 그림과 같은 블록선도에서 등가합성 전달함수 $\dfrac{C}{R}$ 는?

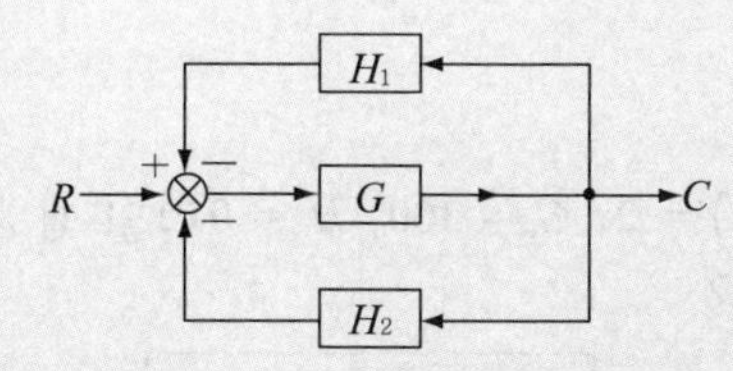

① $\dfrac{H_1 + H_2}{1 + G}$ ② $\dfrac{H_1}{1 + H_1 H_2 H_3}$

③ $\dfrac{G}{1 + H_1 + H_2}$ ④ $\dfrac{G}{1 + H_1 G + H_2 G}$

해설

전향경로이득 : G

첫 번째 루프이득 : $G \times H_1$

두 번째 루프이득 : $G \times H_2$

전달함수

$$G(s) = \frac{C(s)}{R(s)} = \frac{\sum \text{전향 경로 이득}}{1 - \sum \text{루프 이득}}$$

$$= \frac{G}{1 + GH_1 + GH_2}$$

07 그림과 같은 블록선도에 대한 등가전달함수를 구하면?

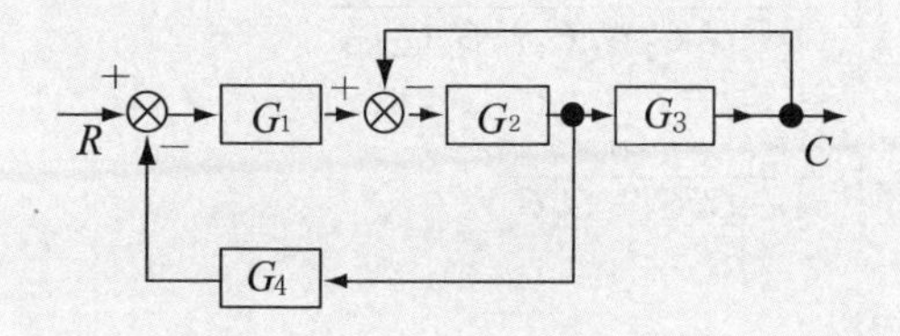

① $\dfrac{G_1 G_2 G_3}{1 + G_2 G_3 + G_1 G_2 G_4}$

② $\dfrac{G_1 G_2 G_3}{1 + G_1 G_2 + G_1 G_2 G_3}$

③ $\dfrac{G_1 G_2 G_4}{1 + G_1 G_2 + G_1 G_2 G_4}$

④ $\dfrac{G_1 G_2 G_3}{1 + G_2 G_3 + G_1 G_2 G_3}$

해설

전향경로이득 : $G_1 \times G_2 \times G_3$

첫 번째 루프이득 : $G_1 \times G_2 \times G_4$

두 번째 루프이득 : $G_2 \times G_3$

전달함수

$$G(s) = \frac{C(s)}{R(s)} = \frac{\sum \text{전향 경로 이득}}{1 - \sum \text{루프 이득}}$$

$$= \frac{G_1 G_2 G_3}{1 + G_1 G_2 G_4 + G_2 G_3}$$

정답 05 ④ 06 ④ 07 ①

08 그림과 같은 피드백 회로의 종합전달함수는?

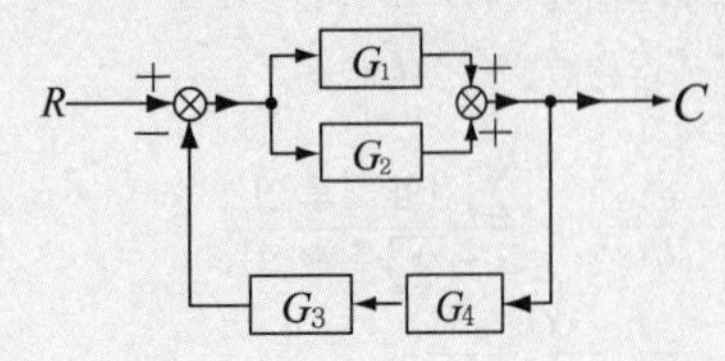

① $\dfrac{G_1 G_2}{1+G_1 G_2+G_3 G_4}$

② $\dfrac{G_1+G_2}{1+G_1 G_3 G_4+G_2 G_3 G_4}$

③ $\dfrac{G_1+G_2}{1+G_1 G_2 G_3 G_4+G_2 G_3 G_4}$

④ $\dfrac{G_1 G_2}{1+G_4 G_2+G_3 G_1}$

해설

첫 번째 전향경로이득 : G_1

두 번째 전향경로이득 : G_2

첫 번째 루프이득 : $G_1 \times G_3 \times G_4$

두 번째 루프이득 : $G_2 \times G_3 \times G_4$

전달함수

$$G(s)=\frac{C(s)}{R(s)}=\frac{\sum \text{전향 경로 이득}}{1-\sum \text{루프 이득}}$$

$$=\frac{G_1+G_2}{1+G_1 G_3 G_4+G_2 G_3 G_4}$$

09 그림과 같은 블록선도에서 외란이 있는 경우의 출력은?

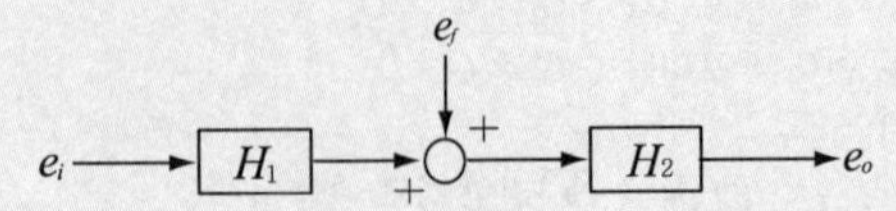

① $H_1 H_2 e_i+H_2 e_f$

② $H_1 H_2(e_i+e_f)$

③ $H_1 e_i+H_2 e_f$

④ $H_1 H_2 e_i e_f$

해설

출력 $e_o=(e_i H_1+e_f)H_2=e_i H_1 H_2+e_f H_2$

10 그림의 전달함수는?

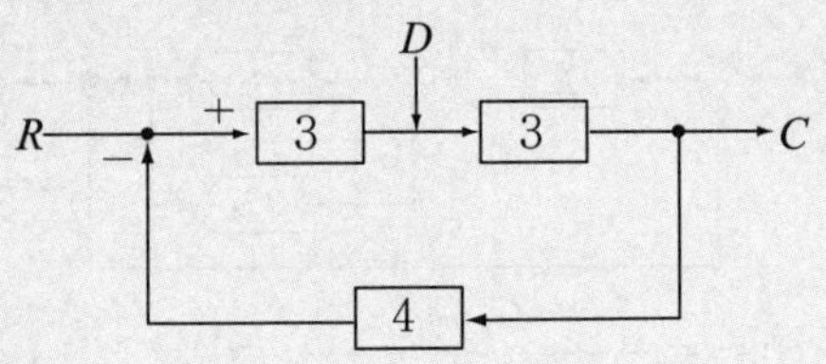

① 0.224 ② 0.324

③ 0.424 ④ 0.524

해설

$$\frac{C}{R}=\frac{3\times3}{1+3\times3\times4}=\frac{9}{37}$$

$$\frac{C}{D}=\frac{3}{1+3\times3\times4}=\frac{3}{37}$$

$$G(s)=\frac{C}{R}+\frac{C}{D}=\frac{9}{37}+\frac{3}{37}=\frac{12}{37}=0.324$$

11 그림에서 $R=1$, $H=0.1$, $C=10$이면 오차 E는?

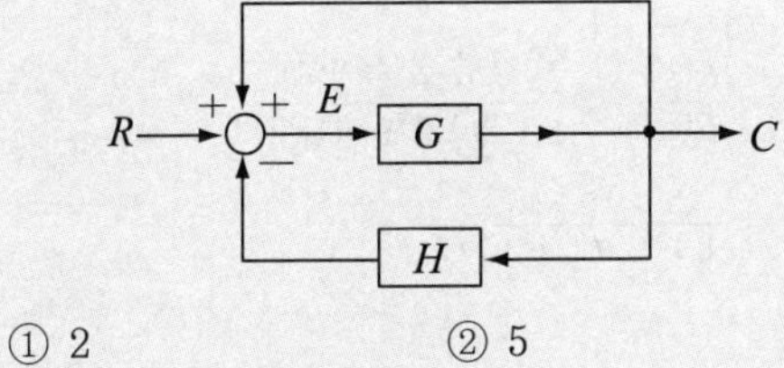

① 2 ② 5

③ 9 ④ 10

해설

오차 $E=R-CH+C$

$=1-10\times0.1+10=10$

12 $r(t)=2$, $G_1=100$, $H_1=0.01$일 때 $c(t)$를 구하면?

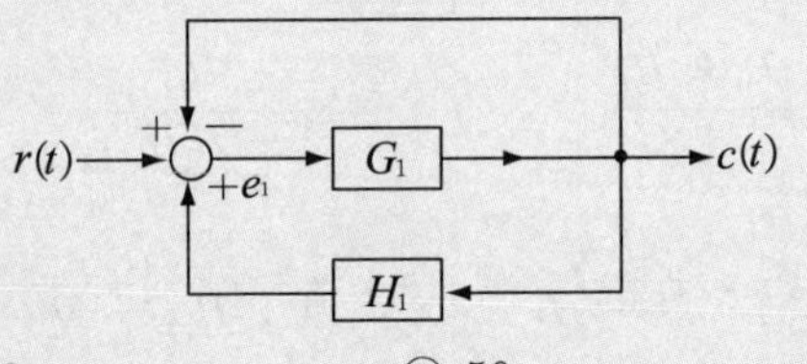

① 2 ② 50

③ 45 ④ 20

정답 08 ② 09 ① 10 ② 11 ④ 12 ①

해설

전향경로이득 : G_1

첫 번째 루프이득 : G_1

두 번째 루프이득 : $G_1 H_1$

전달함수

$$G(s)=\frac{C(s)}{R(s)}=\frac{\sum \text{전향 경로 이득}}{1-\sum \text{루프 이득}}$$

$$=\frac{G_1}{1+G_1-G_1H_1}=\frac{100}{1+100-100\times 0.01}$$

$$=1$$

$C(s)=R(s)$, $c(t)=r(t)=2$

13 그림과 같은 신호흐름선도에서 $\dfrac{C}{R}$의 값은?

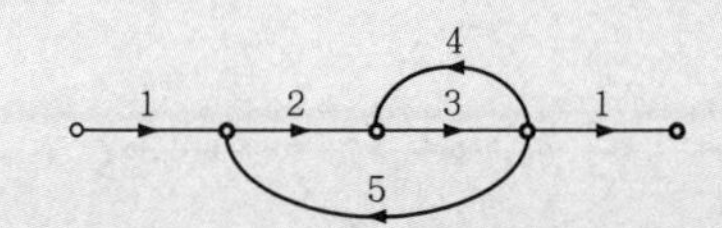

① $-\dfrac{1}{41}$ ② $-\dfrac{3}{41}$

③ $-\dfrac{5}{41}$ ④ $-\dfrac{6}{41}$

해설

전향경로이득 : $1\times2\times3\times1=6$

첫 번째 루프이득 : $3\times4=12$

두 번째 루프이득 : $2\times3\times5=30$

전달함수 $G(s)=\dfrac{C(s)}{R(s)}=\dfrac{\sum \text{전향 경로 이득}}{1-\sum \text{루프 이득}}$

$$=\frac{6}{1-(12+30)}=-\frac{6}{41}$$

14 다음 신호흐름선도에서 전달함수 C/R를 구하면 얼마인가?

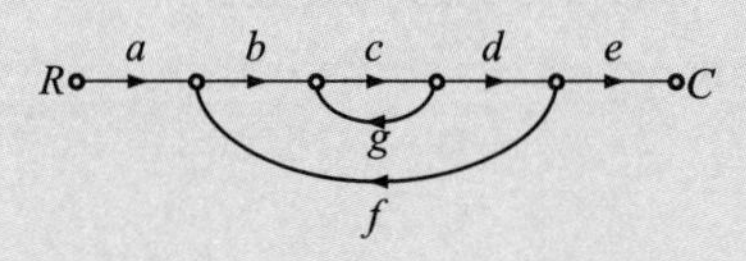

① $\dfrac{abcdg}{1-abcde}$ ② $\dfrac{abcde}{1-cg-bcdf}$

③ $\dfrac{abcde}{1-cg-cgf}$ ④ $\dfrac{abcde}{c+cg+cgf}$

해설

전향경로이득 : $a\times b\times c\times d\times e=abcde$

첫 번째 루프이득 : $c\times g=cg$

두 번째 루프이득 : $b\times c\times d\times f=bcdf$

전달함수

$$G(s)=\frac{C(s)}{R(s)}=\frac{\sum \text{전향 경로 이득}}{1-\sum \text{루프 이득}}$$

$$=\frac{abcde}{1-(cg+bcdf)}=\frac{abcde}{1-cg-bcdf}$$

15 그림과 같은 신호흐름선도에서 전달함수 $C(S)/R(S)$의 값은?

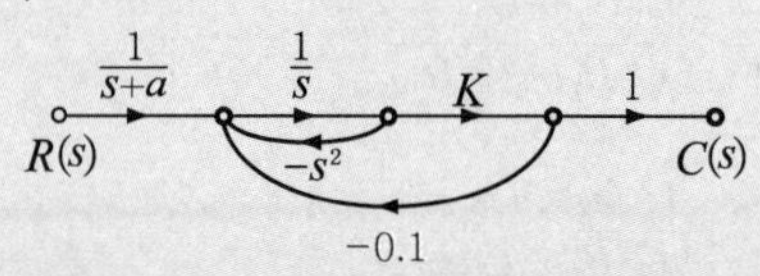

① $\dfrac{C(S)}{R(S)}=\dfrac{K}{(s+a)(s^2+s+0.1K)}$

② $\dfrac{C(S)}{R(S)}=\dfrac{K(s+a)}{(s+a)(s^2+s+0.1K)}$

③ $\dfrac{C(S)}{R(S)}=\dfrac{K}{(s+a)(-s^2-s+0.1K)}$

④ $\dfrac{C(S)}{R(S)}=\dfrac{K(s+a)}{(s+a)(-s^2-s+0.1K)}$

해설

전향경로이득

$$\frac{1}{s+a}\times\frac{1}{s}\times K\times 1=\frac{K}{s(s+a)}$$

첫 번째 루프이득 $\dfrac{1}{s}\times(-s^2)=-s$

두 번째 루프이득 $\dfrac{1}{s}\times K\times(-0.1)=-\dfrac{0.1K}{s}$

전달함수

$$G(s)=\frac{C(s)}{R(s)}=\frac{\sum \text{전향 경로 이득}}{1-\sum \text{루프 이득}}$$

$$=\frac{\frac{K}{s(s+a)}}{1-(-s-\frac{0.1K}{s})}=\frac{\frac{K}{s(s+a)}}{1+s+\frac{0.1K}{s}}$$

$$=\frac{\frac{K}{(s+a)}}{s^2+s+0.1K}=\frac{K}{(s+a)(s^2+s+0.1K)}$$

정답 13 ④ 14 ② 15 ①

16 신호흐름선도의 전달함수는?

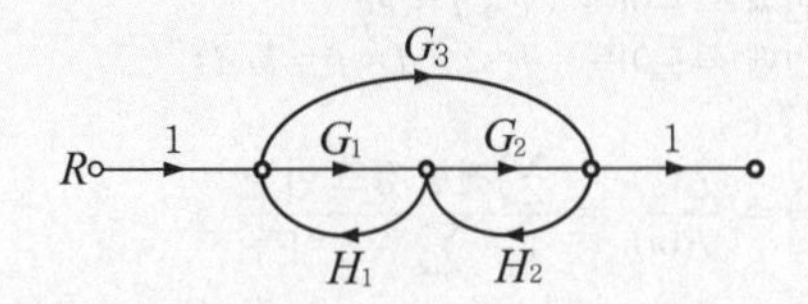

① $\dfrac{G_1G_2+G_3}{1-(G_1H_1+G_2H_2)-G_3H_1H_2}$

② $\dfrac{G_1G_2+G_3}{1-(G_1H_1+G_2H_2)}$

③ $\dfrac{G_1G_2-G_3}{1-(G_1H_1-G_2H_2)}$

④ $\dfrac{G_1G_2-G_3}{1-(G_1H_1+G_2H_2)}$

해설

첫 번째 전향경로이득

$1\times G_1\times G_2\times 1 = G_1G_2$

두 번째 전향경로이득 $1\times G_3\times 1 = G_3$

첫 번째 루프이득 $G_1\times H_1 = G_1H_1$

두 번째 루프이득 $G_2\times H_2 = G_2H_2$

세 번째 루프이득 $G_3\times H_1\times H_2 = G_3H_1H_2$

전달함수

$$G(s) = \frac{C(s)}{R(s)} = \frac{\sum 전향\ 경로\ 이득}{1-\sum 루프\ 이득}$$
$$= \frac{G_1G_2+G_3}{1-(G_1H_1+G_2H_2+G_3H_1H_2)}$$
$$= \frac{G_1G_2+G_3}{1-(G_1H_1+G_2H_2)-G_3H_1H_2}$$

17 다음의 신호흐름선도에서 $\dfrac{C}{R}$의 값은?

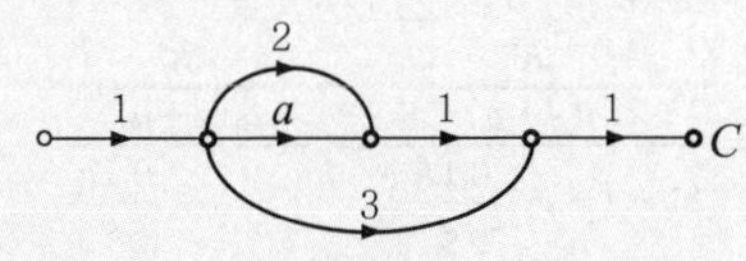

① $a+2$ ② $a+3$

③ $a+5$ ④ $a+6$

해설

첫 번째 전향경로이득 : $1\times a\times 1\times 1 = a$

두 번째 전향경로이득 : $1\times 2\times 1\times 1 = 2$

세 번째 전향경로이득 : $1\times 3\times 1 = 3$

루프이득 : 0

전달함수

$$G(s) = \frac{C(s)}{R(s)} = \frac{\sum 전향\ 경로\ 이득}{1-\sum 루프\ 이득}$$
$$= \frac{a+2+3}{1-0} = a+5$$

18 그림의 신호흐름선도에서 $\dfrac{C(s)}{R(s)}$의 값은?

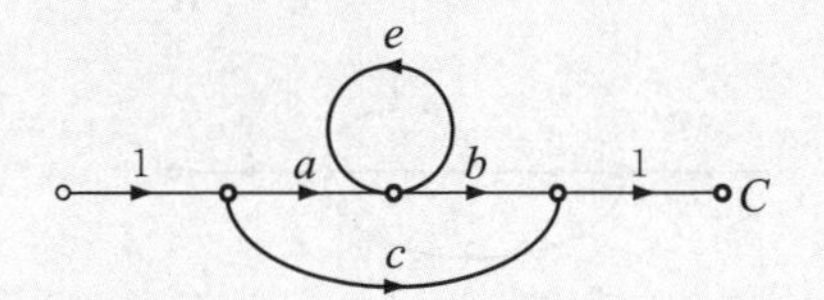

① $\dfrac{ab+c(1-e)}{1-e}$ ② $\dfrac{ab+c}{1-e}$

③ $ab+c$ ④ $\dfrac{ab+c(1+e)}{1+e}$

해설

$G_1 = ab$, $\Delta_1 = 1$, $G_2 = c$, $\Delta_2 = 1-e$

$L_{11} = e$, $\Delta = 1-L_{11} = 1-e$

$$G = \frac{C}{R} = \frac{G_1\Delta_1+G_2\Delta_2}{\Delta} = \frac{ab+c(1-e)}{1-e}$$

19 PD 조절기와 전달함수 $G(s) = 1.02 + 0.002s$ 의 영점은?

① −510 ② −1020

③ 510 ④ 1020

해설

영점은 전달함수의 분자가 0인 s이므로

$G(s) = 1.02 + 0.002s = 0$, $s = -510$

정 답 16 ① 17 ③ 18 ① 19 ①

20 다음 연산 증폭기의 출력은?

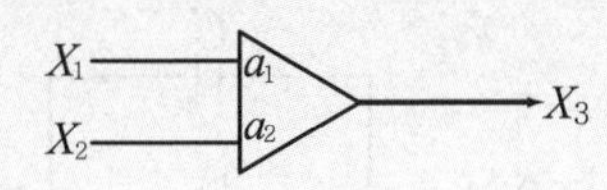

① $X_3 = -a_1X_1 - a_2X_2$
② $X_3 = a_1X_1 + a_2X_2$
③ $X_3 = (a_1 + a_2)(X_1 + X_2)$
④ $X_3 = -(a_1 - a_2)(X_1 + X_2)$

해설

$X_3 = -a_1X_1 - a_2X_2$

21 연산증폭기의 성질에 관한 설명 중 옳지 않은 것은?

① 전압이득이 매우 크다.
② 입력임피던스가 매우 작다.
③ 전력이득이 매우 크다.
④ 입력임피던스가 매우 크다.

해설

연산 증폭기의 특징
① 입력 임피던스가 크다.
② 출력 임피던스는 적다.
③ 증폭도가 매우 크다.
④ 정부(+, −) 2개의 전원을 필요로 한다.

22 그림과 같이 연산증폭기를 사용한 연산회로의 출력항은 어느 것인가?

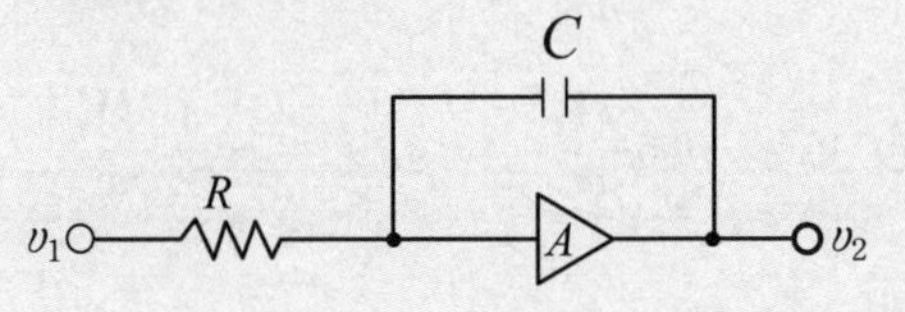

① 가산기 ② 미분기
③ 적분기 ④ 제한기

해설

키르히호프의 전류법칙에 의하여

$i_1 = -i_2$

$\frac{v_1}{R} = -C\frac{dv_2}{dt}$, $dv_2 = -\frac{1}{RC}v_1\,dt$

$v_2 = -\frac{1}{RC}\int v_1\,dt$ 가 되므로 적분기의 기능을 갖는다.

23 그림의 연산증폭기를 사용한 회로의 기능은?

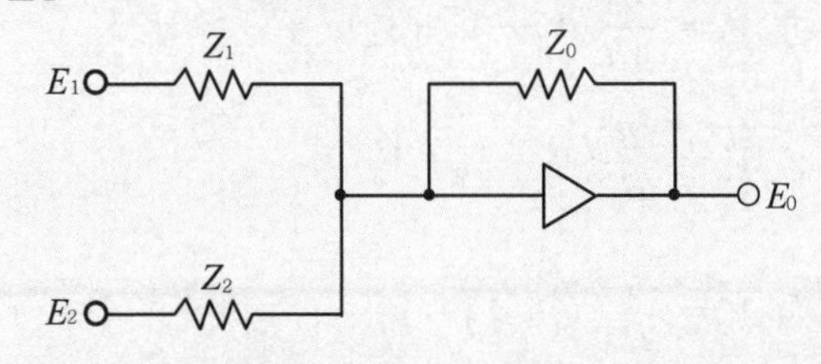

① $E_0 = Z_0\left(\frac{E_1}{Z_1} + \frac{E_2}{Z_2}\right)$

② $E_0 = -Z_0\left(\frac{E_1}{Z_1} + \frac{E_2}{Z_2}\right)$

③ $E_0 = Z_0\left(\frac{E_1}{Z_2} + \frac{E_2}{Z_1}\right)$

④ $E_0 = -Z_0\left(\frac{E_1}{Z_2} + \frac{E_2}{Z_2}\right)$

해설

키르히호프의 전류법칙에 의하여

$i_1 + i_2 = -i_0$

$\frac{E_1}{Z_1} + \frac{E_2}{Z_2} = -\frac{E_0}{Z_0}$

$E_0 = -Z_0\left(\frac{E_1}{Z_1} + \frac{E_2}{Z_2}\right)$

정답 20 ① 21 ② 22 ③ 23 ②

24 그림과 같은 연산증폭기에서 출력전압 V_o 을 나타낸 것은? (단, V_1, V_2, V_3 는 입력신호이고, A 는 연산증폭기의 이득이다.)

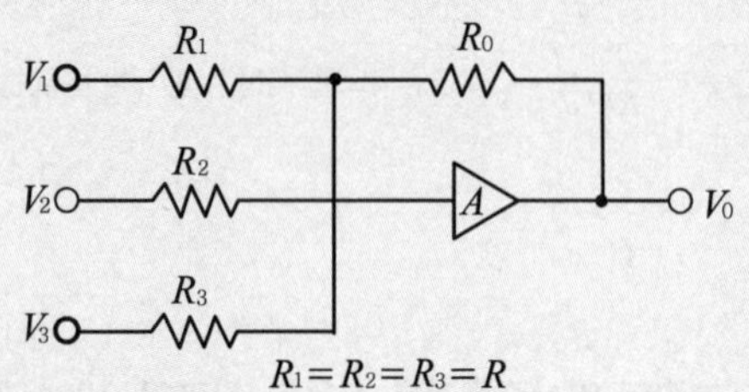

$R_1=R_2=R_3=R$

① $V_o=\dfrac{R_0}{3R}(V_1+V_2+V_3)$

② $V_o=\dfrac{R}{R_0}(V_1+V_2+V_3)$

③ $V_o=\dfrac{R_0}{R}(V_1+V_2+V_3)$

④ $V_o=-\dfrac{R_0}{R}(V_1+V_2+V_3)$

해설

키르히호프의 전류법칙에 의하여

$i_1+i_2+i_3=-i_0$

$\dfrac{V_1}{R_1}+\dfrac{V_2}{R_2}+\dfrac{V_3}{R_3}=-\dfrac{V_0}{R_0}$

$V_0=-R_0\left(\dfrac{V_1}{R_1}+\dfrac{V_2}{R_2}+\dfrac{V_3}{R_3}\right)=-\dfrac{R_o}{R}(V_1+V_2+V_3)$

25 그림의 회로명은?

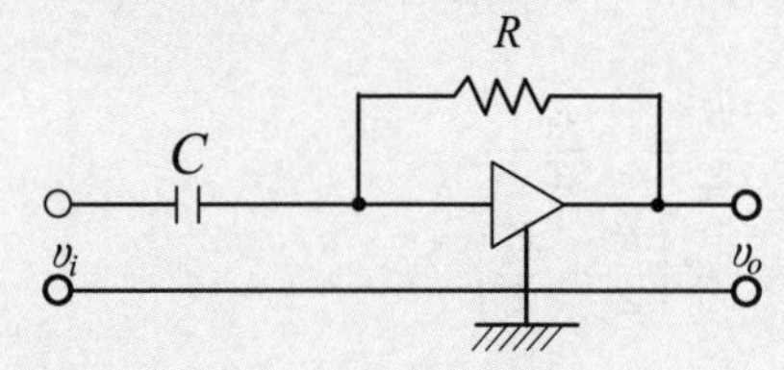

① 가산기 ② 미분기
③ 이상기 ④ 적분기

해설

키르히호프의 전류법칙에 의하여

$i_1=-i_2$

$C\dfrac{dv_i}{dt}=-\dfrac{v_o}{R}$, $v_o=-RC\dfrac{dv_i}{dt}$ 가 되므로

미분회로가 된다.

26 그림의 연산증폭기를 사용한 회로의 기능은?

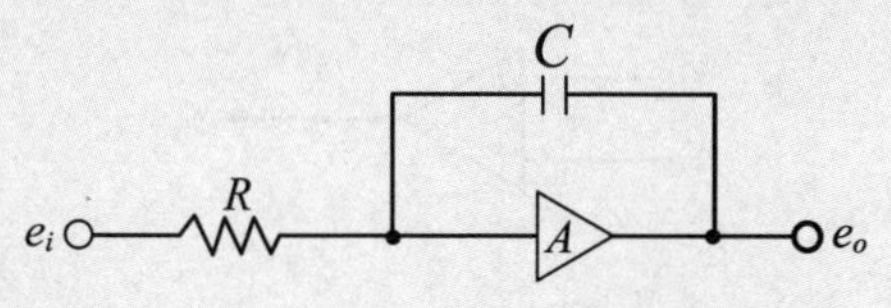

① $e_o=-\dfrac{1}{RC}\displaystyle\int e_i\,dt$

② $e_o=-\dfrac{1}{RC}\dfrac{de_i}{dt}$

③ $e_o=-RC\displaystyle\int e_i\,dt$

④ $e_o=-\dfrac{C}{R}\displaystyle\int e_i\,dt$

해설

키르히호프의 전류법칙에 의하여

$i_1=-i_2$

$\dfrac{e_i}{R}=-C\dfrac{de_o}{dt}$, $de_o=-\dfrac{1}{RC}e_i\,dt$

$e_o=-\dfrac{1}{RC}\displaystyle\int e_i\,dt$

27 이득이 10^7인 연산증폭기 회로에서 출력전압 V_o를 나타내는 식은?(단, V_i는 입력 신호이다.)

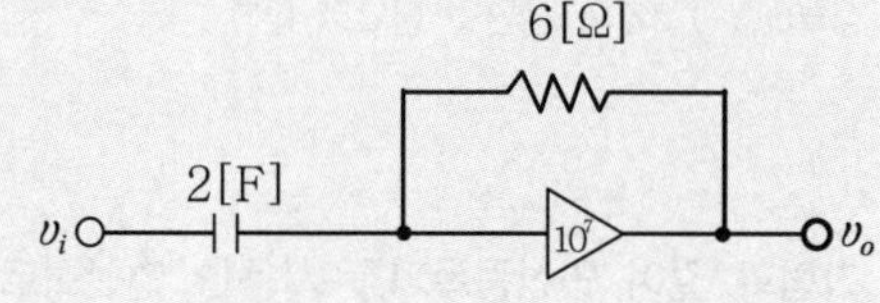

① $V_o=-12\dfrac{dV_i}{dt}$ ② $V_o=-8\dfrac{dV_i}{dt}$

③ $V_o=-0.5\dfrac{dV_i}{dt}$ ④ $V_o=-\dfrac{1}{8}\dfrac{dV_i}{dt}$

해설

키르히호프의 전류법칙에 의하여

$i_1=-i_2$

$C\dfrac{dv_i}{dt}=-\dfrac{v_o}{R}$, $2\dfrac{dv_i}{dt}=-\dfrac{v_o}{6}$

$v_o=-12\dfrac{dv_i}{dt}$

정 답 24 ④ 25 ② 26 ① 27 ①

Engineer Electricity

자동제어계의 과도응답

Chapter 05

SECTION 05 자동제어계의 과도응답

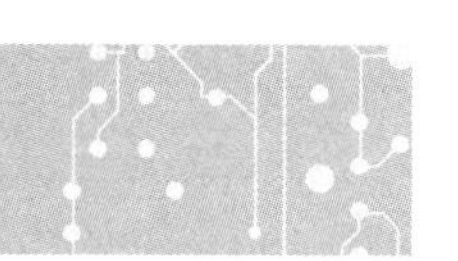

1 응답(출력)

어떤 요소 또는 제어계에 가해진 입력에 대한 출력의 변화를 응답이라 하며 제어계의 정확도의 지표가 된다.

1. 응답의 종류

(1) 임펄스 응답
기준입력이 단위임펄스 함수 $r(t) = \delta(t)$ 인 경우의 출력

(2) 단위인디셜응답
기준입력이 단위계단 함수 $r(t) = u(t) = 1$ 인 경우의 출력

(3) 단위램프(경사)응답
기준입력이 단위램프(경사) 함수 $r(t) = t$ 인 경우의 출력

2. 응답(출력)의 계산

$$c(t) = \mathcal{L}^{-1} G(s) R(s)$$

단, $G(s)$: 전달함수, $R(s)$: 입력라플라스변환

예제문제 임펄스 응답

1 어떤 제어계의 임펄스응답이 $\sin \omega t$ 일 때 계의 전달함수는?

① $\dfrac{\omega}{s+\omega}$　　② $\dfrac{s}{s^2+\omega^2}$

③ $\dfrac{\omega}{s^2+\omega^2}$　　④ $\dfrac{\omega^2}{s+\omega}$

해설

임펄스 응답시 기준입력 $r(t) = \delta(t)$, $R(s) = 1$

응답(출력) $c(t) = \sin\omega t$, $C(s) = \dfrac{\omega}{s^2+\omega^2}$

전달함수 $G(s) = \dfrac{C(s)}{R(s)} = \dfrac{\dfrac{\omega}{s^2+\omega^2}}{1} = \dfrac{\omega}{s^2+\omega^2}$

답 ③

핵심 NOTE

■ 응답의 종류
- 임펄스 응답
  : 기준입력이 단위임펄스 함수
- 단위인디셜응답
  : 기준입력이 단위계단 함수
- 단위램프(경사)응답
  : 기준입력이 단위램프 함수

핵심 NOTE

■ 오버슈트(overshoot)

응답이 목표값(입력)을 넘어가는 양

• 자동제어계의 안정도의 척도
• 백분율 최대오버슈트 $= \dfrac{\text{최대오버슈트}}{\text{최종목표값}} \times 100\,[\%]$

■ 감쇠비

과도응답이 소멸되는 정도

감쇠비 $= \dfrac{\text{제2의오버슈트}}{\text{최대오버슈트}}$

■ 지연시간(Delay Time) t_d

계단응답이 최종값(목표값)의 50[%]에 도달하는 데 필요한 시간

■ 상승시간(Rise Time) t_r

계단응답이 최종값의 10[%]에서 90[%]에 도달하는 데 필요한 시간으로서 자동제어계의 속응성과 관계있다.

■ 정정시간(Settling Time) t_s

계단응답이 감소하여 그 응답 최종값의 허용오차 범위 내 들어가는 데 필요한 시간

② 시간 응답(출력) 특성곡선

그림은 선형제어계통의 대표적인 단위계단응답을 설명한다.

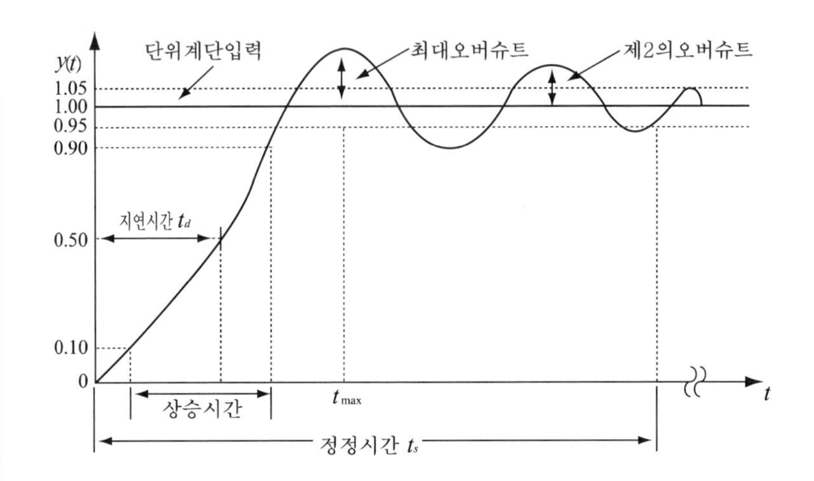

예제문제 과도응답

2 다음 과도응답에 관한 설명 중 틀린 것은?

① over shoot 는 응답 중에 생기는 입력과 출력사이의 최대 편차량을 말한다.

② 시간늦음(time delay)이란 응답이 최초로 희망값의 10[%]에서 90[%]까지 도달하는 데 요하는 시간을 말한다.

③ 감쇠비$= \dfrac{\text{제2의 OVERSHOOT}}{\text{최대 OVERSHOOP}}$

④ 입상시간(Rise time)이란 응답이 희망값의 10[%]에서 90[%]까지 도달하는 데 요하는 시간을 말한다.

해설

지연시간(Delay Time) t_d는 계단응답이 최종값(목표값)의 50[%]에 도달하는 데 필요한 시간을 말한다.

답 ②

③ 2차계의 전달함수

$$G(s) = \frac{C(s)}{R(s)} = \frac{\omega_n^2}{s^2 + 2\delta\omega_n s + \omega_n^2}$$

1. 특성방정식

종합전달함수의 분모가 0이 되는 방정식

$$s^2 + 2\delta\omega_n s + \omega_n^2 = 0$$

단, δ : 제동비(감쇠비)

ω_n : 고유진동 각주파수

2. 특성방정식의 근

$s_1,\ s_2 = -\delta\omega_n \pm j\omega_n\sqrt{1-\delta^2} = -\sigma \pm j\omega$

3. 시정수 $\tau = \frac{1}{\delta\omega_n}$ [sec]

4. 실제주파수(과도진동주파수) $\omega = \omega_n\sqrt{1-\delta^2}$

5. 제동비(δ)에 따른 제동조건

(1) $\delta < 1$ 인 경우 : 부족 제동

$s_1,\ s_2 = -\delta\omega_n \pm j\omega_n\sqrt{1-\delta^2}$

공액 복소수근을 가지므로 감쇠 진동을 한다.

(2) $\delta = 1$ 인 경우 : 임계 제동

$s_1,\ s_2 = -\omega_n$

중근(실근)을 가지므로 진동에서 비진동으로 옮겨가는 임계 상태이다.

(3) $\delta > 1$ 인 경우 : 과제동

$s_1,\ s_2 = -\delta\omega_n \pm \omega_n\sqrt{\delta^2-1}$

서로 다른 2개의 실근을 가지므로 비진동이다.

(4) $\delta = 0$ 인 경우 : 무제동

$s_1,\ s_2 = \pm j\omega_n$

순공액 허근을 가지므로 일정한 진폭으로 무한히 진동한다.

핵심 NOTE

■ 2차계의 전달함수

$G(s) = \frac{\omega_n^2}{s^2 + 2\delta\omega_n s + \omega_n^2}$

■ 특성방정식

종합전달함수의 분모가 0이 되는 방정식

$s^2 + 2\delta\omega_n s + \omega_n^2 = 0$

■ 제동비(δ)에 따른 제동조건

- $\delta < 1$ 인 경우 : 부족 제동 감쇠 진동
- $\delta = 1$ 인 경우 : 임계 제동 임계 상태이다.
- $\delta > 1$ 인 경우 : 과제동 비진동이다.
- $\delta = 0$ 인 경우 : 무제동 무한히 진동

■ 제동비 δ가 작을수록 오우버슈트가 커진다.

핵심 NOTE

6. 제동비[δ]에 따른 시간응답특성곡선

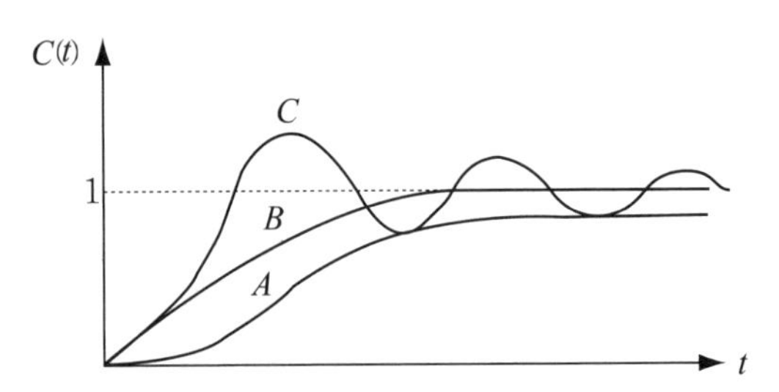

(1) A : $\delta > 1$ ⇒ 과제동(비진동)
(2) B : $\delta = 1$ ⇒ 임계제동(임계진동)
(3) C : $\delta < 1$ ⇒ 부족제동(감쇠진동)
(4) 제동비 δ가 작을수록 오우버슈트(OVERSHOOT)가 커진다.

예제문제 2차계의 전달함수

3 다음 미분방정식으로 표시되는 2차계가 있다. 감쇠율 ζ는 얼마인가?

$$\frac{d^2y(t)}{dt^2} + 5\frac{dy(t)}{dt} + 9y(t) = 9x(t)$$

① 5 ② 6
③ 6/5 ④ 5/6

해설

미분방정식 $\frac{d^2y(t)}{dt^2} + 5\frac{dy(t)}{dt} + 9y(t) = 9x(t)$의 양변을 라플라스 변환하면

$s^2 Y(s) + 5s\,Y(s) + 9\,Y(s) = 9X(s)$ $(s^2+5s+9)\,Y(s) = 9\,X(s)$

2차계의 전달함수 $G(s) = \frac{Y(s)}{X(s)} = \frac{9}{s^2+5s+9} = \frac{\omega_n^2}{s^2+2\zeta\omega_n s+\omega_n^2}$ 에서

$\omega_n^2 = 9$, $2\zeta\omega_n = 5$이므로 $\omega_n = 3$, $\zeta = \frac{5}{6}$

답 ④

예제문제 제동조건

4 전달함수 $\frac{C(s)}{R(s)} = \frac{1}{4s^2+3s+1}$ 인 제어계는 어느 경우인가?

① 과제동(over damped) ② 부족제동(under damped)
③ 임계제동(critical damped) ④ 무제동(undamped)

해설

전달함수 $\frac{C(s)}{R(s)} = \frac{1}{4s^2+3s+1} = \frac{\frac{1}{4}}{s^2+\frac{3}{4}s+\frac{1}{4}} = \frac{\omega_n^2}{s^2+2\delta\omega_n s+\omega_n^2}$

$\omega_n{}^2 = \frac{1}{4}$, $\omega_n = \frac{1}{2}$ $2\delta\omega_n = \frac{3}{4}$, $\delta = \frac{3}{4} = 0.75 < 1$ 이므로 부족 제동

답 ②

4 특성방정식 근의 위치에 따른 응답곡선

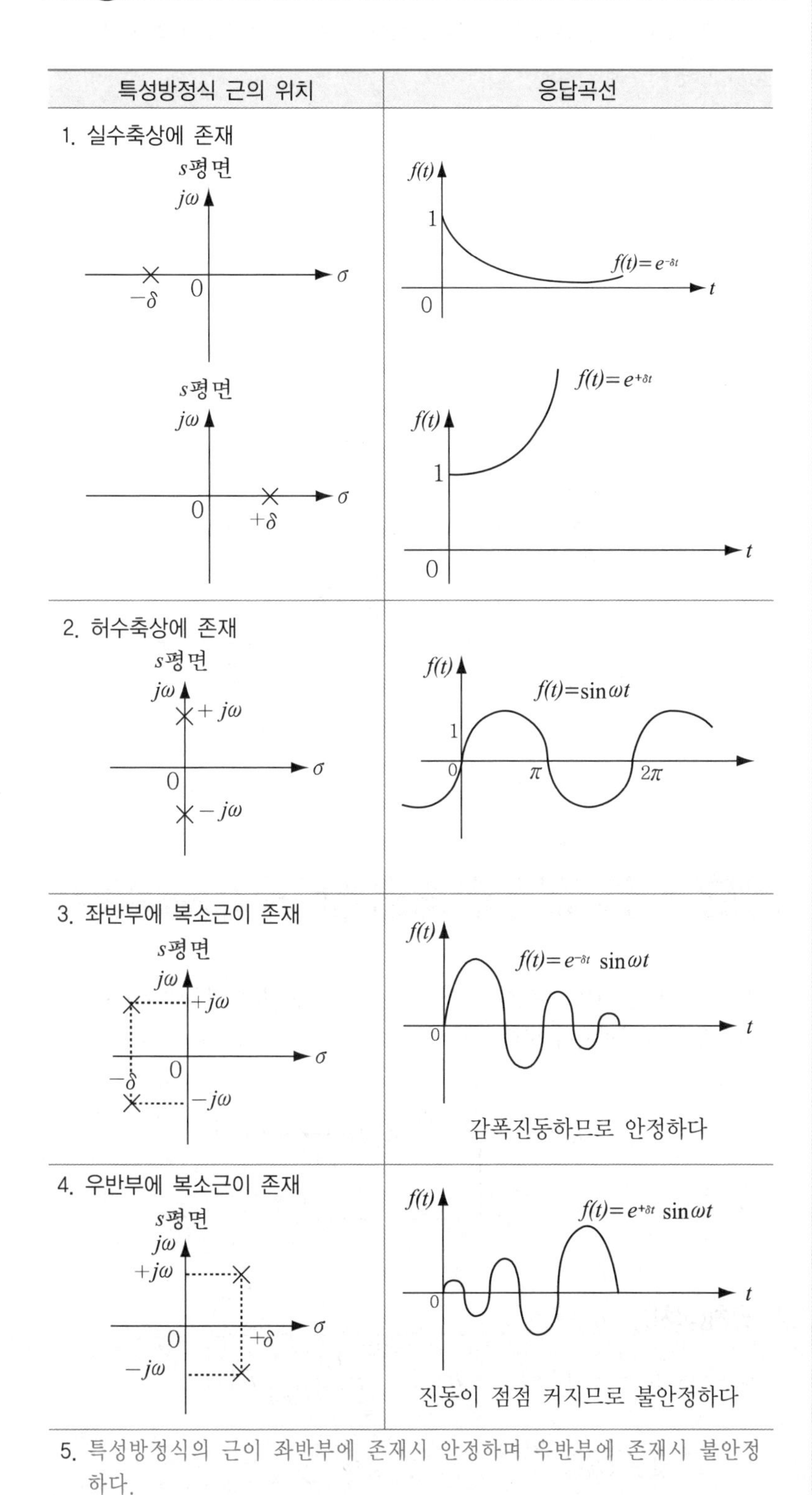

핵심 NOTE

■ 특성방정식의 근의 위치에 따른 응답곡선

특성방정식의 근이 좌반부에 존재시 감쇠진동하여 안정하며 우반부에 존재시 진동이 증가하므로 불안정하다.

핵심 NOTE

예제문제 특성방정식 근의 위치에 따른 응답곡선

5 s평면상에서 전달함수의 극점이 그림과 같은 위치에 있으면 이 회로망의 상태는?

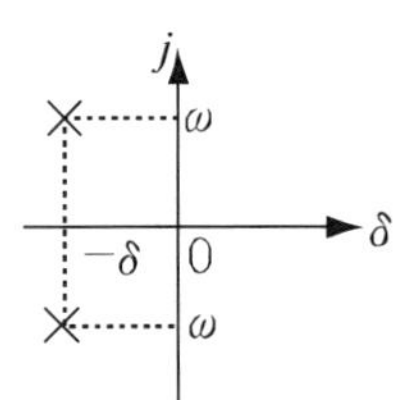

① 발진하지 않는다.
② 점점 더 크게 발진한다.
③ 지속발진한다.
④ 감폭진동한다.

해설
특성근 $s_1 = -\delta + j\omega$, $s_1 = -\delta - j\omega$ 이므로

$F(s) = \dfrac{\omega^2}{(s+\delta-j\omega)(s+\delta+j\omega)} = \dfrac{\omega^2}{(s+\delta)^2-(j\omega)^2} = \dfrac{\omega^2}{(s+\delta)^2+\omega^2}$ 에서

$f(t) = e^{-\delta t}\sin t$ 가 되므로 특성방정식의 근인 극점이 좌반부에 복소근으로 존재시 감폭 진동하므로 제어계가 안정하다.

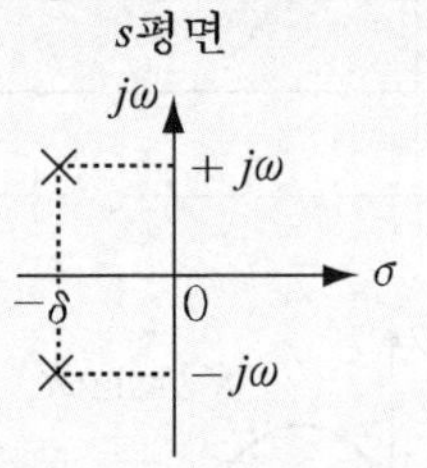

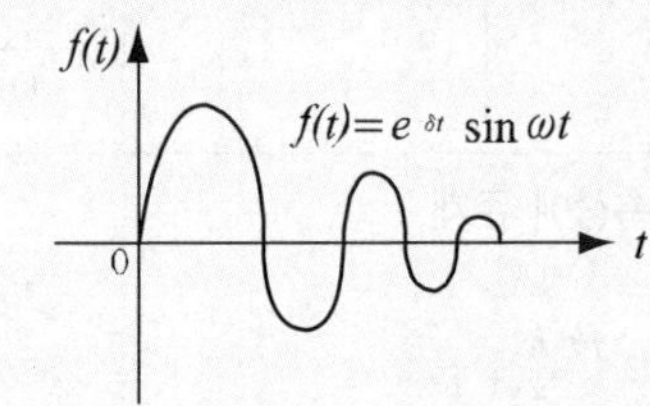

답 ④

5 정상편차 e_{ss}

정상상태에서 단위 부궤환 제어계의 입력과 출력의 편차(오차) $e(t)$의 최종값을 정상편차라 한다.

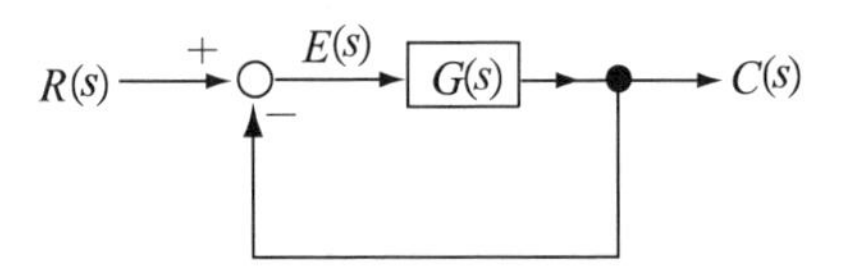

1. 편차(오차) : $E(s)$

$$E(s) = R(s) - C(s) = R(s) - \frac{G(s)}{1+G(s)}R(s)$$

$$= \frac{1}{1+G(s)}R(s)$$

2. 정상편차 e_{ss}

$$e_{ss} = \lim_{t\to\infty} e(t) = \lim_{s\to0} sE(s) = \lim_{s=0}\frac{sR(s)}{1+G(s)}$$

(단, $G(s)$는 개루우프 전달함수, $R(s)$는 입력라플라스변환)

3. 정상위치편차 e_{ssp}

기준입력이 단위계단입력 $r(t) = u(t) = 1$, $R(s) = \frac{1}{s}$

$$e_{ssp} = \frac{1}{1+\lim\limits_{s=0} G(s)} = \frac{1}{1+k_p}$$

(단, $k_p = \lim\limits_{s=0} G(s)$: 위치편차상수)

4. 정상속도편차 e_{ssv}

기준입력이 단위램프(속도)입력 $r(t) = t$, $R(s) = \frac{1}{s^2}$

$$e_{ssv} = \frac{1}{\lim\limits_{s=0} s\,G(s)} = \frac{1}{k_v}$$

(단, $k_v = \lim\limits_{s=0} s\,G(s)$: 속도편차상수)

5. 정상가속도편차 e_{ssa}

기준입력이 단위포물선(가속도)입력 $r(t) = \frac{1}{2}t^2$, $R(s) = \frac{1}{s^3}$

$$e_{ssa} = \frac{1}{\lim\limits_{s=0} s^2\,G(s)} = \frac{1}{k_a}$$

(단, $k_a = \lim\limits_{s=0} s\,G(s)$: 가속도편차상수)

핵심 NOTE

■ 정상편차

$e_{ss} = \lim\limits_{s=0}\frac{sR(s)}{1+G(s)}$

단, $G(s)$는 개루우프 전달함수

$R(s)$는 입력라플라스변환

■ 정상위치편차

기준입력이 단위계단입력

$e_{ssp} = \frac{1}{1+\lim\limits_{s=0}G(s)} = \frac{1}{1+k_p}$

$k_p = \lim\limits_{s=0}G(s)$ 위치편차상수

■ 정상속도편차

기준입력이 단위램프(속도)입력

$e_{ssv} = \frac{1}{\lim\limits_{s=0}s\,G(s)} = \frac{1}{k_v}$

$k_v = \lim\limits_{s=0}s\,G(s)$ 속도편차상수

■ 정상가속도편차

기준입력이 단위포물선(가속도) 입력

$e_{ssa} = \frac{1}{\lim\limits_{s=0}s^2\,G(s)} = \frac{1}{k_a}$

$k_a = \lim\limits_{s=0}s\,G(s)$ 가속도편차상수

핵심 NOTE

예제문제 정상편차

6 단위피드백 제어계에서 개루우프 전달함수 $G(s)$가 다음과 같이 주어지는 계의 단위계단입력에 대한 정상편차는?

$$G(s) = \frac{10}{(s+1)(s+2)}$$

① 1/3
② 1/4
③ 1/5
④ 1/6

해설

기준입력이 단위계단입력 $r(t) = u(t) = 1$ 인 경우의 정상편차는 정상위치편차 e_{ssp}를 말하므로 위치편차상수 $k_p = \lim_{s\to 0} G(s) = \lim_{s\to 0}\frac{10}{(s+1)(s+2)} = 5$

정상위치편차 $e_{ssp} = \dfrac{1}{1+\lim_{s=0} G(s)} = \dfrac{1}{1+k_p} = \dfrac{1}{1+5} = \dfrac{1}{6}$

답 ④

예제문제 속도편차상수

7 다음 그림과 같은 블록선도의 제어계통에서 속도편차상수 K_v 는 얼마인가?

① 2
② 0
③ 0.5
④ ∞

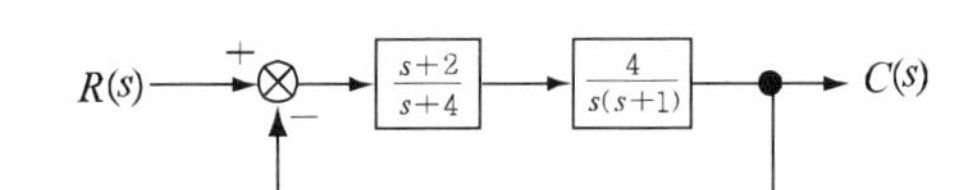

해설

블록선도에서 개루우프 전달함수

$$G(s) = \frac{s+2}{s+4} \times \frac{4}{s(s+1)} = \frac{4(s+2)}{s(s+1)(s+4)}$$

속도편차상수 $k_v = \lim_{s\to 0} s\,G(s) = \lim_{s\to 0} s\,\dfrac{4(s+2)}{s(s+1)(s+4)} = 2$

답 ①

핵심 NOTE

예제문제 정상속도편차

8 개루프 전달함수 $G(s)$ 가 다음과 같이 주어지는 단위피드백 계에서 단위속도입력에 대한 정상편차는?

$$G(s) = \frac{2(1+0.5s)}{s(1+s)(1+2s)}$$

① 0 ② $\frac{1}{2}$

③ 1 ④ 2

해설

기준입력이 단위속도입력 $r(t)=t$ 인 경우의 정상편차는 정상속도편차 e_{ssv} 를 말하므로 속도편차상수 $k_v = \lim_{s\to 0} s\,G(s) = \lim_{s\to 0} s \frac{2(1+0.5s)}{s(1+s)(1+2s)} = 2$

정상속도편차 $e_{ssv} = \frac{1}{\lim_{s=0} sG(s)} = \frac{1}{k_v} = \frac{1}{2}$

답 ②

6 자동제어계의 형의 분류

제어계의 형의 분류는 개루우프전달함수 GH의 원점($s=0$) 에 있는 극점의 수로 분류

$$GH = \frac{(s+b_1)(s+b_2)(s+b_3)\cdots}{S^N(s+a_1)(s+a_2)(s+a_3)\cdots}$$

$N=0 \Rightarrow$ 0형 제어계
$N=1 \Rightarrow$ 1형 제어계
$N=2 \Rightarrow$ 2형 제어계
⋮

■ 자동제어계의 형의 분류
개루우프전달함수 GH의 원점 ($s=0$) 에 있는 극점의 수

$$GH = \frac{(s+b_1)(s+b_2)(s+b_3)\cdots}{(s+a_1)(s+a_2)(s+a_3)\cdots}$$

$N=0 \Rightarrow$ 0형 제어계
$N=1 \Rightarrow$ 1형 제어계
$N=2 \Rightarrow$ 2형 제어계
⋮

핵심 NOTE

예제문제 자동제어계의 형의분류

9 그림과 같은 블록선도로 표시되는 계는 무슨 형인가?

① 0 형
② 1 형
③ 2 형
④ 3 형

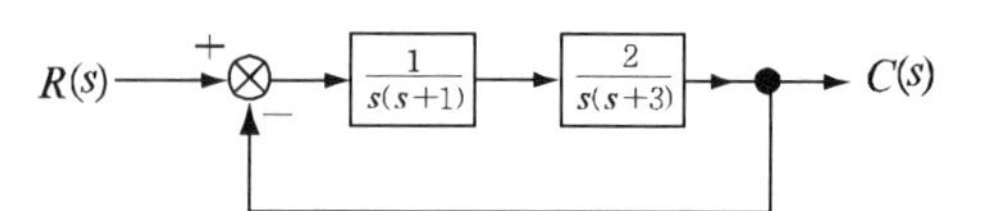

해설

개루우프 전달함수 $G(s)H(s)=\dfrac{1}{s(s+1)}\times\dfrac{2}{s(s+3)}=\dfrac{2}{s^2(s+1)(s+3)}$

$G(s)H(s)=\dfrac{2}{s^2(s+1)(s+3)}=\dfrac{(s+b_1)(s+b_2)(s+b_3)\cdots}{s^N(s+a_1)(s+a_2)(s+a_3)\cdots}$ 이므로

2형 제어계이다.

답 ③

7 형의 분류에 의한 정상편차 및 편차상수

계통의 형	편차(오차)상수			정상편차(오차)		
	k_p	k_v	k_a	$e_{ss\,p}$	$e_{ss\,v}$	$e_{ss\,a}$
0형	k	0	0	$\dfrac{1}{1+k}$	∞	∞
1형	∞	k	0	0	$\dfrac{1}{k}$	∞
2형	∞	∞	k	0	0	$\dfrac{1}{k}$

예제문제 형의 분류에 의한 정상편차

10 어떤 제어계에서 단위계단입력에 대한 정상편차가 유한값이면 이 계는 무슨 형인가?

① 1 형　　② 0 형
③ 2 형　　④ 3 형

해설 기준입력이 단위계단입력 $r(t)=u(t)=1$ 인 경우의 정상편차는 정상위치편차 e_{ssp}를 말하므로 0형 일 때 $e_{ssp}=\dfrac{1}{1+k}$ 인 유한값을 갖는다.

계통의 형	정상편차		
	$e_{ss\,p}$	$e_{ss\,v}$	$e_{ss\,a}$
0형	$\dfrac{1}{1+k}$	∞	∞
1형	0	$\dfrac{1}{k}$	∞
2형	0	0	$\dfrac{1}{k}$

답 ②

8 감도

폐루우프 전달함수$T=\dfrac{C(s)}{R(s)}$ 일 때 주어진 요소 K에 의한 계통의 폐루우프 전달함수 T 의 미분감도는 $S_K^T=\dfrac{K}{T}\cdot\dfrac{dT}{dK}$ 에 의해서 구한다.

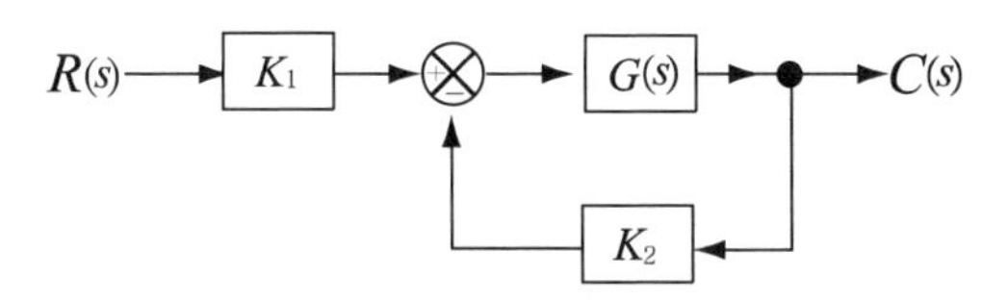

위의 블록 선도의 제어계에서 K_1에 대한 전달함수 $T=\dfrac{C}{R}$ 의 감도 $S_{K_1}^T$ 는 먼저 전달함수 T를 구하면 $T=\dfrac{C}{R}=\dfrac{K_1G(s)}{1+G(s)K_2}$ 이므로 감도 공식에 대입하면

$$S_{K_1}^T=\frac{K_1}{T}\cdot\frac{dT}{dK_1}=\frac{K_1}{\dfrac{K_1G(s)}{1+G(s)K_2}}\cdot\frac{d}{dK_1}\left(\frac{K_1G(s)}{1+G(s)K_2}\right)$$

$$=\frac{1+G(s)K_2}{G(s)}\cdot\frac{G(s)}{1+G(s)K_2}=1$$ 이 된다.

핵심 NOTE

■ 주어진 요소 K에 의한 계통의 폐루우프 전달함수 T 미분감도

$S_K^T=\dfrac{K}{T}\cdot\dfrac{dT}{dK}$

출제예상문제

01 어떤 제어계에 입력신호를 가하고 난 후 출력신호가 정상 상태에 도달할 때까지의 응답을 무엇이라 하는가?

① 시간 응답 ② 선형 응답
③ 정상 응답 ④ 과도응답

해설
입력신호를 가하고 난 후 출력신호가 정상 상태에 도달할 때까지의 응답을 과도응답이라 한다.

02 오우버슈우트에 대한 설명 중 옳지 않은 것은?

① 자동제어계의 정상오차이다.
② 자동제어계의 안정도의 척도가 된다.
③ 상대오우버슈우트

$$= \frac{\text{최대오우버슈우트}}{\text{최종의목표값}} \times 100$$

④ 계단응답 중에 생기는 입력과 출력사이의 최대편차량이 최대오우버슈우트 이다.

해설
오우버슈트란 응답(출력)이 목표값(입력)을 넘어가는 양으로서 과도응답 중에 생기는 과도오차이며 안정도의 척도가 된다.

03 백분율 오우버슈우트는?

① $\frac{\text{최종목표값}}{\text{최대오우버슈우트}} \times 100$

② $\frac{\text{제2오우버슈우트}}{\text{최대목표값}} \times 100$

③ $\frac{\text{제2오우버슈우트}}{\text{최대오우버슈우트}} \times 100$

④ $\frac{\text{최대오우버슈우트}}{\text{최종목표값}} \times 100$

해설
백분율 오우버슈트

$$= \frac{\text{최대오우버슈우트}}{\text{최종목표값}} \times 100[\%]$$

04 자동제어계에서 안정성의 척도가 되는 양은?

① 정상편차 ② 오버슈트
③ 지연시간 ④ 감쇠

해설
오버슈트(overshoot)는 응답(출력)이 목표값(입력)을 넘어가는 양으로서 자동제어계의 안정성의 척도가 된다.

05 제어량이 목표값을 초과하여 최대로 나타나는 최대편차량은?

① 정정시간 ② 제동비
③ 지연시간 ④ 최대 오버슈트

해설
제어량이 목표값을 초과하여 최대로 나타나는 최대편차량을 최대 오버슈트라 한다.

06 시간 영역에서 자동 제어계를 해석할 때 기본 시험 입력에 보통 사용되지 않는 입력은?

① 정속도 입력 ② 정현파 입력
③ 단위계단 입력 ④ 정가속도 입력

해설
시간 영역에서 기본 시험 입력의 종류는 단위계단 입력, 정속도 입력, 정가속도 입력이 있으며 정현파 입력은 주파수 영역에서 사용되는 입력이다.

정답 01 ④ 02 ① 03 ④ 04 ② 05 ④ 06 ②

07 **응답이 최초로 희망값의 50[%] 까지 도달하는 데 요하는 시간은?**

① 정정 시간 ② 상승 시간
③ 응답 시간 ④ 지연 시간

해설

(1) 지연시간(Delay Time)
지연시간 t_d 는 계단응답이 최종값(목표값)의 50[%]에 도달하는데 필요한 시간

(2) 상승시간(Rise Time)
상승시간 t_r 는 계단응답이 최종값의 10[%]에서 90[%]에 도달하는 데 필요한 시간으로서 자동제어계의 속응성과 관계있다.

(3) 정정시간(Settling Time)
정정시간 t_s 는 계단응답이 감소하여 그 응답 최종값의 허용오차범위내 들어가는 데 필요한 시간

08 **입상시간이란 단위계단입력에 대하여 그 응답이 최종값의 몇 [%] 에서 몇 [%] 까지 도달하는 시간을 말하는가?**

① 10~30 ② 10~50
③ 10~70 ④ 10~90

해설

상승(입상)시간 t_r 는 계단응답이 최종값의 10[%]에서 90[%]에 도달하는 데 필요한 시간으로서 자동제어계의 속응성과 관계있다.

09 **응답이 최종값의 10[%] 에서 90[%] 까지 되는 데 요하는 시간은?**

① 상승시간(rise time)
② 지연시간(delay time)
③ 응답시간(responese time)
④ 정정시간(settling time)

해설

상승(입상)시간 t_r 는 계단응답이 최종값의 10[%]에서 90[%]에 도달하는 데 필요한 시간으로서 자동제어계의 속응성과 관계있다.

10 **속응도와 관계가 깊은 것은?**

① 상승시간 ② 최대오버슈트
③ 정상편차 ④ 초과의 횟수

해설

상승(입상)시간 t_r 는 계단응답이 최종값의 10[%]에서 90[%]에 도달하는 데 필요한 시간으로서 자동제어계의 속응성과 관계있다.

11 **과도응답이 소멸되는 정도를 나타내는 감쇠비는?**

① $\dfrac{\text{제 2 오버슈트}}{\text{최대 오버슈트}}$ ② $\dfrac{\text{최대오버슈트}}{\text{제 2 오버슈트}}$

③ $\dfrac{\text{제 2 오버슈트}}{\text{최대 목표값}}$ ④ $\dfrac{\text{최대 오버슈트}}{\text{최대 목표값}}$

해설

감쇠비는 과도응답이 소멸되는 정도를 나타내는 값으로 최대오버슈트에 대한 제2의 오버슈트와의 비를 말한다.

감쇠비 $= \dfrac{\text{제 2 오버슈트}}{\text{최대 오버슈트}}$

12 **감쇠비 $\zeta = 0.4$, 고유각주파수 $\omega_n = 1\,[\text{rad/s}]$ 인 2차계의 전달함수는?**

① $\dfrac{1}{s^2 + 0.4s + 1}$

② $\dfrac{1}{s^2 + 0.8s + 1}$

③ $\dfrac{1}{s^2 + 0.4s + 0.16}$

④ $\dfrac{0.16}{s^2 + 0.8s + 0.4}$

해설

2차계의 전달함수 $G(s) = \dfrac{\omega_n^2}{s^2 + 2\zeta\omega_n s + \omega_n^2}$ 이므로

주어진 수치를 대입하면

$$G(s) = \frac{1^2}{s^2 + 2\times 0.4 \times 1s + 1^2} = \frac{1}{s^2 + 0.8s + 1}$$

정답 07 ④ 08 ④ 09 ① 10 ① 11 ① 12 ②

13 $M(s) = \dfrac{100}{s^2+s+100}$ **으로 표시되는 2차계에서 고유진동수 ω_n 은?**

① 2 ② 5
③ 10 ④ 20

해설 2차계의 전달함수

$$M(s) = \frac{100}{s^2+s+100} = \frac{\omega_n^2}{s^2+2\zeta\omega_n s+\omega_n^2} \text{ 이므로}$$

$\omega_n^2 = 100,\ \omega_n = 10\,[\text{rad/sec}]$

14 **전달함수** $G = \dfrac{1}{1+6j\omega+9(j\omega)^2}$ **의 고유각주파수는?**

① 9 ② 3
③ 1 ④ 0.33

해설

$s = jw$ 이므로 2차계의 전달함수

$$G = \frac{1}{1+6j\omega+9(j\omega)^2} = \frac{1}{1+6s+9s^2}$$

$$= \frac{\frac{1}{9}}{s^2+\frac{6}{9}s+\frac{1}{9}} = \frac{\omega_n^2}{s^2+2\zeta\omega_n s+\omega_n^2} \text{ 에서}$$

$\omega_n^2 = \dfrac{1}{9},\ \omega_n = \dfrac{1}{3} = 0.33$

15 **그림과 같은 궤환제어계의 감쇠계수(제동비)는?**

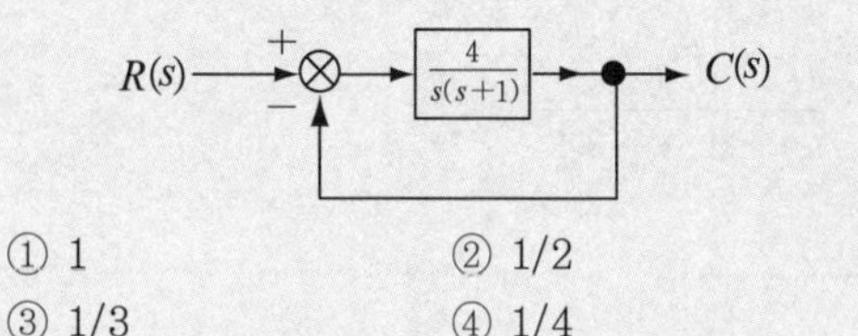

① 1 ② 1/2
③ 1/3 ④ 1/4

해설

전향경로이득 : $\dfrac{4}{s(s+1)}$

루프이득 : $\dfrac{4}{s(s+1)}$

전달함수

$$G(s) = \frac{C(s)}{R(s)} = \frac{\sum \text{전향 경로 이득}}{1-\sum \text{루프 이득}}$$

$$= \frac{\frac{4}{s(s+1)}}{1+\frac{4}{s(s+1)}} = \frac{4}{s^2+s+4}$$

$$= \frac{\omega_n^2}{s^2+2\zeta\omega_n s+\omega_n^2} \text{ 이므로}$$

$\omega_n^2 = 4$, $2\zeta\omega_n = 1$ 에서 $\omega_n = 2,\ \zeta = \dfrac{1}{4}$

16 **2차 제어계에 대한 설명 중 잘못된 것은?**

① 제동계수의 값이 적을수록 제동이 적게 걸려 있다.
② 제동계수의 값이 1일 때 제어계는 가장 알맞게 제동되어 있다.
③ 제동계수의 값이 클수록 제동은 많이 걸려 있다.
④ 제동계수의 값이 1일 때를 임계제동 되었다고 한다.

해설

제동비(감쇠율) δ에 따른 제동 및 진동조건
$\delta < 1$ 인 경우 : 부족 제동(감쇠 진동)
$\delta > 1$ 인 경우 : 과제동(비진동)
$\delta = 1$ 인 경우 : 임계 진동(임계 상태)
$\delta = 0$ 인 경우 : 무제동(무한 진동 또는 완전 진동)

17 **2차 시스템의 감쇠율(damping ratio) δ가 $\delta < 1$이면 어떤 경우인가?**

① 감쇠비 ② 과감쇠
③ 부족감쇠 ④ 발산

해설

제동비(감쇠율) δ에 따른 제동 및 진동조건
$\delta < 1$ 인 경우 : 부족 제동(감쇠 진동)
$\delta > 1$ 인 경우 : 과제동(비진동)
$\delta = 1$ 인 경우 : 임계 진동(임계 상태)
$\delta = 0$ 인 경우 : 무제동(무한 진동 또는 완전 진동)

정답 13 ③ 14 ④ 15 ④ 16 ② 17 ③

18 특성방정식 $s^2 + 2\delta\omega_n s + \omega_n = 0$에서 δ를 제동비(Damping ratio)라고 할 때 $\delta < 1$인 경우는?

① 임계진동 ② 강제진동
③ 감쇠진동 ④ 완전진동

해설

제동비(감쇠율) δ에 따른 제동 및 진동조건
$\delta < 1$ 인 경우 : 부족 제동(감쇠 진동)
$\delta > 1$ 인 경우 : 과제동(비진동)
$\delta = 1$ 인 경우 : 임계 진동(임계 상태)
$\delta = 0$ 인 경우 : 무제동(무한 진동 또는 완전 진동)

19 제동계수 $\delta = 1$인 경우 어떠한가?

① 임계진동이다. ② 강제진동이다.
③ 감쇠진동이다. ④ 완전진동이다.

해설

제동비(감쇠율) δ에 따른 제동 및 진동조건
$\delta < 1$ 인 경우 : 부족 제동(감쇠 진동)
$\delta > 1$ 인 경우 : 과제동(비진동)
$\delta = 1$ 인 경우 : 임계 진동(임계 상태)
$\delta = 0$ 인 경우 : 무제동(무한 진동 또는 완전 진동)

20 제동비 ζ가 1보다 점점 더 작아질수록 어떻게 되는가?

① 진동을 하지 않는다
② 일정한 진폭으로 계속 진동한다
③ 최대오버슈트가 점점 작아진다
④ 최대오버슈트가 점점 커진다

해설

제동비가 작아질수록 최대오버슈트가 점점 커진다.

21 최대초과량(OVER SHOOT)이 가장 큰 경우의 제동비 ζ의 값은?

① $\zeta = 0$ ② $\zeta = 0.6$
③ $\zeta = 1.2$ ④ $\zeta = 1.5$

해설

제동비가 0 이 아니면서 가장 작을 때 최대초과량(OVER SHOOT)이 가장 크다.

22 특성방정식 $s^2 + 2\delta\omega_n s + {\omega_n}^2 = 0$인 계가 무제동 진동을 할 경우 δ의 값은?

① 0 ② δ 〈 1
③ $\delta = 1$ ④ δ 〉 1

해설

제동비(감쇠율) δ에 따른 제동 및 진동조건
$\delta < 1$ 인 경우 : 부족 제동(감쇠 진동)
$\delta > 1$ 인 경우 : 과제동(비진동)
$\delta = 1$ 인 경우 : 임계 진동(임계 상태)
$\delta = 0$ 인 경우 : 무제동(무한 진동 또는 완전 진동)

23 다음 미분방정식으로 표시되는 2차 계통에서 감쇠율(Damping Ratio) ζ와 제동의 종류는?

$$\frac{d^2y(t)}{dt^2} + 6\frac{dy(t)}{dt} + 9y(t) = 9x(t)$$

① $\zeta = 0$: 무제동
② $\zeta = 1$: 임계제동
③ $\zeta = 2$: 과제동
④ $\zeta = 0.5$: 감쇠진동 또는 부족제동

해설

미분방정식
$\frac{d^2y(t)}{dt^2} + 6\frac{dy(t)}{dt} + 9y(t) = 9x(t)$의 양변을 라플라스 변환하면 $s^2Y(s) + 6sY(s) + 9Y(s) = 9X(s)$
$(s^2 + 6s + 9)Y(s) = 9X(s)$
2차계의 전달함수

$$G(s) = \frac{Y(s)}{X(s)} = \frac{9}{s^2 + 6s + 9}$$

$$= \frac{\omega_n^2}{s^2 + 2\zeta\omega_n s + \omega_n^2}$$ 에서

$\omega_n^2 = 9$, $\omega_n = 3$
$2\zeta\omega_n = 6$, $\zeta = 1$이므로 임계제동

정답 18 ③ 19 ① 20 ④ 21 ② 22 ① 23 ②

24 그림은 2차계의 단위계단응답을 나타낸 것이다. 감쇠계수 δ가 가장 큰 것은?

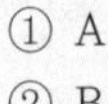

① A
② B
③ C
④ D

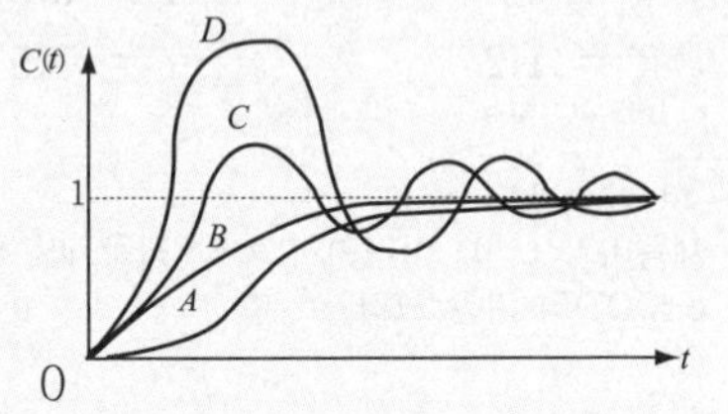

해설

제동비(감쇠계수) δ가 작을수록 오우버슈트(OVERSHOOT)가 커지므로 감쇠계수 δ가 가장 큰 것은 A가 된다.

25 그림의 그래프에서 제동비 ζ 가 $\zeta < 1$을 만족하는 곡선은?

① A
② B
③ C
④ D

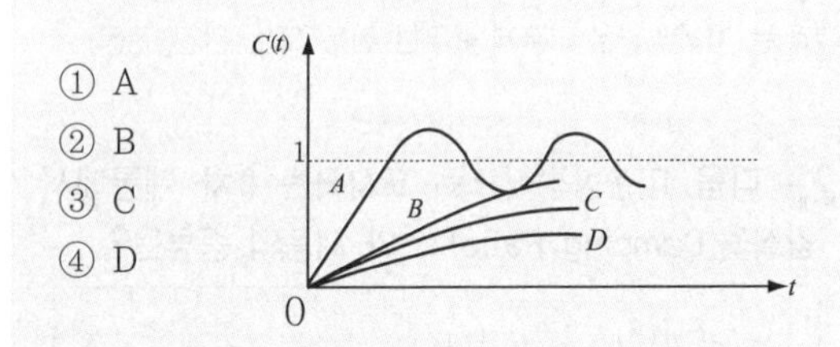

해설

제동비(감쇠계수) $\zeta < 1$이면 부족제동이므로 감쇠진동한다.

26 2차 제어계에서 공진주파수 ω_m 와 고유주파수 ω_n, 감쇠비 α 사이의 관계가 바른 것은?

① $\omega_m = \omega_n\sqrt{1-\alpha^2}$

② $\omega_m = \omega_n\sqrt{1+\alpha^2}$

③ $\omega_m = \omega_n\sqrt{1-2\alpha^2}$

④ $\omega_m = \omega_n\sqrt{1+2\alpha^2}$

해설

2차 제어계에서 공진주파수는

$\omega_m = \omega_n\sqrt{1-2\alpha^2}$

27 2차 제어계에서 최대오버슈트가 발생하는 시간 t_p 와 고유주파수 ω_n, 감쇠계수 δ 사이의 관계식은?

① $t_p = \dfrac{2\pi}{\omega_n\sqrt{1-\delta^2}}$

② $t_p = \dfrac{2\pi}{\omega_n\sqrt{1+\delta^2}}$

③ $t_p = \dfrac{\pi}{\omega_n\sqrt{1-\delta^2}}$

④ $t_p = \dfrac{\pi}{\omega_n\sqrt{1+\delta^2}}$

해설

최대오버슈트가 발생하는 시간은

$t_p = \dfrac{\pi}{\omega_n\sqrt{1-\delta^2}}$

28 어떤 회로의 영입력 응답(또는 자연응답)이 다음과 같다.

$$v(t) = 84(e^{-t} - e^{-6t})$$

다음의 서술에서 잘못된 것은?

① 회로의 시정수 1(秒), 1/6(秒) 두 개다.
② 이 회로의 2차 회로이다.
③ 이 회로는 과제동(過制動) 되었다.
④ 이 회로는 임계제동되었다.

해설

$$\mathcal{L}[84(e^{-t}-e^{-6t})] = 84\left(\frac{1}{s+1} - \frac{1}{s+6}\right)$$

$$= 84\left[\frac{(s+6)-(s+1)}{(s+1)(s+6)}\right] = 84\left[\frac{5}{s^2+7s+6}\right]$$

$$= 70\left[\frac{6}{s^2+7s+6}\right]$$

여기서, $2\delta\omega_n s = 7s$, $\omega_n{}^2 = 6$이므로

$\therefore\ 2\sqrt{6}\,\delta = 7$

$\therefore\ \delta = \dfrac{7}{2\sqrt{6}} = 1.42$

따라서, $\delta > 1$ 이면 과제동, 비진동이 된다.

정답 24 ① 25 ① 26 ③ 27 ③ 28 ④

29 2차 회로의 회로 방정식은 다음과 같다. $2\dfrac{d^2v}{dt^2}+8\dfrac{dv}{dt}+8v=0$ 이때의 설명 중 틀린 것은?

① 특성근은 두 개다.
② 이 회로의 임계적으로 제동되었다.
③ 이 회로는 −2인 점에 중복된 극점 두 개를 갖는다.
④ $v(t)$ 는 $v(t)=K_1e^{-2t}+K_2e^{2t}$ 의 꼴을 갖는다.

해설
특성 방정식은
$(2s^2+8s+8)\,V_s=0$
$2(s^2+4s+4)\,V_s=0$
$(s+2)^2=0$ 이므로
$v(t)=K_1e^{-2t}+K_2e^{-2t}$ 의 꼴을 갖는다.

30 S평면 (복소평면)에서의 극점배치가 다음과 같을 경우 이 시스템의 시간영역에서의 동작은?

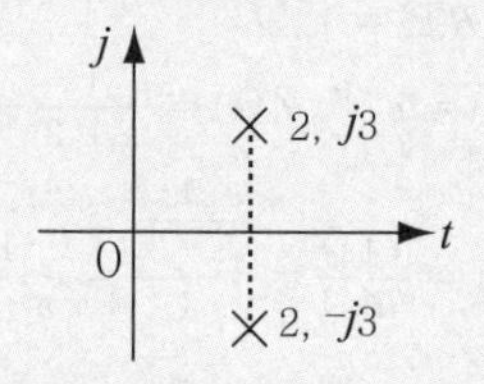

① 감쇠진동을 한다.
② 점점 진동이 커진다.
③ 같은 진폭으로 계속 진동한다.
④ 진동하지 않는다.

해설
특성방정식의 근인 극점이 우반부에 복소근으로 존재 시 진동이 점점 커지므로 제어계가 불안정 하다.

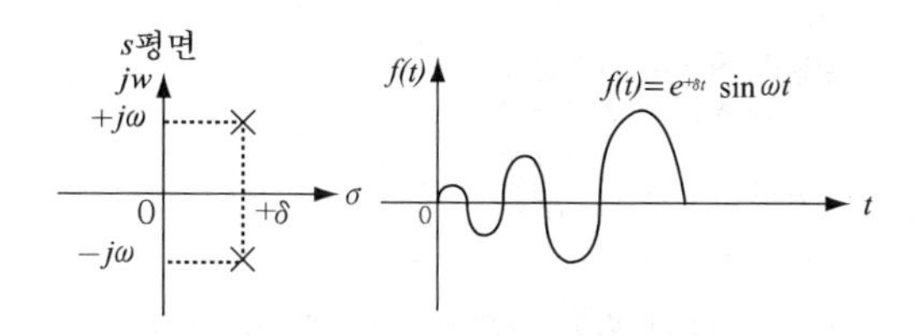

31 그림과 같이 S평면상에 A, B, C, D 4개의 근이 있을 때 이중에서 가장 빨리 정상상태에 도달하는 것은?

① A
② B
③ C
④ D

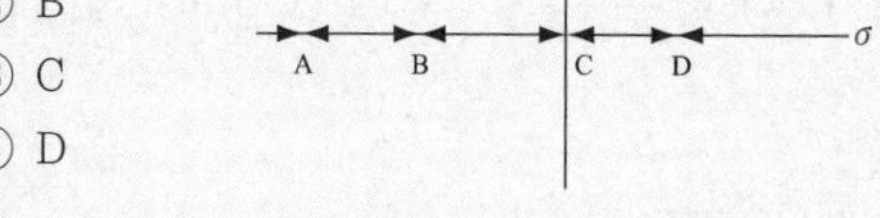

해설
특성방정식의 근이 허수축(j)에서 많이 떨어져 있을수록 정상값에 빨리 도달한다.

32 안정된 제어계의 특성근이 2개의 공액복소근을 가질 때 이 근들이 허수축 가까이에 있는 경우 허수축에서 멀리 떨어져 있는 안정된 근에 비해 과도응답 영향은 어떻게 되는가?

① 천천히 사라진다. ② 영향이 같다.
③ 빨리 사라진다. ④ 영향이 없다.

해설
특성방정식의 근이 허수축(j)에서 많이 떨어져 있을수록 정상값에 빨리 도달하고 허수축에서 가까이에 있는 경우 정상값에 늦게 도달하므로 과도응답은 천천히 사라진다.

33 다음 임펄스응답에 관한 말 중 옳지 않은 것은?

① 입력과 출력만 알면 임펄스응답은 알 수 있다.
② 회로소자의 값을 알면 임펄스응답은 알 수 있다.
③ 회로의 모든 초기값이 0 일 때 입력과 출력을 알면 임펄스응답을 알 수 있다.
④ 회로의 모든 초기값이 0 일 때 단위임펄스 입력에 대한 출력이 임펄스응답이다.

해설
임펄스응답이란
기준입력이 단위임펄스 함수 $r(t)=\delta(t)$ 인 경우의 응답(출력)으로
전달함수 $G(s)=\dfrac{C(s)}{R(s)}$
입력라플라스 $R(s)=\mathcal{L}[\delta(t)]=1$
응답(출력) $C(s)=G(s)R(s)=G(s)$

정답 29 ④ 30 ② 31 ① 32 ① 33 ②

34 전달함수 $C(s)=G(s)R(s)$에서 입력함수를 단위임펄스, 즉 $\delta(t)$로 가할 때 계의 응답은?

① $C(s)=G(s)\delta(s)$ ② $C(s)=\dfrac{G(s)}{\delta(s)}$

③ $C(s)=\dfrac{G(s)}{s}$ ④ $C(s)=G(s)$

해설

임펄스응답이란
기준입력이 단위임펄스 함수 $r(t)=\delta(t)$ 인 경우의 응답(출력)으로
전달함수 $G(s)=\dfrac{C(s)}{R(s)}$
입력라플라스 $R(s)=\mathcal{L}[\delta(t)]=1$
응답(출력) $C(s)=G(s)R(s)=G(s)$

35 어떤 제어계의 임펄스응답이 $\sin t$ 이면 이 제어계의 전달함수는?

① $\dfrac{1}{s+1}$ ② $\dfrac{1}{s^2+1}$

③ $\dfrac{s}{s+1}$ ④ $\dfrac{s}{s^2+1}$

해설

임펄스 응답시 기준입력
$r(t)=\delta(t)$, $R(s)=1$
응답(출력)
$c(t)=\sin t$, $C(s)=\dfrac{1}{s^2+1^2}=\dfrac{1}{s^2+1}$
전달함수
$$G(s)=\frac{C(s)}{R(s)}=\frac{\frac{1}{s^2+1}}{1}=\frac{1}{s^2+1}$$

36 어떤 제어계의 입력으로 단위임펄스가 가해졌을 때 출력이 te^{-3t} 이 있다. 이 제어계의 전달함수는?

① $\dfrac{1}{(s+3)^2}$ ② $\dfrac{t}{(s+1)(s+2)}$

③ $te(s+2)$ ④ $(s+1)(s+4)$

해설

기준입력이 단위임펄스
$r(t)=\delta(t)$, $R(s)=1$
응답(출력)
$c(t)=te^{-3t}$, $C(s)=\left.\dfrac{1}{s^2}\right|_{s=s+3}=\dfrac{1}{(s+3)^2}$
전달함수
$$G(s)=\frac{C(s)}{R(s)}=\frac{\frac{1}{(s+3)^2}}{1}=\frac{1}{(s+3)^2}$$

37 어떤 계의 단위임펄스 입력이 가해질 경우 출력이 e^{-3t} 로 나타났다. 이 계의 전달함수는?

① $\dfrac{1}{s+1}$ ② $\dfrac{1}{s-1}$

③ $\dfrac{1}{s+3}$ ④ $\dfrac{1}{s-3}$

해설

기준입력이 단위임펄스
$r(t)=\delta(t)$, $R(s)=1$
응답(출력) $c(t)=e^{-3t}$, $C(s)=\dfrac{1}{s+3}$
전달함수 $G(s)=\dfrac{C(s)}{R(s)}=\dfrac{\frac{1}{s+3}}{1}=\dfrac{1}{s+3}$

38 $G(s)=\dfrac{1}{s^2+1}$ 인 계의 임펄스응답은?

① e^{-t} ② $\cos t$

③ $1+\sin t$ ④ $\sin t$

해설

임펄스 응답시 기준입력
$r(t)=\delta(t)$, $R(s)=1$
전달함수 $G(s)=\dfrac{C(s)}{R(s)}=\dfrac{1}{s^2+1}$
응답(출력)
$C(s)=G(s)R(s)=G(s)\times 1=G(s)=\dfrac{1}{s^2+1}$
역라플라스 변환 $c(t)=\mathcal{L}^{-1}[C(s)]=\sin t$

정답 34 ④ 35 ② 36 ① 37 ③ 38 ④

39 $G(s)H(s) = \dfrac{K}{Ts+1}$ 일 때 이 계통은 어떤 형인가?

① 0 형 ② 1 형
③ 2 형 ④ 3 형

해설

제어계의 형의 분류는 개루우프 전달함수 $G(s)H(s)$ 의 원점($s=0$)에 있는 극점수로 분류한다.

$$G(s)H(s) = \frac{(s+b_1)(s+b_2)(s+b_3)\cdots}{s^N(s+a_1)(s+a_2)(s+a_3)\cdots}$$

$N=0 \Rightarrow$ 0형 제어계
$N=1 \Rightarrow$ 1형 제어계
$N=2 \Rightarrow$ 2형 제어계
⋮

따라서, 개루프전달함수 $G(s)H(s)$ 는

$$G(s)H(s) = \frac{K}{Ts+1} = \frac{K}{s^0(Ts+1)}$$ 이므로

0형 제어계이다.

40 시스템의 전달함수가 $G(s)H(s) = \dfrac{s^2(s+1)(s^2+s+1)}{s^4(s^4+2s^2+2)}$ 같이 표시되는 제어계는 무슨 형인가?

① 1형 제어계 ② 2형 제어계
③ 3형 제어계 ④ 4형 제어계

해설

제어계의 형의 분류는 개루우프 전달함수 $G(s)H(s)$ 의 원점($s=0$)에 있는 극점수로 분류한다.

$$G(s)H(s) = \frac{(s+b_1)(s+b_2)(s+b_3)\cdots}{s^N(s+a_1)(s+a_2)(s+a_3)\cdots} = \frac{s^2(s+1)(s^2+s+1)}{s^4(s^4+2s^2+2)} = \frac{(s+1)(s^2+s+1)}{s^2(s^4+2s^2+2)}$$ 이므로 2형제어계이다.

41 그림과 같은 블록선도로 표시되는 계는 무슨 형인가?

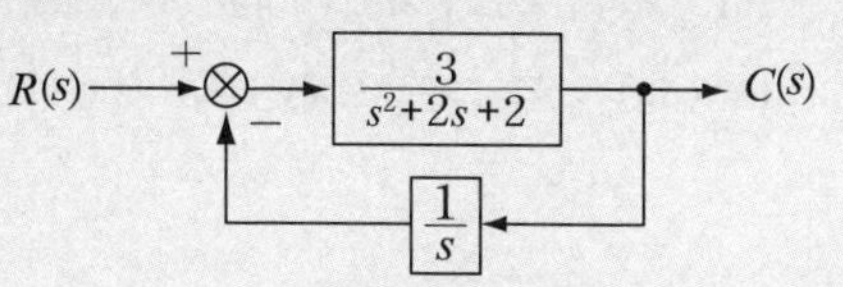

① 0 형 ② 1 형
③ 2 형 ④ 3 형

해설

개루우프 전달함수

$$G(s)H(s) = \frac{3}{s^2+2s+2} \times \frac{1}{s} = \frac{3}{s(s^2+2s+2)}$$

$$G(s)H(s) = \frac{3}{s(s^2+2s+2)} = \frac{(s+b_1)(s+b_2)(s+b_3)\cdots}{s^N(s+a_1)(s+a_2)(s+a_3)\cdots}$$ 이므로

1형 제어계이다.

42 다음 중 위치편차상수로 정의된 것은? (단, 개루프 전달함수는 $G(s)$ 이다.)

① $\lim_{s\to 0} s^3 G(s)$ ② $\lim_{s\to 0} s^2 G(s)$
③ $\lim_{s\to 0} s\, G(s)$ ④ $\lim_{s\to 0} G(s)$

해설

$k_a = \lim_{s\to 0} s^2 G(s)$: 가속도 편차(오차)상수
$k_v = \lim_{s\to 0} s\, G(s)$: 속도 편차(오차)상수
$k_p = \lim_{s\to 0} G(s)$: 위치 편차(오차)상수

43 제어시스템의 정상상태오차에서 포물선함수입력에 의한 정상상태오차를 $K_s = \lim_{s\to 0} s^2 G(s)H(s)$ 로 표현된다. 이 때 K_s를 무엇이라고 부르는가?

① 위치오차상수 ② 속도오차상수
③ 가속도오차상수 ④ 평균오차상수

정답 39 ① 40 ② 41 ② 42 ④ 43 ③

해설

$k_a = \lim_{s\to 0} s^2 G(s)$: 가속도 편차(오차)상수

$k_v = \lim_{s\to 0} s\,G(s)$: 속도 편차(오차)상수

$k_p = \lim_{s\to 0} G(s)$: 위치 편차(오차)상수

44 그림과 같은 제어계에서 단위계단외란 D가 인가되었을 때의 정상편차는?

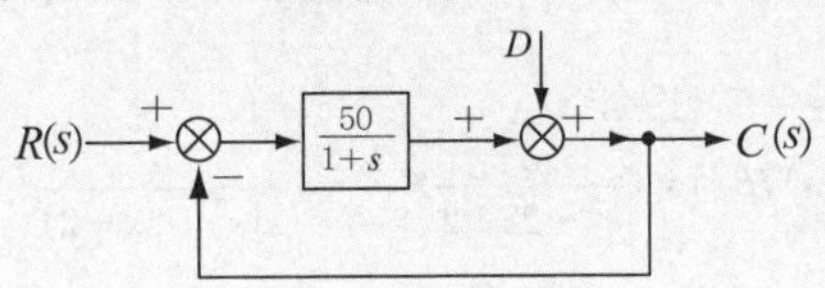

① 50 ② 51
③ 1/50 ④ 1/51

해설

기준입력이 단위계단입력 $D = u(t) = 1$ 인 경우의 정상편차는 정상위치편차 e_{ssp}를 말하므로 블록선도에서 개우프 전달함수는 $G(s) = \dfrac{50}{1+s}$ 이므로

위치편차상수

$$k_p = \lim_{s\to 0} G(s) = \lim_{s\to 0} \frac{50}{1+s} = 50$$

정상위치편차

$$e_{ssp} = \frac{1}{1 + \lim_{s=o} G(s)} = \frac{1}{1+k_p} = \frac{1}{1+50} = \frac{1}{51}$$

45 개루우프 전달함수 $G(s) = \dfrac{1}{s(s^2+5s+6)}$ 인 단위궤환계에서 단위계단입력을 가하였을 때의 잔류편차(off set)는?

① 0 ② 1/6
③ 6 ④ ∞

해설

기준입력이 단위계단입력 $r(t) = u(t) = 1$인 경우의 잔류편차는 정상위치편차 e_{ssp}를 말하므로

위치편차상수

$$k_p = \lim_{s\to 0} G(s) = \lim_{s\to 0} \frac{1}{s(s^2+5s+6)} = \infty$$

정상위치편차

$$e_{ssp} = \frac{1}{1 + \lim_{s=o} G(s)} = \frac{1}{1+k_p} = \frac{1}{1+\infty} = 0$$

46 개회로 전달함수가 다음과 같은 계에서 단위속도입력에 대한 정상 편차는?

$$G(s) = \frac{5}{s(s+1)(s+2)}$$

① 2/5 ② 5/2
③ 0 ④ ∞

해설

기준입력이 단위속도입력 $r(t) = t$ 인 경우의 정상편차는 정상속도편차 e_{ssv}를 말하므로

속도편차상수

$$k_v = \lim_{s\to 0} s\,G(s) = \lim_{s\to 0} s\frac{5}{s(s+1)(s+2)} = \frac{5}{2}$$

정상속도편차

$$e_{ssv} = \frac{1}{\lim_{s=o} s\,G(s)} = \frac{1}{k_v} = \frac{1}{\frac{5}{2}} = \frac{2}{5}$$

47 개루프 전달함수 $G(s)$가 다음과 같이 주어지는 단위피드백 계에서 단위속도입력에 대한 정상편차는?

$$G(s) = \frac{10}{s(s+1)(s+2)}$$

① $\frac{1}{2}$ ② $\frac{1}{3}$
③ $\frac{1}{4}$ ④ $\frac{1}{5}$

해설

기준입력이 단위속도입력 $r(t) = t$ 인 경우의 정상편차는 정상속도편차 e_{ssv}를 말하므로

속도편차상수

$$k_v = \lim_{s\to 0} s\,G(s) = \lim_{s\to 0} s\frac{10}{s(s+1)(s+2)} = 5$$

정상속도편차

$$e_{ssv} = \frac{1}{\lim_{s=o} s\,G(s)} = \frac{1}{k_v} = \frac{1}{5}$$

정답 44 ④ 45 ① 46 ① 47 ④

48 그림과 같이 블록선도로 표시되는 제어계의 속도편차상수 K_v 의 값은?

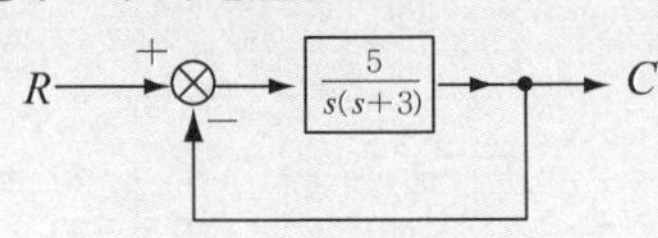

① 0 ② 1/2
③ 5/3 ④ 7/4

해설

블록선도에서 개루우프 전달함수

$$G(s)=\frac{5}{s(s+3)}$$

속도편차상수

$$k_v=\lim_{s\to 0}s\,G(s)=\lim_{s\to 0}s\frac{5}{s(s+3)}=\frac{5}{3}$$

49 개루우프 전달함수 $G(s)$가 다음과 같이 주어지는 단위궤환계가 있다. 단위속도입력에 대한 정상속도편차가 0.025가 되기 위하여서는 K를 얼마로 하면 되는가?

$$G(s)=\frac{4K(1+2s)}{s(1+s)(1+3s)}$$

① 6 ② 8
③ 10 ④ 12

해설

기준입력이 단위속도입력 $r(t)=t$ 인 경우의 정상편차는 정상속도편차 e_{ssv}를 말하므로

속도편차상수

$$k_v=\lim_{s\to 0}s\,G(s)=\lim_{s\to 0}s\frac{4K(1+2s)}{s(1+s)(1+3s)}=4K$$

정상속도편차

$$e_{ssv}=\frac{1}{\lim\limits_{s=o}sG(s)}=\frac{1}{k_v}=\frac{1}{4K}=0.025$$

$$K=\frac{1}{4\times 0.025}=10$$

50 $G_{c1}(s)=K,\ G_{c2}(s)=\dfrac{1+0.1s}{1+0.2s}$, $G_p(s)=\dfrac{200}{s(s+1)(s+2)}$ 인 그림과 같은 제어계에 단위램프입력을 가할 때 정상편차가 0.01이라면 K의 값은?

① 0.1 ② 1
③ 10 ④ 100

해설

기준입력이 단위속도입력 $r(t)=t$ 인 경우의 정상편차는 정상속도편차 e_{ssv}를 말하므로

블록선도에서 개루우프 전달함수

$$G(s)=G_{c1}(s)\,G_{c2}(s)\,G_p(s)$$
$$=K\times\frac{1+0.1s}{1+0.2s}\times\frac{200}{s(s+1)(s+2)}$$
$$=\frac{200K(1+0.1)}{s(s+1)(s+2)(1+0.2s)}$$

속도편차상수

$$k_v=\lim_{s\to 0}s\,G(s)$$
$$=\lim_{s\to 0}s\frac{200K(1+0.1)}{s(s+1)(s+2)(1+0.2s)}=100K$$

정상속도편차

$$e_{ssv}=\frac{1}{\lim\limits_{s=o}sG(s)}=\frac{1}{k_v}=\frac{1}{100K}=0.01$$

$$K=1$$

51 단위램프입력에 대하여 속도편차상수가 유한값을 갖는 제어계는 다음 중 어느 것인가?

① 0 형 ② 1 형
③ 2 형 ④ 3 형

해설

기준입력이 단위램프입력 $r(t)=t$ 인 경우의 속도편차상수 K_v는 1형 일 때 $K_v=k$ 인 유한값을 갖는다.

계통의 형	편차(오차)상수		
	k_p	k_v	k_a
0형	k	0	0
1형	∞	k	0
2형	∞	∞	k

정답 48 ③ 49 ③ 50 ② 51 ②

52 계단오차상수를 K_p 라 할 때 1형 시스템의 계단입력 $u(t)$ 에 대한 정상상태오차 e_{ss}는?

① 1 ② $\frac{1}{K_p}$

③ 0 ④ ∞

해설

기준입력이 단위계단입력
$r(t) = u(t) = 1$ 인 경우의 정상상태오차는
정상위치편차 e_{ssp}를 말하므로 1형 일 때
$e_{ssp} = 0$ 이 된다.

계통의 형	정상편차		
	$e_{ss\ p}$	$e_{ss\ v}$	$e_{ss\ a}$
0형	$\frac{1}{1+k}$	∞	∞
1형	0	$\frac{1}{k}$	∞
2형	0	0	$\frac{1}{k}$

정 답 52 ③

Engineer Electricity

주파수 응답

Chapter 06

SECTION 06

주파수 응답

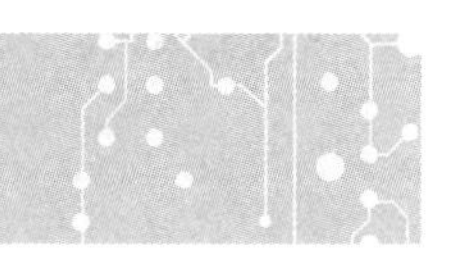

1 주파수 응답

1. 주파수 응답

주파수 응답이란 전달 함수 $G(s)$인 요소에 주파수 $j\omega$의 정현파 입력 $x(t)$을가했을 때, 출력 신호 $y(t)$의 정상치는 입력과 동일한 주파수의 정현파가 되지만 그 진폭은 입력의 $|G(j\omega)|$ 배, 즉 출력과 입력의 진폭비는 $|G(j\omega)|$이고, $\angle G(j\omega)$만큼의 위상차가 있다. $|G(j\omega)|$를 이득(gain)이라 하고$\angle G(j\omega)$를 위상차(phase shift)라 한다.
즉, 복소 진폭비$G(j\omega)$의 주파수 w에 대한 관계는 요소 또는 계의 고유의 신호 전달 특성을 표시하고 있어 이를 주파수 응답이라 한다.
여기서 $G(j\omega)$는 전달 함수 $G(s)$에서 s 대신 $j\omega$을 바꾸어 놓은 것이다. 이 때 $G(j\omega)$를 주파수 전달 함수라고 한다.

(1) 주파수 전달함수 $G(j\omega) = a + jb =$ 실수부 + 허수부

(2) 전달함수의 크기(진폭비)

$$|G(j\omega)| = \sqrt{(\text{실수부})^2 + (\text{허수부})^2} = \sqrt{a^2 + b^2}$$

(3) 전달함수의 위상차

$$\theta = \angle G(j\omega) = \tan^{-1}\frac{\text{허수}}{\text{실수}} = \tan^{-1}\frac{b}{a}$$

(4) $j = 90°$, $\frac{1}{j} = -j = -90°$

예제문제 주파수 응답

1 주파수응답에 필요한 입력은?

① 계단입력 ② 임펄스입력
③ 램프입력 ④ 정현파입력

답 ④

핵심 NOTE

■ 주파수 응답
기준입력 정현파입력

■ 전달함수의 크기(진폭비)
$|G(j\omega)|$
$= \sqrt{(\text{실수부})^2 + (\text{허수부})^2}$
$= \sqrt{a^2 + b^2}$

■ 전달함수의 위상차
$\theta = \angle G(j\omega)$
$= \tan^{-1}\frac{\text{허수}}{\text{실수}} = \tan^{-1}\frac{b}{a}$

예제문제 전달함수

2 전달 함수 $G(j\omega) = \dfrac{1}{1 + j\omega T}$ 의 크기와 위상각을 구한 값은? (단, $T > 0$ 이다.)

① $G(j\omega) = \dfrac{1}{\sqrt{1+\omega^2 T^2}} \angle -\tan^{-1}\omega T$

② $G(j\omega) = \dfrac{1}{\sqrt{1-\omega^2 T^2}} \angle -\tan^{-1}\omega T$

③ $G(j\omega) = \dfrac{1}{\sqrt{1+\omega^2 T^2}} \angle \tan^{-1}\omega T$

④ $G(j\omega) = \dfrac{1}{\sqrt{1-\omega^2 T^2}} \angle \tan^{-1}\omega T$

해설

전달함수의 크기 $|G(j\omega)| = \dfrac{1}{\sqrt{1^2 + (\omega T)^2}} = \dfrac{1}{\sqrt{1^2 + \omega^2 T^2}}$

전달함수의 위상각 $\theta = -\tan^{-1}\dfrac{\omega T}{1} = -\tan^{-1}\omega T$ 가 되므로

$G(j\omega) = \dfrac{1}{\sqrt{1 + \omega^2 T^2}} \angle -\tan^{-1}\omega T$

답 ①

2 벡터궤적(나이퀴스트 선도)

주파수 ω를 0 에서 ∞까지 변화시킬 때 주파수 전달함수 $G(j\omega)$의 크기 $|G(j\omega)|$의 변화와 위상각 θ의 변화를 극좌표에 그린 것을 벡터궤적(나이퀴스트 선도)라 한다.

1. 1차 지연요소의 전달함수 벡터궤적 그리는 방법

$$G(s) = \frac{1}{1 + Ts}$$

(1) $s = j\omega$ 대입

(2) $G(i\omega) = \dfrac{1}{1 + j\omega T}$

(3) 전달함함수 크기 $|G(i\omega)| = \dfrac{1}{\sqrt{1 + (\omega T)^2}}$

(4) 전달함수의 위상 $\theta = -\tan^{-1}\omega T$

(5) $\omega = 0 \Rightarrow |G(j\omega)| = 1$, $\theta = 0°$

(6) $\omega = \infty \Rightarrow |G(j\omega)| = 0$, $\theta = -90°$

(7) 벡터궤적(나이퀴스트 선도)

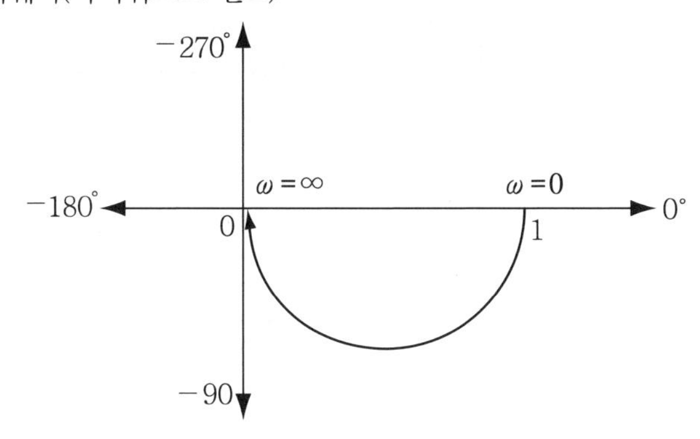

2. 형에 따른 벡터궤적

(1) 0형 제어계

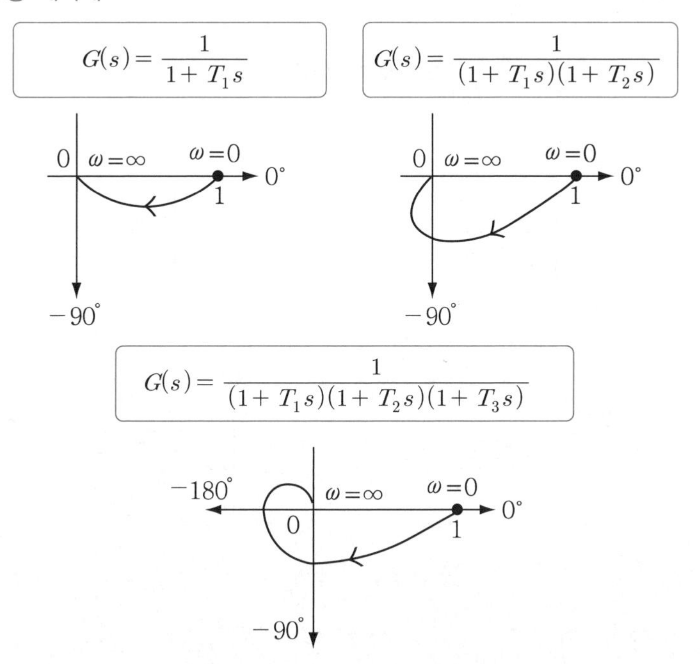

(2) 1형 제어계

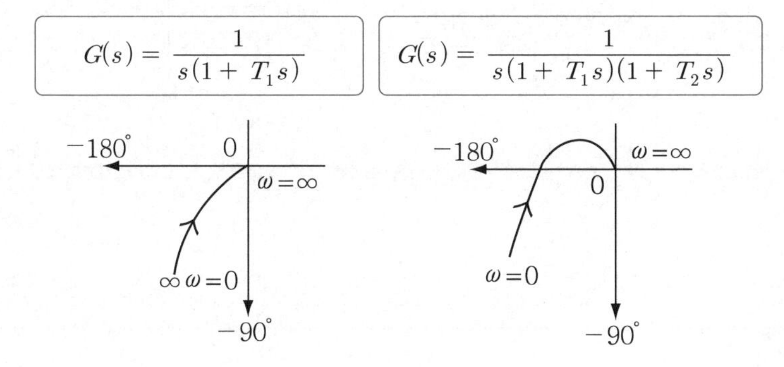

핵심 NOTE

(3) 2형 제어계

$$G(s) = \frac{1}{s^2(1+T_1 s)}$$

$$G(s) = \frac{1}{s^2(1+T_1 s)(1+T_2 s)}$$

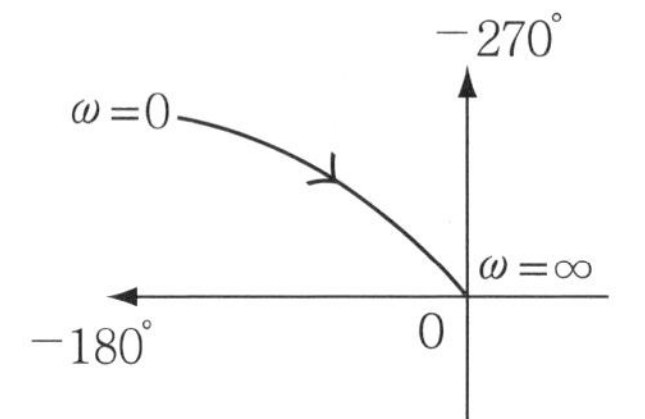

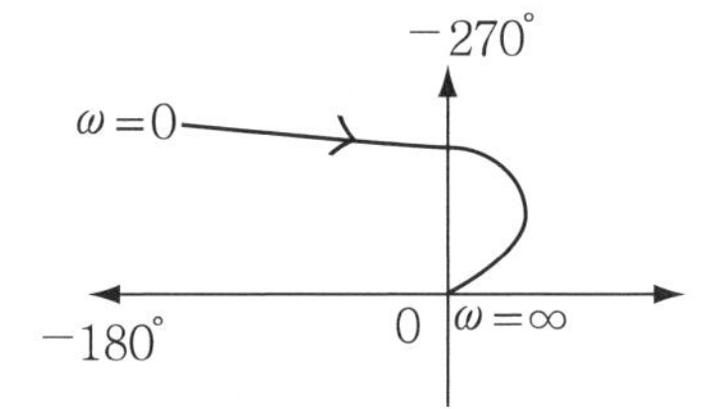

예제문제 벡터궤적

3 $G(s) = \dfrac{K}{s^2(1+Ts)}$ 의 벡터궤적은?

①

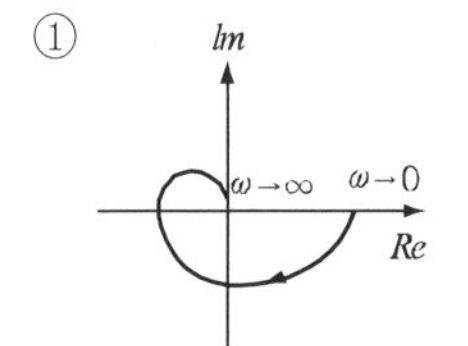

②

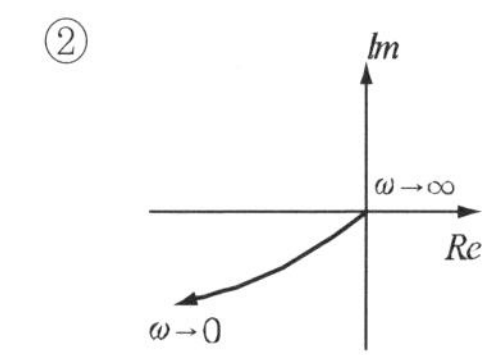

③

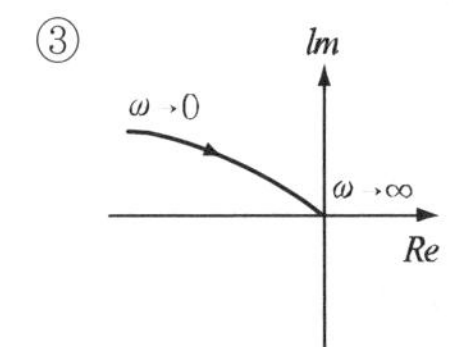

④

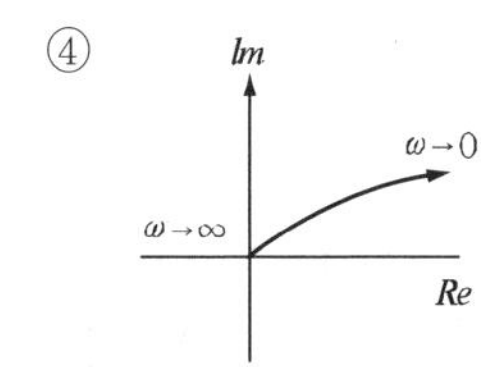

해설

$$G(j\omega) = \frac{K}{(j\omega)^2(1+j\omega T)}$$

① $\omega = 0$ 일 때 크기 및 위상은
$|G(j0)| = \infty$, $\theta = -180°$

② $\omega = \infty$ 일 때 크기 및 위상은
$|G(j\infty)| = 0$, $\theta = -270°$

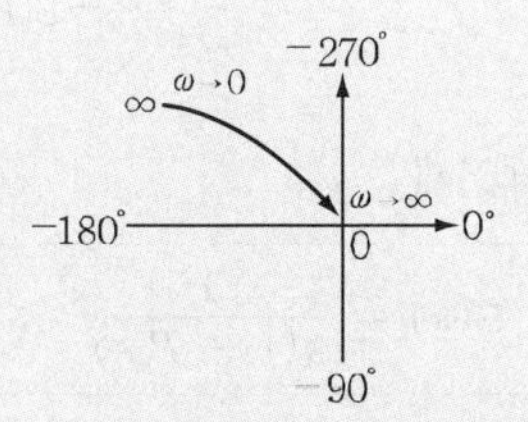

답 ③

핵심 NOTE

3 보오드 선도

보오드 선도는 이득 $|G(j\omega)|$ 와 위상각 $\angle G(j\omega)$ 로 나누어 각각 주파수 ω 의 함수로 표시한 것이다. 즉, 보드 선도는 횡축에 주파수 ω 를 대수 눈금으로 취하고 종축에 이득 $|G(j\omega)|$ 의 데시벨 값, 혹은 위상각을 취하여 표시한 이득 곡선과 위상 곡선으로 구성된다.

1. 이득 및 위상

(1) 전달함수 $G(s) = G(j\omega)$

(2) 이득 $g = 20\log_{10}|G(i\omega)|$ [dB]

(3) 위상 $\theta = \angle G(j\omega)$

2. 이득 변화 및 위상변화

이득공식 $g = 20\log|G(j\omega)|$ 을 이용하여 이득을 구한후 ω 값을 0.1, 1, 10의 값을 대입하여 나온 식을 통해 기울기(변화)를 구하면 된다.

(1)

$$G(s) = s^n = (j\omega)^n$$

① 이득변화 $g = 20n$[dB/dec]

② 위상변화 $\theta = 90°n$

(2)

$$G(s) = \frac{1}{s^n} = s^{-n} = (j\omega)^{-n}$$

① 이득변화 $g = -20n$[dB/dec]

② 위상변화 $\theta = -90°n$

3. 절점주파수

전달함수의 실수부와 허수부가 같아지는 ω[rad/sec]를 구한다.

■ 이득 및 위상

이득 $g = 20\log_{10}|G(i\omega)|$ [dB]

위상 $\theta = \angle G(j\omega)$

■ 이득변화 및 위상변화

- $G(s) = s^n = (j\omega)^n$

  이득변화 $g = 20n$[dB/dec]

  위상변화 $\theta = 90°n$

- $G(s) = \frac{1}{s^n} = s^{-n} = (j\omega)^{-n}$

  이득변화 $g = -20n$[dB/dec]

  위상변화 $\theta = -90°n$

■ 절점주파수

전달함수의 실수부와 허수부가 같아지는 ω[rad/sec]

예제문제 이득 및 위상

4 $G(s) = \frac{1}{1+10s}$ **인 1차지연요소의 G[dB] 는?**
(단, $\omega = 0.1$ [rad/sec] 이다.)

① 약 3 ② 약 -3
③ 약 10 ④ 약 20

해설

$G(j\omega) = \left.\frac{1}{1+10j\omega}\right|_{\omega=0.1} = \frac{1}{1+j1}$

전달함수의 크기 $|G(j\omega)| = \frac{1}{\sqrt{1^2+1^2}} = \frac{1}{\sqrt{2}}$

이득 $g = 20\log_{10}|G(j\omega)| = 20\log_{10}\frac{1}{\sqrt{2}} = -3$ [dB]

답 ②

핵심 NOTE

예제문제 이득 및 위상변화

5 $G(j\omega)=\dfrac{1}{1+j\omega T}$ 인 제어계에서 절점주파수일 때의 이득[dB]은?

① 약 -1　　② 약 -2
③ 약 -3　　④ 약 -4

해설

주파수 전달함수 $G(i\omega)=\dfrac{1}{1+j\omega T}$ 에서 $1=\omega T$식에서 $\omega=\dfrac{1}{T}$[rad/sec]가 된다.

절점주파수에서의 전달함수 $G(i\omega)=\left.\dfrac{1}{1+j\omega T}\right|_{\omega=\frac{1}{T}}=\dfrac{1}{1+j1}$

전달함수의 크기 $|G(j\omega)|=\dfrac{1}{\sqrt{1^2+1^2}}=\dfrac{1}{\sqrt{2}}$

이득 $g=20\log_{10}|G(j\omega)|=20\log_{10}\dfrac{1}{\sqrt{2}}=-3$ [dB]

답 ③

예제문제 이득 및 위상변화

6 $G(j\omega)=K(j\omega)^2$ 의 보드선도는?

① -40[dB/dec]의 경사를 가지며 위상각 $-180°$
② 40[dB/dec]의 경사를 가지며 위상각 $180°$
③ -20[dB/dec]의 경사를 가지며 위상각 $-90°$
④ 20[dB/dec]의 경사를 가지며 위상각 $90°$

해설

$G(j\omega)=K(j\omega)^2$ 전달함수의 크기 $|G(j\omega)|=K\omega^2$

이득 $g=20\log_{10}|G(j\omega)|=20\log_{10}K\omega^2=20\log_{10}K+20\log_{10}\omega^2$ [dB]

$\omega=0.1$ 일 때 $g=20\log_{10}K+20\log_{10}0.1^2=20\log_{10}K-40$ [dB]

$\omega=1$ 일 때 $g=20\log_{10}K+20\log_{10}1^2=20\log_{10}K$ [dB]

$\omega=10$ 일 때 $g=20\log_{10}K+20\log_{10}10^2=20\log_{10}K+40$ [dB]이므로

40 [dB/dec] 의 경사도를 가지며 위상각 $\theta=\angle G(i\omega)=180°$

답 ②

SECTION 06

출제예상문제

01 $G(j\omega)=\dfrac{1}{1+j2T}$ 이고 $T=2[\sec]$ 일 때 크기 $|G(j\omega)|$ 와 위상 $\angle G(j\omega)$ 는 각각 얼마인가?

① $0.44,\ \angle-36°$ ② $0.44,\ \angle 36°$
③ $0.24,\ \angle-76°$ ④ $0.24,\ \angle 76°$

해설

$$G(j\omega)=\left.\frac{1}{1+j2T}\right|_{T=2}=\frac{1}{1+j4}$$

전달함수의 크기

$$|G(j\omega)|=\frac{1}{\sqrt{1^2+4^2}}=0.24$$

전달함수의 위상각 $\theta=-\tan^{-1}\dfrac{4}{1}=-76°$가 되므로

$G(j\omega)=0.24\angle-76°$

02 전달함수 $G(s)=\dfrac{20}{3+2s}$ 을 갖는 요소가 있다. 이 요소에 $\omega=2$ 인 정현파를 주었을 때 $|G(j\omega)|$를 구하면?

① $|G(j\omega)|=8$
② $|G(j\omega)|=6$
③ $|G(j\omega)|=2$
④ $|G(j\omega)|=4$

해설

$$G(j\omega)=\left.\frac{20}{3+2j\omega}\right|_{\omega=2}=\frac{20}{3+j4}$$

전달함수의 크기 $|G(j\omega)|=\dfrac{20}{\sqrt{3^2+4^2}}=4$

03 1차지연요소의 벡터궤적은?

①
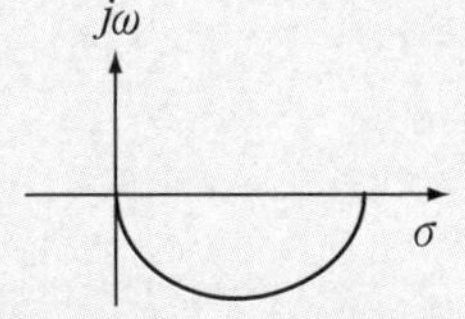

②
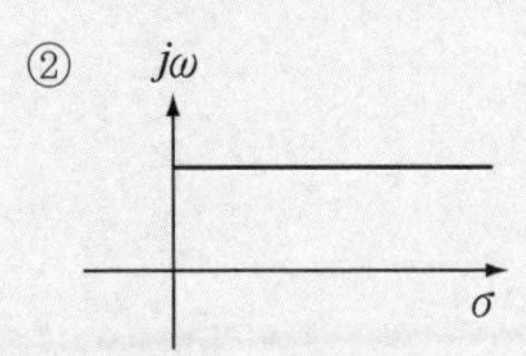

③
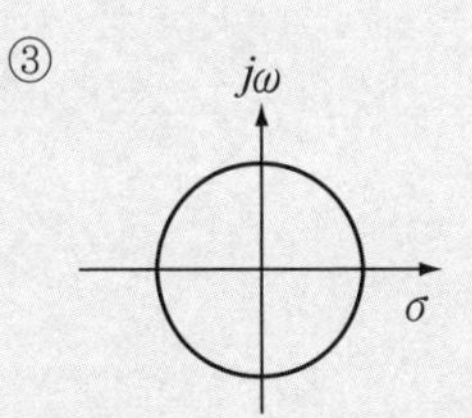

④
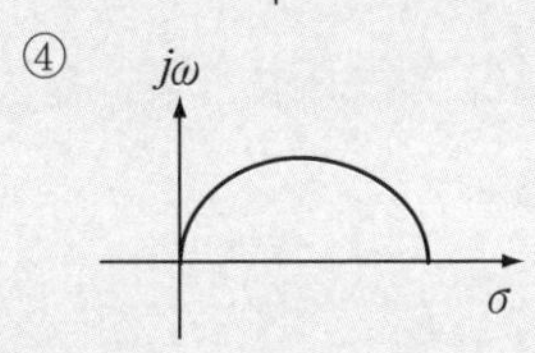

해설

1차 지연요소의 전달함수

$$G(i\omega)=\left.\frac{1}{1+Ts}\right|_{s=j\omega}\ G(j\omega)=\frac{1}{1+j\omega T}$$

전달함함수 크기 $|G(i\omega)|=\dfrac{1}{\sqrt{1+(\omega T)^2}}$

전달함수의 위상 $\theta=-\tan^{-1}\omega T$

$\omega=0 \Rightarrow |G(j\omega)|=1,\ \theta=0°$

$\omega=\infty \Rightarrow |G(j\omega)|=0,\ \theta=-90°$

위의 조건으로 나이퀴스트 선도를 그리면

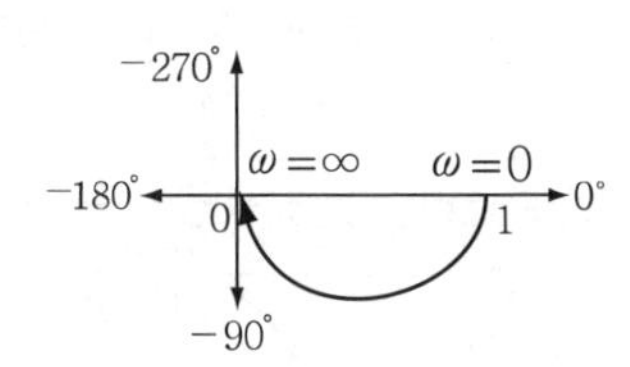

정답 01 ③ 02 ④ 03 ①

04 $G(s)=\dfrac{K}{s(1+Ts)}$ 의 벡터궤적은?

①

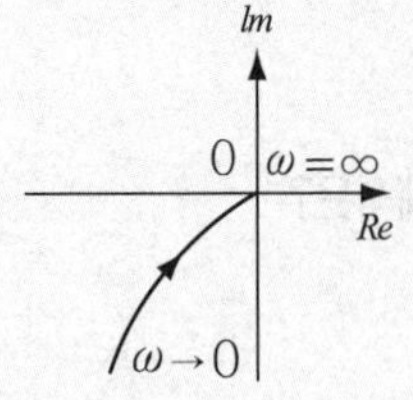

②

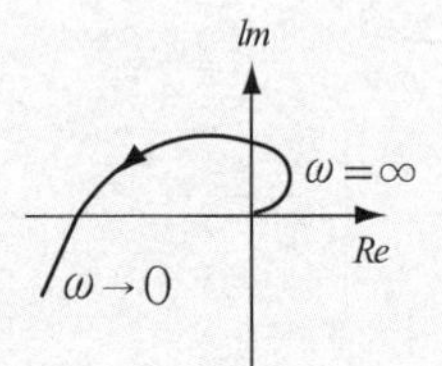

③

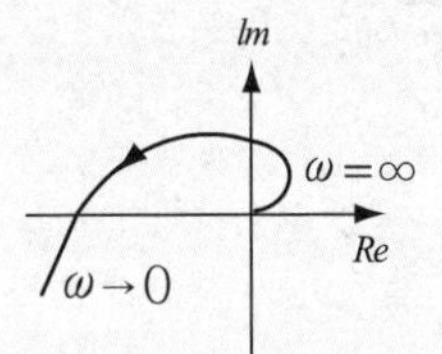

④

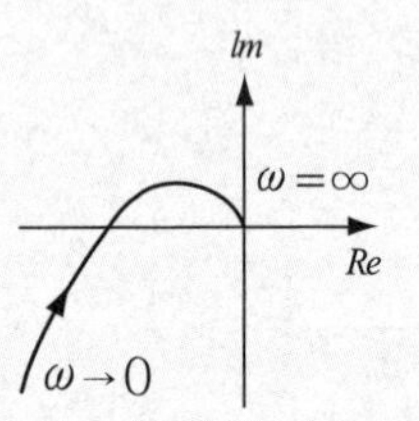

해설

전달함수 $G(j\omega)=\dfrac{K}{j\omega(j\omega+1)}$ 에서

크기 및 위상은 $|G(j\omega)|=\dfrac{K}{\omega\sqrt{\omega^2+1}}$,

$\theta=\angle G(j\omega)=-90°-\tan^{-1}\omega$

$\omega\rightarrow 0$일 때

이득 $|G(j\omega)|=\infty$, 위상 $\theta=-90°$

$\omega\rightarrow\infty$ 일 때

이득 $|G(j\omega)|=0$, 위상 $\theta=-180°$

위의 조건으로 나이퀴스트 선도를 그리면 된다.

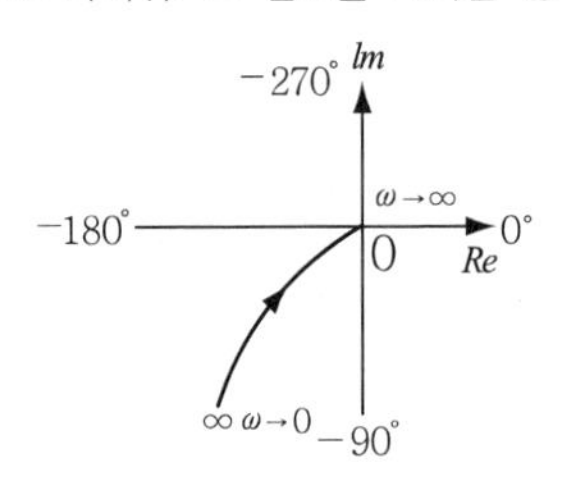

05 $G(s)=\dfrac{K}{s(1+T_1s)(1+T_2s)}$ 의 벡터궤적은?

①

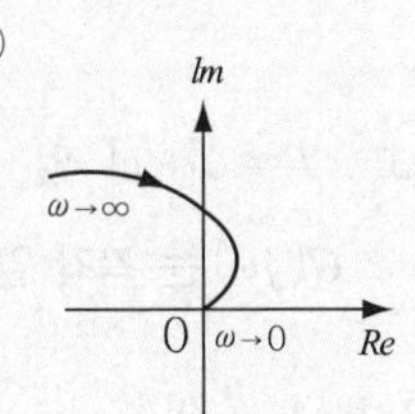

②

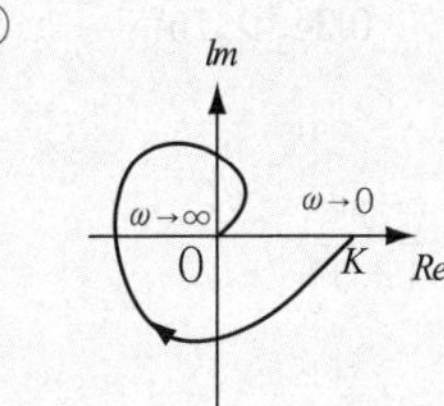

③

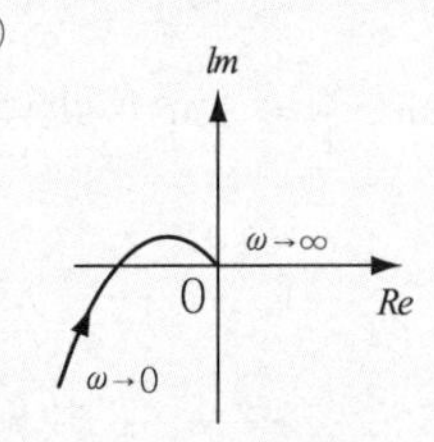

④

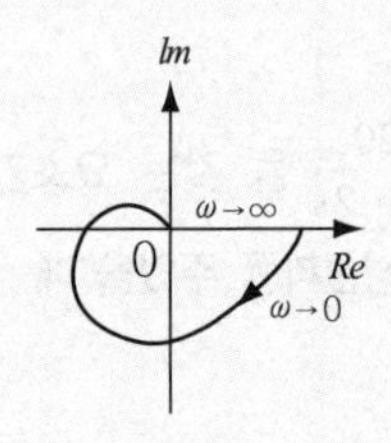

해설

$G(j\omega)=\dfrac{K}{j\omega(1+j\omega T_1)(1+j\omega T_2)}$

① $\omega=0$ 일 때 크기 및 위상은

$|G(j\omega)|=\infty$, $\theta=-90°$

② $\omega=\infty$ 일 때 크기 및 위상은

$|G(j\omega)|=0$, $\theta=-270°$

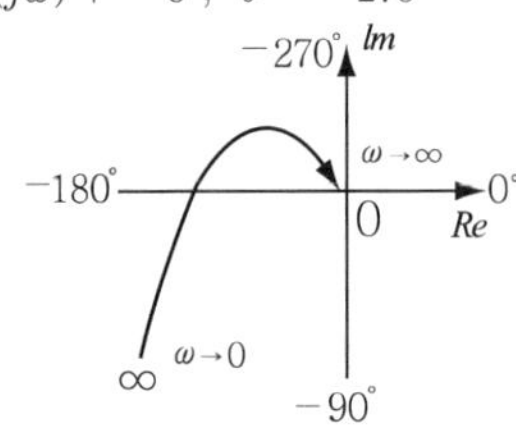

정답 04 ① 05 ③

06 그림과 같은 궤적을 갖는 계의 주파수 전달함수는?

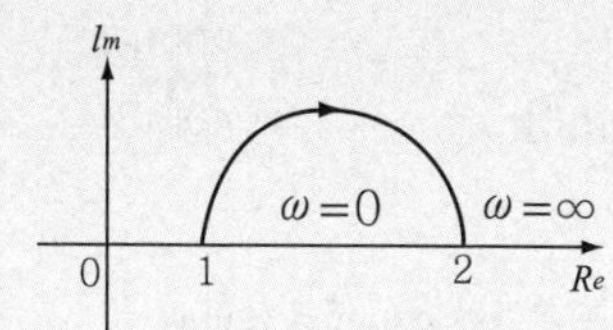

① $\frac{1}{jw+1}$　② $\frac{1}{j2w+1}$

③ $\frac{jw+1}{j2w+1}$　④ $\frac{j2w+1}{jw+1}$

해설

전달함수 $G(j\omega)=\frac{1+j\omega T_2}{1+j\omega T_1}$에서

$\omega=0$에서 $|G(j\omega)|=1$

$\omega=\infty$에서 $|G(j\omega)|=\frac{T_2}{T_1}=2$,

$T_2=2T_1$ 를 가지므로 $G(j\omega)=\frac{1+j2\omega}{1+j\omega}$

07 $G(s)=\frac{1+T_2 s}{1+T_1 s}$의 벡터궤적은? (단, $T_2>T_1>0$ 이다.)

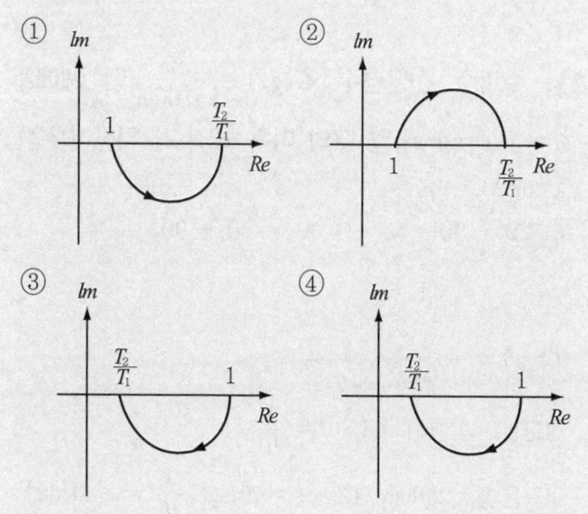

해설

전달함수 $G(j\omega)=\frac{1+j\omega T_2}{1+j\omega T_1}$에서

$\omega=0$에서 $|G(j\omega)|=1$

$\omega=\infty$에서 $|G(j\omega)|=\frac{T_2}{T_1}$이며

$T_2>T_1>0$ 이므로

위상각은 + 값이 ②번이 된다.

08 벡터궤적이 그림과 같이 표시되는 요소는?

① 비례요소
② 1차지연요소
③ 부동작요소
④ 2차지연요소

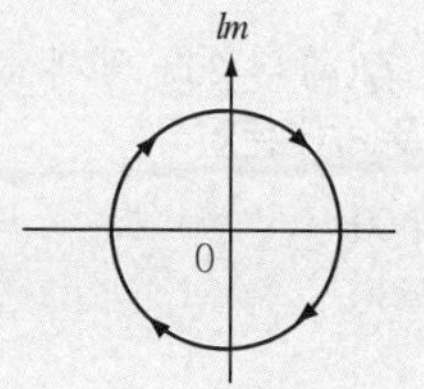

해설

부동작 시간요소의 전달함수 $G(s)=e^{-Ls}$는

$G(j\omega)=e^{-j\omega L}=\cos\omega L-j\sin\omega L$ 이므로

전달함수의 크기 $|G(j\omega)|=\sqrt{\cos^2\omega L+\sin^2\omega L}=1$

위상각 $\theta=\angle G(j\omega)=-\tan^{-1}\frac{\sin\omega L}{\cos\omega L}=-\omega L$

크기는 1이며, ω의 증가에 따라 벡터궤적 $G(j\omega)$는 원주상을 시계방향으로 회전한다.

09 $G(j\omega)=5j\omega$ 이고, $\omega=0.02$ 일 때 이득[dB] 은?

① 20　② 10

③ −20　④ −10

해설

$G(j\omega)=5j\omega|_{\omega=0.02}=j0.1$

전달함수의 크기 $|G(j\omega)|=0.1$

이득은 $g=20\log_{10}|G(j\omega)|=20\log_{10}0.1=-20$ [dB]

정답　06 ④　07 ②　08 ③　09 ③

10 $G(j\omega) = j0.1\omega$ 에서 $\omega = 0.1[\text{rad/s}]$ 일 때 계의 이득[dB] 은?

① − 100 ② − 80
③ − 60 ④ − 40

해설

$G(j\omega) = j0.1\omega|_{\omega=0.1} = j0.01$
전달함수의 크기 $|G(j\omega)| = 0.01$
이득은 $g = 20\log_{10}|G(j\omega)| = 20\log_{10}0.01 = -40\,[\text{dB}]$

11 $G(s) = 20s$ 에서 $\omega = 5[\text{rad/sec}]$ 일 때 이득[dB] 은?

① 60 ② 40
③ 30 ④ 20

해설

$G(j\omega) = 20\,j\omega|_{\omega=5} = j100$
전달함수의 크기 $|G(j\omega)| = 100$
이득은 $g = 20\log_{10}|G(j\omega)| = 20\log_{10}100 = 40\,[\text{dB}]$

12 $G(s) = \dfrac{1}{s(s+10)}$ 인 선형제어계에서 $\omega = 0.1$ 일 때 주파수 전달함수의 이득은?

① −20[dB] ② 0[dB]
③ 20[dB] ④ 40[dB]

해설

$G(j\omega) = \left.\dfrac{1}{j\omega(10+j\omega)}\right|_{\omega=0.1} = \dfrac{1}{j0.1(10+j0.1)}$
전달함수의 크기 $|G(j\omega)| = \dfrac{1}{0.1\sqrt{10^2+0.1^2}} = 1$
이득은 $g = 20\log_{10}|G(j\omega)| = 20\log_{10}1 = 0\,[\text{dB}]$

13 $G(s) = e^{-LS}$ 에서 $\omega = 100[\text{rad/sec}]$ 일 때 이득[dB]은?

① 0[dB] ② 20[dB]
③ − 20[dB] ④ 40[dB]

해설

$G(j\omega) = e^{-j\omega L} = \cos\omega L - j\sin\omega L$
전달함수의 크기 $|G(j\omega)| = \sqrt{\cos^2\omega L + \sin^2\omega L} = 1$
이득은 $g = 20\log_{10}|G(j\omega)| = 20\log_{10}1 = 0\,[\text{dB}]$

14 전달함수 $G(s) = \dfrac{10}{s^2+3s+2}$ 으로 표시되는 제어 계통에서 직류 이득은 얼마인가?

① 1 ② 2
③ 3 ④ 5

해설

직류이득은 주파수 $f = 0$ 인 경우의 이득이며 주파수가 0 이면 $s = j\omega = j2\pi f = 0$ 인 경우이므로
$\therefore\ G(j\omega) = \dfrac{10}{2} = 5$

15 주파수 전달함수 $G(j\omega) = \dfrac{1}{j100\omega}$ 인 계에서 $\omega = 0.1[\text{rad/s}]$ 일 때의 이득 [dB] 과 위상각은?

① $-20, -90^\circ$ ② $-40, -90^\circ$
③ $20, -90^\circ$ ④ $40, -90^\circ$

해설

$G(j\omega) = \left.\dfrac{1}{j100\omega)}\right|_{\omega=0.1} = \dfrac{1}{j10}$
전달함수의 크기 $|G(j\omega)| = \dfrac{1}{10}$
이득은 $g = 20\log_{10}|G(j\omega)| = 20\log_{10}\dfrac{1}{10} = -20\,[\text{dB}]$
위상각 $\theta = \angle G(i\omega) = -90°$

정답 10 ④ 11 ② 12 ② 13 ① 14 ④ 15 ①

16 $G(s) = s$ 의 보드선도는?

① 20[dB/dec]의 경사를 가지며 위상각 90°
② −20[dB/dec]의 경사를 가지며 위상각−90°
③ 40[dB/dec]의 경사를 가지며 위상각 180°
④ −40[dB/dec]의 경사를 가지며 위상각 −180°

해설

$G(j\omega) = j\omega$
전달함수의 크기 $|G(j\omega)| = \omega$
이득은 $g = 20\log_{10}|G(j\omega)| = 20\log_{10}\omega$ [dB]
$\omega = 0.1$ 일 때 $g = 20\log_{10}0.1 = -20$ [dB]
$\omega = 1$ 일 때 $g = 20\log_{10}1 = 0$ [dB]
$\omega = 10$ 일 때 $g = 20\log_{10}10 = 20$ [dB]이므로
20 [dB/dec] 의 경사도를 가지며
위상각 $\theta = \angle G(i\omega) = 90°$

17 $G(j\omega) = K(j\omega)^3$ 의 보우드선도는?

① 20[dB/dec]의 경사를 가지며 위상각 90°
② 40[dB/dec]의 경사를 가지며 위상각 −90°
③ 60[dB/dec]의 경사를 가지며 위상각 −90°
④ 60[dB/dec]의 경사를 가지며 위상각 270°

해설

$G(j\omega) = K(j\omega)^3$
전달함수의 크기 $|G(j\omega)| = K\omega^3$
이득은
$g = 20\log_{10}|G(j\omega)| = 20\log_{10}K\omega^3$
$= 20\log_{10}K + 20\log_{10}\omega^3$ [dB]
$\omega = 0.1$ 일 때
$g = 20\log_{10}K + 20\log_{10}0.1^3 = 20\log_{10}K - 60$ [dB]
$\omega = 1$ 일 때
$g = 20\log_{10}K + 20\log_{10}1^3 = 20\log_{10}K$ [dB]
$\omega = 10$ 일 때
$g = 20\log_{10}K + 20\log_{10}10^3 = 20\log_{10}K + 60$ [dB]
이므로 60 [dB/dec] 의 경사도를 가지며
위상각 $\theta = \angle G(i\omega) = 270°$

18 $G(j\omega) = \dfrac{K}{(j\omega)^2}$ 의 보우드선도에서 ω가 클 때의 이득변화 [dB/dec] 와 최대위상각는?

① 20[dB/dec], θ_m = 90°
② −20[dB/dec], θ_m = −90°
③ 40[dB/dec], θ_m = 180°
④ −40[dB/dec], θ_m = −180°

해설

$G(j\omega) = \dfrac{K}{(j\omega)^2}$
전달함수의 크기 $|G(j\omega)| = \dfrac{K}{\omega^2}$
이득은 $g = 20\log_{10}|G(j\omega)| = 20\log_{10}\dfrac{K}{\omega^2}$
$= 20\log_{10}K - 20\log_{10}\omega^2$ [dB]
$\omega = 0.1$ 일 때
$g = 20\log_{10}K - 20\log_{10}0.1^2 = 20\log_{10}K + 40$ [dB]
$\omega = 1$ 일 때
$g = 20\log_{10}K - 20\log_{10}1^2 = 20\log_{10}K$ [dB]
$\omega = 10$ 일 때
$g = 20\log_{10}K - 20\log_{10}10^2 = 20\log_{10}K - 40$ [dB]이므로
−40 [dB/dec] 의 경사도를 가지며
위상각 $\theta = \angle G(i\omega) = -180°$

19 $G(s) = \dfrac{1}{1+5s}$ 일 때 절점에서 절점주파수 ω_0 를 구하면?

① 0.1[rad/s] ② 0.5[rad/s]
③ 0.2[rad/s] ④ 5[rad/s]

해설

주파수 전달함수 $G(i\omega) = \dfrac{1}{1+5j\omega}$
에서 절점주파수 ω 값은 실수부와 허수부가 같아지는
ω이므로 $1 = 5\omega$식에서 $\omega = \dfrac{1}{5} = 0.2$ [rad/sec]가 된다.

정답 16 ① 17 ④ 18 ④ 19 ③

20 $G(j\omega) = 5/j2\omega$에서 이득 [dB]이 0이 되는 각주파수는?

① 0 ② 1
③ 2.5 ④ ∞

해설

전달함수의 크기 $|G(j\omega)| = \frac{5}{2\omega}$

이득은 $g = 20\log_{10}|G(j\omega)| = 20\log_{10}\frac{5}{2\omega} = 0$ [dB]

$\frac{5}{2}\omega = 10^0 = 1$

$\omega = \frac{5}{2} = 2.5$ [rad/sec]

21 $G(j\omega) = 5/j2\omega$ 에서 위상각은?

① 45° ② −180°
③ 0° ④ −90°

해설

위상각 $\theta = \angle G(j\omega) = -90°$

정 답 20 ③ 21 ④

Engineer Electricity

안정도

Chapter 07

SECTION 07

안정도

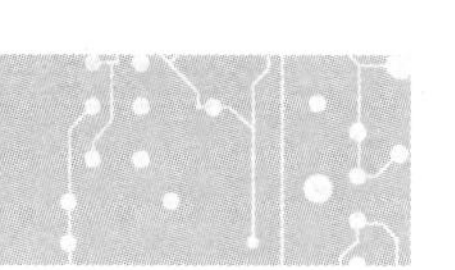

① 안정필요조건

핵심 NOTE

특성방정식이 다음 조건을 만족할 경우 안정할 수 있으며 이 조건을 만족하는 경우에 안정도 판별법을 적용하여 안정 · 불안정 여부를 결정하여 준다.

1. 특성방정식의 모든 차수가 존재하여야 한다.
2. 특성방정식의 부호변화가 없어야 한다.

■ 안정필요조건
- 특성방정식의 모든 차수가 존재하여야 한다.
- 특성방정식의 부호변화가 없어야 한다.

예제문제 안정 필요조건

1 다음 특성방정식 중 안정될 필요조건을 갖춘 것은?

① $s^4+3s^2+10s+10=0$
② $s^3+s^2-5s+10=0$
③ $s^3+2s^2+4s-1=0$
④ $s^3+9s^2+20s+12=0$

해설
①번은 s^3 없고 ②, ③는 부호변화가 있으므로 불안정하다.

답 ④

② 복소평면(s-평면)에 의한 안정판별

복소평면 좌반부(음의 반평면)에 극점 존재시 제어계는 안정하고 우반부(양의 반평면)에 극점 존재하면 불안정하게 된다.

■ 복소평면(s-평면)에 의한 안정판별
복소평면 좌반부(음의 반평면)에 극점 존재시 제어계는 안정하고 우반부(양의 반평면)에 극점 존재하면 불안정하게 된다.

[복소평면]

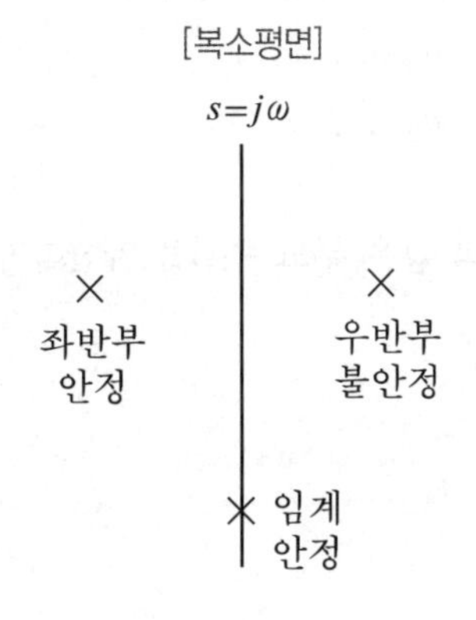

핵심 NOTE

예제문제 안정판별

2 선형계의 안정조건은 특성방정식의 근이 s 평면의 어느 면에만 존재하여야 하는가?

① 상반 평면　　② 하반 평면
③ 좌반 평면　　④ 우반 평면

해설

복소평면(s-평면)에 의한 안정판별
(1) 좌반부(음의 반평면)에 극점 존재시 ⇒ 안정
(2) 우반부(양의 반평면)에 극점 존재시 ⇒ 불안정

답 ③

예제문제 안정판별

3 −1, −5에 극점을, 1과 −2에 영점을 가지는 계가 있다. 이 계의 안정판별은?

① 불안정하다.　　② 임계 상태이다.
③ 안정하다.　　④ 알 수 없다.

해설

극점이 −1, −5로 모두 좌반 평면에 존재하므로 안정하다.

답 ③

3 루드(Routh) 수열에 의한 안정판별

1. 루드(Routh) 수열

특성방정식 = $a_0 s^6 + a_1 s^5 + a_2 s^4 + a_3 s^3 + a_4 s^2 + a_5 s + a_6 = 0$

(1) 1단계 : 특성방정식의 계수를 다음과 같이 두 줄로 나열한다.

$a_0 \quad a_2 \quad a_4 \quad a_6 \quad a_8 \ \cdots\cdots$

$a_1 \quad a_3 \quad a_5 \quad a_7 \quad a_9 \ \cdots\cdots$

(2) 2단계 : 다음 표와 같은 루드 수열을 계산하여 만든다.

s^6	a_0	a_2	a_4	a_6
s^5	a_1	a_3	a_5	0
s^4	$\dfrac{a_1 a_2 - a_0 a_3}{a_1} = A$	$\dfrac{a_1 a_4 - a_0 a_5}{a_1} = B$	$\dfrac{a_1 a_6 - a_0 \times 0}{a_1} = a_6$	0
s^3	$\dfrac{Aa_3 - a_1 B}{A} = C$	$\dfrac{Aa_5 - a_1 a_6}{A} = D$	$\dfrac{A \times 0 - a_1 \times 0}{A} = 0$	0
s^2	$\dfrac{BC - AD}{C} = E$	$\dfrac{Ca_6 - A \times 0}{C} = a_6$	$\dfrac{C \times 0 - A \times 0}{C} = 0$	0
s^1	$\dfrac{ED - Ca_6}{E} = F$	0	0	0
s^0	$\dfrac{Fa_6 - E \times 0}{F} = a_6$	0	0	0

2. 안정판별

(1) 제1열의 부호변화가 없다 ⇒ 안정

(2) 제1열의 부호변화가 있다 ⇒ 불안정

(3) 제1열의 부호변화의 수

⇒ 불안정한 근의 수 ⇒ 복소평면(s-평면) 우반부에 존재하는 근의 수

핵심 NOTE

■ 루드수열에 의한 안정판별
- 제1열의 부호변화가 없다 ⇒ 안정
- 제1열의 부호변화가 있다 ⇒ 불안정
- 제1열의 부호변화의 수 ⇒ 불안정한 근의 수 ⇒ 복소평면(s-평면) 우반부에 존재하는 근의 수

예제문제 루드수열

4 특성방정식이 $s^3 + 2s^2 + 3s + 1 + K = 0$ 일 때 제어계가 안정하기 위한 K 의 범위는?

① $-1 < K < 5$　　② $1 < K < 5$

③ $K > 0$　　④ $K < 0$

해설

루드 수열

s^3	1	3	0
s^2	2	$1+K$	0
s^1	$\dfrac{3\times2 - 1\times(1+K)}{2} = \dfrac{5-K}{2} = A$	$\dfrac{0\times2 - 1\times0}{2} = 0$	0
s^0	$\dfrac{(1+K)\times A - 2\times0}{A} = 1+K$	0	0

제1열의 부호의 변화가 없어야 안정하므로 $A = \dfrac{5-K}{2} > 0,\ 1+K > 0$ 에서

$K > -1$, $K < 5$ 이므로 동시 존재하는 구간은

$\therefore -1 < K < 5$

답 ①

핵심 NOTE

예제문제 루드수열

5 $2s^3+5s^2+3s+1=0$ 으로 주어진 계의 안정도를 판정하고 우반평면 상의 근을 구하면?

① 임계상태이며 허축상에 근이 2개 존재한다.
② 안정하고 우반 평면에 근이 없다.
③ 불안정하며 우반 평면상에 근이 2개이다.
④ 불안정하며 우반 평면상에 근이 1개이다.

해설

루드 수열

s^3	2	3	0
s^2	5	1	0
s^1	$\frac{3\times5-2\times1}{5}=\frac{13}{5}$	$\frac{0\times5-2\times0}{5}=0$	0
s^0	$\frac{1\times\frac{13}{5}-5\times0}{\frac{13}{5}}=1$	0	0

제1열이 2, 5, $\frac{13}{5}$, 1 로 부호변화가 없으므로 안정하고 s 평면 우반 평면에 근이 없다.

답 ②

4 훌비쯔(Hurwitz) 안정 판별법

이 방법은 특성 방정식의 계수로 만들어지는 행렬식에 의하여 판별한다. 모든근이 좌반평면에 존재하려면 훌비쯔 행렬식 $D_k(k=1,2,...,n)$가 모든 k에대하여 정(+)의 값을 가져야 하며 제어계는 안정하다.

$$특성방정식 = a_0 s^6 + a_1 s^5 + a_2 s^4 + a_3 s^3 + a_4 s^2 + a_5 s + a_6 = 0$$

1. 계수를 다음과 같이 두줄로 나열한다.

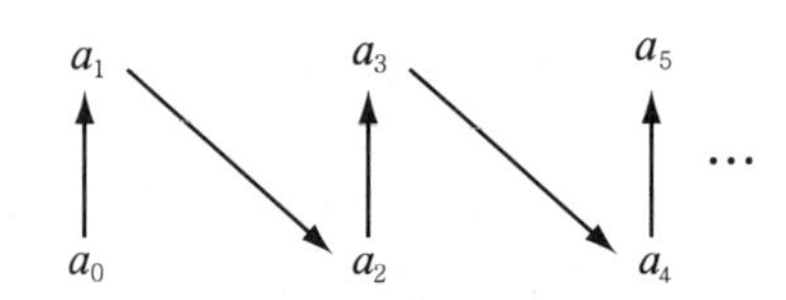

2. 하부에서 상부로 계수가 $a_0 \rightarrow a_1 \rightarrow a_2 \rightarrow a_3 ...$ 의 순서가 되도록 나열한다.

핵심 NOTE

3. 행렬식에서 n보다 크거나 0보다 작은 인덱스는 0으로 대치한다.

$$D_1 = a_1 \qquad D_2 = \begin{vmatrix} a_1 & a_3 \\ a_0 & a_2 \end{vmatrix}$$

$$D_3 = \begin{vmatrix} a_1 & a_3 & a_5 \\ a_o & a_2 & a_4 \\ 0 & a_1 & a_3 \end{vmatrix} \qquad D_4 = \begin{vmatrix} a_1 & a_3 & a_5 & 0 \\ a_0 & a_2 & a_4 & a_6 \\ 0 & a_1 & a_3 & a_5 \\ 0 & a_0 & a_2 & a_4 \end{vmatrix}$$

$$D_5 = \begin{vmatrix} a_1 & a_3 & a_5 & 0 & 0 \\ a_0 & a_2 & a_4 & a_6 & 0 \\ 0 & a_1 & a_3 & a_5 & 0 \\ 0 & a_0 & a_2 & a_4 & a_6 \\ 0 & 0 & a_1 & a_3 & a_5 \end{vmatrix} \qquad D_6 = \begin{vmatrix} a_1 & a_3 & a_5 & 0 & 0 & 0 \\ a_0 & a_2 & a_4 & a_6 & 0 & 0 \\ 0 & a_1 & a_3 & a_5 & 0 & 0 \\ 0 & a_0 & a_2 & a_4 & a_6 & 0 \\ 0 & 0 & a_1 & a_3 & a_5 & 0 \\ 0 & 0 & a_0 & a_2 & a_4 & a_6 \end{vmatrix}$$

$\therefore D_1$, D_2, D_3, D_4, D_5, D_6 값이 모두 정(+)일 때 제어계는 안정하다.

예제문제 훌비쯔(Hurwitz) 안정 판별법

6 특성방정식이 $s^4 + 2s^3 + s^2 + 4s + 2 = 0$ 일 때 이 계의 훌비쯔 방법으로 안정도를 판별하면?

① 불안정
② 안정
③ 임계 안정
④ 조건부 안정

해설

특성방정식을 $a_0 s^4 + a_1 s^3 + a_2 s^2 + a_3 s + a_4 = 0$ 이라 놓으면

$a_0 = 1$, $a_1 = 2$, $a_2 = 1$, $a_3 = 4$, $a_4 = 2$

훌비쯔 행렬식 요소 H_1, H_2, H_3, H_4 라 하면

$$H_1 = |a_1| = |2| = 2$$

$$H_2 = \begin{vmatrix} a_1 & a_3 \\ a_0 & a_2 \end{vmatrix} = \begin{vmatrix} 2 & 4 \\ 1 & 1 \end{vmatrix} = 2 - 4 = -2$$

$$H_3 = \begin{vmatrix} a_1 & a_3 & a_5 \\ a_0 & a_2 & a_4 \\ 0 & a_1 & a_3 \end{vmatrix} = \begin{vmatrix} 2 & 4 & 0 \\ 1 & 1 & 2 \\ 0 & 2 & 4 \end{vmatrix} = 8 - (8 + 16) = -16$$

$$H_4 = \begin{vmatrix} a_1 & a_3 & a_5 & a_7 \\ a_0 & a_2 & a_4 & a_6 \\ 0 & a_1 & a_3 & a_5 \\ 0 & a_0 & a_2 & a_4 \end{vmatrix} = \begin{vmatrix} 2 & 4 & 0 & 0 \\ 1 & 1 & 4 & 0 \\ 0 & 2 & 1 & 0 \\ 0 & 1 & 2 & 4 \end{vmatrix} = 8$$

$\therefore H_2 < 0$, $H_3 < 0$ 이므로 제어계는 불안정이다.
(안정하려면 H_1, H_2, H_3, H_4 가 모두 양의 정수라야 한다.)

답 ①

핵심 NOTE

■ 나이퀴스트선도 안정판별
개루우프 전달함수 $G(s)H(s)$의 나이퀴스트 선도가 시계방향으로 ω가 증가하는 방향으로 따라갈때 $(-1, j0)$점이 나이퀴스트 선도의 왼쪽에 있으면 안정하고 오른쪽에 있으면 불안정

5 나이퀴스트(Nyquist) 선도 안정 판별법

1. 안정성 판별법

자동제어계의 개루우프 전달함수 $G(s)H(s)$의 나이퀴스트 선도가 시계방향으로 ω가 증가하는 방향으로 따라갈 때 $(-1, j0)$점이 나이퀴스트 선도의 왼쪽에 있으면 안정하고 오른쪽에 있으면 불안정하다.

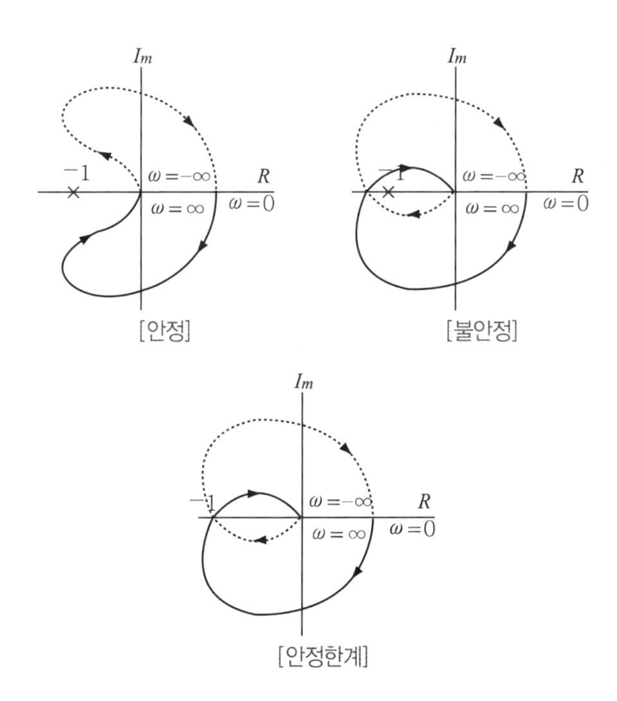

[안정] [불안정]

[안정한계]

2. 나이퀴스트 궤적이 원점을 일주하는 횟수

s 평면의 우반 평면상에 존재하는 영점의 수를 Z, 극점의 수를 P 라 하면 나이퀴스트 궤적이 원점을 일주하는 횟수 $N = Z - P$ [회]가 되면 $N > 0$ 시계방향으로 일주하고 $N < 0$ 으면 반시계방향으로 일주한다.

예제문제 나이퀴스트(Nyquist) 선도 안정 판별법

7 Nyquist의 안정론에서는 벡터 궤적과 점 [X, Y]의 상대적 관계로 안정 판별이 결정되는데 이때 X , Y의 값으로 옳은 것은?

① (1 , j0) ② (−1, j0)
③ (0, j0) ④ (∞ , j0)

해설
자동 제어계(또는 폐회로계)가 안정한지 또는 불안정한지는 $G(s)H(s)$의 벡터궤적은 시계방향으로 ω가 증가하는 방향으로 궤적을 따라갈 때 점 $(-1, j0)$을 왼쪽으로 보게 되면 안정, 오른쪽으로 보게 되면 불안정이라고 말할 수 있다.

답 ②

핵심 NOTE

예제문제 나이퀴스트(Nyquist) 선도 안정 판별법

8 s 평면의 우반면에 3개의 극점이 있고, 2개의 영점이 있다. 이때 다음과 같은 설명 중 어느 나이퀴스트 선도일 때 시스템이 안정한가?

① (−1, j 0) 점을 반 시계방향으로 1번 감쌌다.
② (−1, j 0) 점을 시계방향으로 1번 감쌌다.
③ (−1, j 0) 점을 반 시계방향으로 5번 감쌌다.
④ (−1, j 0) 점을 시계방향으로 5번 감쌌다.

해설

s 평면의 우반 평면상에 존재하는 영점의 수 $Z=2$
s 평면의 우반 평면상에 존재하는 극점의 수 $P=3$ 이므로
나이퀴스트 궤적이 원점을 일주하는 횟수 $N=Z-P=2-3=-1$이 되므로
∴ 반시계 방향으로 1번 감쌌다.

답 ①

3. 이득여유 G.M[dB]

아래그림에 표시된 나이퀴스트 선도가 부의 실수축을 자르는 $GH(j\omega)$의 크기를 $|GH(j\omega)|$일 때 부의 실수축($-180°$)과의 교차점을 위상교차점이라 하며 허수부가 0이 되는 ω를 ω_p라 하면 이득여유는 $G.M=20\log_{10}\frac{1}{|GH(j\omega)|}\Big|_{\omega=\omega_p}$ [dB]이다.

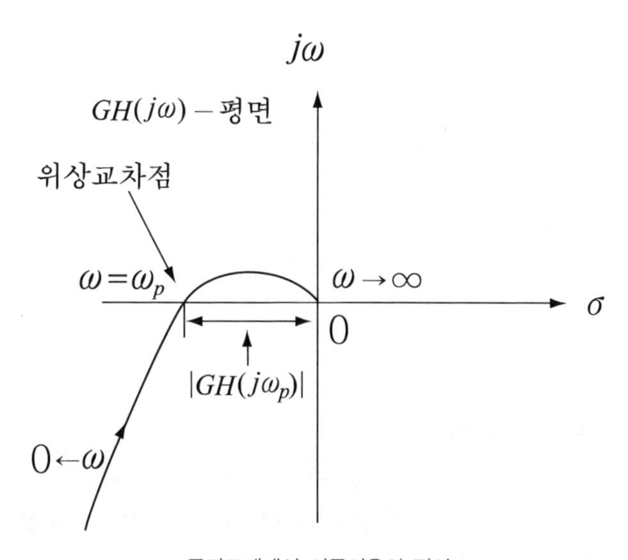

극좌표계에서 이득여유의 정의

■ 이득여유
$G.M=20\log_{10}\frac{1}{|GH(j\omega)|}\Big|_{\omega=\omega_p}$ [dB]
ω_p : 허수부가 0이 되는 ω

핵심 NOTE

예제문제 이득여유

9 $G(s)H(s) = \dfrac{2}{(s+1)(s+2)}$ 의 이득여유 [dB]를 구하면?

① 20　　② − 20
③ 0　　④ ∞

해설
$(s+1)(s+2) = (j\omega+1)(j\omega+2) = 2-\omega^2 + j3\omega$이므로
허수부가 0이되는 $\omega = \omega_p = 0$이므로
$|G(j\omega)H(j\omega)| = \left.\dfrac{2}{(j\omega+1)(j\omega+2)}\right|_{\omega=0} = 1$
이득여유 $\mathrm{GM} = 20\log_{10}\dfrac{1}{|G(j\omega)H(j\omega)|_{\omega=0}} = 20\log_{10}1 = 0\,[\mathrm{dB}]$

답 ③

예제문제 이득여유

10 $G(s)H(s) = \dfrac{K}{s^2+3s+2}$ 인 계의 이득여유가 40[dB] 이면 이 때 K 의 값은?

① −5　　② $\dfrac{1}{50}$
③ −20　　④ $\dfrac{1}{40}$

해설
$s^2+3s+2 = (j\omega)^2 + j3\omega + 2 = 2-\omega^2 + j3\omega$이므로
허수부가 0이되는 $\omega = \omega_p = 0$이므로
$|G(j\omega)H(j\omega)| = \left.\dfrac{K}{(j\omega)^2+3j\omega+2}\right|_{\omega=0} = \dfrac{K}{2}$
이득여유 $\mathrm{GM} = 20\log_{10}\dfrac{1}{|G(j\omega)H(j\omega)|_{\omega=0}} = 20\log_{10}\dfrac{2}{K} = 40\,[\mathrm{dB}]$
$\dfrac{2}{K} = 10^2 = 100$, $K = \dfrac{1}{50}$

답 ②

4. 위상여유(phase margin)

위상여유란 나이퀴스트 선도가 (−1, j0)점을 지나는 단위원과의 교차점을 이득교차점이라 하며 원점에 대하여 $GH(j\omega)$ 선도를 회전시킨다고 할 때 회전한 각도로 정의한다.

위상여유 $(PM) = \angle\, GH(j\omega_g) - 180^\circ$

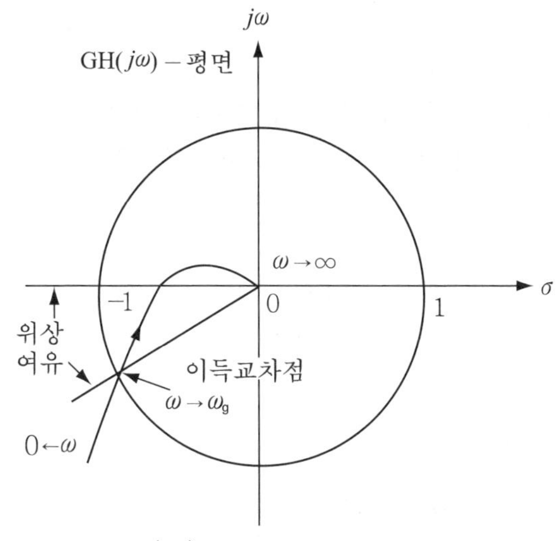

$GH(j\omega)$ 평면에서 정의한 위상여유

5. 보드도면에서 이득여유와 위상여유의 결정

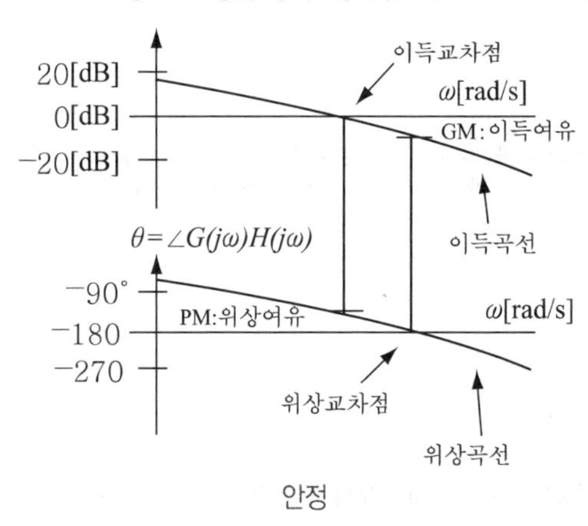

안정

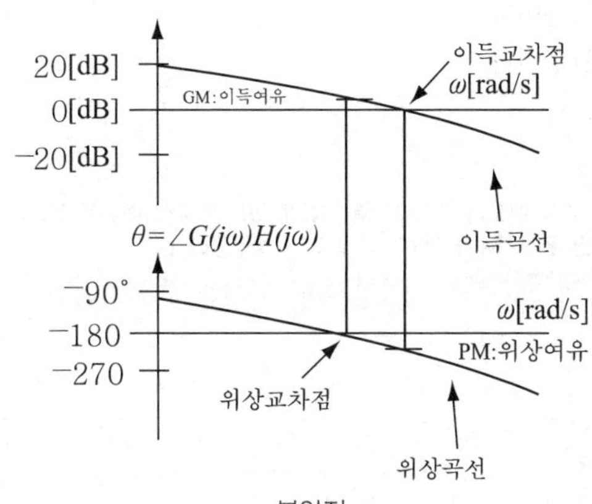

불안정

핵심 NOTE

(1) 위상교차점(-180°)에서의 $GH(j\omega)$ 의 이득값을 이득여유라 하며 크기가 dB로 음수 이면 이득여유는 양수이고 계는 안정하다. 즉 이득여유은 0 dB축 아래쪽 에서 측정된다. 이득여유를 0 dB축 위쪽에서 얻게되면 이득여유가 음수이고 계는 불안정하다.

(2) 이득교차점(0[dB])에서 $GH(j\omega)$ 의 위상을 위상여유라 하며 $-180°$ 보다 더 크면 위상여유가 양수이고 계는 안정하다. 즉 위상여유는 $-180°$축 위쪽에서 구해진다. $-180°$아래에서 위상여유가 구해지면 위상여유는 음수이고 계는 불안정이다.

예제문제 보드선도

11 다음 ( ) 안에 알맞은 것은?

"계의 이득 여유는 보드 선도에서 위상곡선이 (   )의 점에서의 이득값이 된다."

① $90°$
② $120°$
③ $-90°$
④ $-180°$

해설
보드 선도에서 이득 곡선이 0[dB]인 점을 지날 때의 주파수에서 양의 위상 여유가 생기고 위상 곡선이 $-180°$를 지날 때 양의 이득 여유가 생긴다.

답 ④

예제문제 보드선도

12 보드 선도의 이득 교차점에서 위상각 선도가 $-180°$ 축의 상부에 있을 때 이 계의 안정 여부는?

① 불안정하다.
② 판정 불능이다.
③ 임계 안정이다.
④ 안정하다.

해설
보드 선도에서 위상 선도가 $-180°$ 축 위쪽에 있으면 위상 여유가 0보다 크며 안정 아래쪽에 있으면 위상여유가 0보다 작게 되어 불안정하다.

답 ④

출제예상문제

01 특성방정식이 $s^5+4s^4-3s^3+2s^2+6s+K=0$ 으로 주어진 제어계의 안정성은?

① $K=-2$ ② 절대 불안정
③ $K=-3$ ④ $K>0$

해설
특성방정식의 부호의 변화가 있으므로 불안정하므로 안정한 값은 없다.

02 특성방정식이 $Ks^3+2s^2-s+5=0$ 인 제어계가 안정하기 위한 K 의 값을 구하면?

① $K<0$ ② $K<-\frac{2}{5}$
③ $K>\frac{2}{5}$ ④ 안정한 값이 없다.

해설
특성방정식의 부호의 변화가 있으므로 불안정하므로 안정한 값은 없다.

03 특성방정식의 근이 모두 복소 s 평면의 좌반부에 있으면 이 계의 안정 여부는?

① 조건부 안정 ② 불안정
③ 임계 안정 ④ 안정

해설
복소평면(s-평면)에 의한 안정판별
(1) 좌반부(음의 반평면)에 극점 존재시 ⇒ 안정
(2) 우반부(양의 반평면)에 극점 존재시 ⇒ 불안정

04 루우스(Routh) 판정법에서 제1열의 전 원소가 어떠한 경우일 때 불안정한가?

① 전 원소의 부호의 변화가 있어야 한다
② 전 원소의 부호가 정이어야 한다
③ 전 원소의 부호의 변화가 없어야 한다
④ 전 원소의 부호가 부이어야 한다

해설
루드 수열 안정판별
(1) 제1열의 부호변화가 없다 ⇒ 안정
(2) 제1열의 부호변화가 있다 ⇒ 불안정
(3) 제1열의 부호변화의 수
⇒ 불안정한 근의 수
⇒ s-평면 우반부에 존재하는 근의 수

05 루우드- 후르비쯔 표를 작성할 때 제1열 요소의 부호변환은 무엇을 의미하는가?

① s - 평면의 좌반면에 존재하는 근의 수
② s - 평면의 우반면에 존재하는 근의 수
③ s - 평면의 허수축에 존재하는 근의 수
④ s - 평면의 원점에 존재하는 근의 수

해설
루우드 수열 안정판별
(1) 제1열의 부호변화가 없다 ⇒ 안정
(2) 제1열의 부호변화가 있다 ⇒ 불안정
(3) 제1열의 부호변화의 수
⇒ 불안정한 근의 수
⇒ s-평면 우반부에 존재하는 근의 수

06 특성방정식 $s^3+s^2+s=0$ 일 때 이 계통은?

① 안정하다. ② 불안정하다.
③ 조건부 안정이다. ④ 임계상태이다.

정답 01 ② 02 ④ 03 ④ 04 ① 05 ② 06 ④

해설

루드 수열

s^3	1	1	0
s^2	1	0	0
s^1	$\frac{1\times1-1\times0}{1}=1$	$\frac{0\times1-1\times0}{1}=0$	0
s^0	$\frac{0\times1-1\times0}{1}=0$	0	0

제1열의 부호가 변하지 않았으나 0이 있으므로 임계 상태이다.

07 특성방정식이 $s^3+2s^2+3s+4=0$일 때 이 계통은?

① 안정하다. ② 불안정하다.
③ 조건부 안정 ④ 알 수 없다.

해설

루드 수열

s^3	1	3	0
s^2	2	4	0
s^1	$\frac{3\times2-1\times4}{2}=1$	$\frac{0\times2-1\times0}{2}=0$	0
s^0	$\frac{4\times1-2\times0}{1}=4$	0	0

제1열의 부호 변화가 없으므로 안정하다.

08 s^3+s^2-s+1에서 안정근은 몇 개인가?

① 0 개 ② 1 개
③ 2 개 ④ 3 개

해설

루드 수열

s^3	1	-1	0
s^2	1	1	0
s^1	$\frac{-1\times1-1\times1}{1}=-2$	$\frac{0\times1-1\times0}{1}=0$	0
s^0	$\frac{1\times-2-1\times0}{-2}=1$	0	0

제1열에 부호가 2번 변화하였으므로 불안정 근이 두 개 존재하고 안정근은 1 개가 존재한다.

09 특성방정식이 $s^3+s^2+s+1=0$일 때 이 계통은?

① 안정하다. ② 불안정하다.
③ 임계상태이다. ④ 조건부 안정이다.

해설

루드 수열

s^3	1	1	0
s^2	1	1	0
s^1	$\frac{1\times1-1\times1}{1}=0$	$\frac{0\times1-1\times0}{1}=0$	0
s^0			

제1열의 0이 있으므로 임계 상태이다.

10 불안정한 제어계의 특성방정식은?

① $s^3+7s^2+14s+8=0$
② $s^3+2s^2+3s+6=0$
③ $s^3+5s^2+11s+15=0$
④ $s^3+2s^2+2s+2=0$

해설

②번의 루드 수열은

s^3	1	3	0
s^2	2	6	0
s^1	$\frac{3\times2-1\times6}{2}=0$	$\frac{0\times2-1\times0}{2}=0$	0
s^0			

제1열의 0이 있으므로 불안정한 제어계가 된다.

11 특성방정식 $s^3-4s^2-5s+6=0$로 주어지는 계는 안정한가? 또 불안정한가? 또 우반 평면에 근을 몇 개 가지는가?

① 안정하다. 0개 ② 불안정하다. 1개
③ 불안정하다. 2개 ④ 임계 상태이다. 0개

정답 07 ① 08 ② 09 ③ 10 ② 11 ③

해설

루드 수열

s^3	1	-5	0
s^2	-4	6	0
s^1	$\dfrac{(-5)\times(-4)-1\times6}{-4}=-3.5$	$\dfrac{0\times(-4)-1\times0}{-4}=0$	0
s^0	$\dfrac{6\times(-3.5)-(-4)\times0}{-3.5}=6$	0	0

제1열의 부호의 변화가 2번 있으므로 불안정하고 우반평면에 2개의 근을 갖는다.

12 $s^3+11s^2+2s+40=0$ 에는 양의 실수부를 갖는 근은 몇 개 있는가?

① 0　② 1
③ 2　④ 3

해설

루드 수열

s^3	1	2	0
s^2	11	40	0
s^1	$\dfrac{2\times11-1\times40}{11}=-\dfrac{18}{11}$	$\dfrac{0\times11-1\times0}{11}=0$	0
s^0	$\dfrac{40\times(-\frac{18}{11})-11\times0}{-\frac{18}{11}}=40$	0	0

제1열의 부호의 변화가 2번 있으므로 불안정하고 양의 실수를 갖는 근은 2개이다.

13 특성방정식 $2s^4+s^3+3s^2+5s+10=0$ 일 때 s 평면의 오른쪽 평면에 몇 개의 근을 갖게 되는가?

① 1　② 2
③ 3　④ 0

해설

루드 수

s^4	2	3	10
s^3	1	5	0
s^2	$\dfrac{3\times1-2\times5}{1}=-7$	$\dfrac{10\times1-2\times0}{1}=10$	0
s^1	$\dfrac{5\times(-7)-1\times10}{-7}=\dfrac{45}{7}$	$\dfrac{0\times(-7)-1\times0}{-7}=0$	0
s^0	$\dfrac{10\times\frac{45}{7}-(-7)\times0}{\frac{45}{7}}=10$	0	0

제1열의 부호의 변화가 2번 있으므로 불안정하고 우반부에 근을 2개 갖는다.

14 특성방정식 $s^4+7s^3+17s^2+17s+6=0$ 의 특성근 중에는 양의 실수부를 갖는 근이 몇 개 있는가?

① 1　② 2
③ 3　④ 무근

해설

루드 수열

s^4	1	17	6
s^3	7	17	0
s^2	$\dfrac{17\times7-1\times17}{7}=\dfrac{102}{7}$	$\dfrac{6\times7-1\times0}{7}=6$	0
s^1	$\dfrac{17\times\frac{102}{7}-7\times6}{\frac{102}{7}}=\dfrac{240}{17}$	$\dfrac{0\times\frac{102}{7}-7\times0}{\frac{102}{7}}=0$	0
s^0	$\dfrac{6\times\frac{240}{17}-\frac{102}{7}\times0}{\frac{240}{17}}=6$	0	0

제1열의 부호의 변화가 없으므로 안정하므로 양의 실수부를 갖는 근이 없다.

정답　12 ③　13 ②　14 ④

15 **특성방정식 $s^5+s^4+4s^3+24s^2+3s+63=0$을 갖는 제어계는 정의 실수부를 갖는 특성근이 몇 개 있는가?**

① 1 ② 2
③ 3 ④ 4

해설

루두 수열법을 이용하여 풀면 다음과 같다.

s^5	1	4	3	0
s^4	1	24	63	0
s^3	$\frac{4\times1-1\times24}{1}=-20$	$\frac{3\times1-1\times63}{1}=-60$	0	0
s^2	$\frac{24\times(-20)-1\times(-60)}{-20}=21$	$\frac{63\times(-20)-1\times0}{-20}=63$	0	0
s^1	$\frac{(-60)\times21-(-20)\times63}{21}=0 \to 42$	$\frac{0\times21-(-20)\times0}{21}=0 \to 0$	0	0
s^0	$\frac{63\times42-21\times0}{42}=63$	0	0	0

s^1의 열이 모두 0이 되므로 $21s^2+63$을 미분하면 $42s$ 되므로 s^1의 계수로 사용하면
제1열의 부호변화가 2번 있으므로 불안정하며 정의 실수부를 갖는 근이 2개 존재한다.

16 **$2s^4+4s^2+3s+6=0$은 양의 실수부를 갖는 근이 몇 개 인가?**

① 없다. ② 1 개
③ 2 개 ④ 3 개

해설 루드 수

s^4	2	4	6
s^3	0=A	3	0
s^2	$\frac{4\times A-2\times3}{A}=\frac{4A-6}{A}=B$	$\frac{6\times A-2\times0}{A}=6$	0
s^1	$\frac{3\times B-A\times6}{B}=\frac{3B-6A}{B}=C$	$\frac{0\times B-A\times0}{B}=0$	0
s^0	$\frac{6\times C-B\times0}{C}=6$	0	0

제1열의 0 있으므로 $0=A$라고 놓으면

$B=\lim_{A=0}\frac{4A-6}{A}=-\infty$

$C=\lim_{B=-\infty}\frac{3B-6A}{B}=3$

제1열의 부호의 변화가 2번 있으므로 양의 실수부를 갖는 근이 2개 이다.

17 **특성방정식이 다음과 같이 주어질 때 불안정근의 수는?**

$$s^4+s^3-2s^2-s+2=0$$

① 0 ② 1
③ 2 ④ 3

해설 루드 수열

s^4	1	-2	2
s^3	1	-1	0
s^2	$\frac{(-2)\times1-1\times(-1)}{1}=-1$	$\frac{2\times1-1\times0}{1}=2$	0
s^1	$\frac{(-1)\times(-1)-1\times2}{-1}=1$	$\frac{0\times(-1)-1\times0}{-1}=0$	0
s^0	$\frac{2\times1-(-1)\times0}{1}=2$	0	0

제1열의 부호의 변화가 2번 있으므로 불안정한 근이 2개 이다.

정답 15 ② 16 ③ 17 ③

18 제어계의 종합전달함수 $G(s)=\dfrac{s}{(s-2)(s^2+4)}$ 에서 안정성을 판정하면 어느 것인가?

① 안정하다.
② 불안정하다.
③ 알 수 없다.
④ 임계상태이다.

해설

특성방정식을 구하면
$(s-2)(s^2+4)= = s^3-2s^2+4s-8=0$
특성방정식의 부호의 변화가 있으므로 불안정하다.

19 개루우프 전달함수가 $G(s)H(s)=\dfrac{2}{s(s+1)(s+3)}$ 일 때 제어계는 어떠한가?

① 안정
② 불안정
③ 임계 안정
④ 조건부 안정

해설

$1+G(s)H(s)=0$ 인 특성방정식을 구하면
$1+G(s)H(s)=1+\dfrac{2}{s(s+1)(s+3)}$
$=\dfrac{s(s+1)(s+3)+2}{s(s+1)(s+3)}=0$
특성방정식은
$s(s+1)(s+3)+2=s^3+4s^2+3s+2=0$
이므로 루드 수열 판별법을 이용하여 풀면 다음과 같다.

s^3	1	3	0
s^2	4	2	0
s^1	$\dfrac{3\times4-1\times2}{4}=2.5$	$\dfrac{0\times4-1\times0}{4}=0$	0
s^0	$\dfrac{2\times2.5-4\times0}{2.5}=2$	0	0

제1열의 부호변화가 없으므로 안정하다.

20 특성방정식이 $s^3+2s^2+Ks+5=0$으로 주어지는 제어계가 안정하기 위한 K의 값은?

① K > 0 ② K > 5/2
③ K < 0 ④ K < 5/2

해설

루드 수열

s^3	1	K	0
s^2	2	5	0
s^1	$\dfrac{2\times K-1\times5}{2}=\dfrac{2K-5}{2}=A$	$\dfrac{0\times2-1\times0}{2}=0$	0
s^0	$\dfrac{5\times A-2\times0}{A}=5$	0	0

제1열의 부호의 변화가 없어야 안정하므로
$A=\dfrac{2K-5}{2}>0$
$K>\dfrac{5}{2}$

21 특성방정식 $s^2+Ks+2K-1=0$ 인 계가 안정될 K의 범위는?

① $K>0$ ② $K>\dfrac{1}{2}$
③ $K<\dfrac{1}{2}$ ④ $0<K<\dfrac{1}{2}$

해설

루드 수열

s^2	1	$2K-1$	0
s^1	K	0	0
s^0	$\dfrac{(2K-1)\times K-1\times0}{K}=2K-1$	0	0

제1열의 부호의 변화가 없어야 안정하므로
$2K-1>0$
$K>\dfrac{1}{2}$

정답 18 ② 19 ① 20 ② 21 ②

22 특성방정식이 $s^4+6s^3+11s^2+6s+K=0$ 인 제어계가 안정하기 위한 K의 범위는?

① $0 > K$　② $0 < K < 10$
③ $10 > K$　④ $K = 10$

해설

루드 수열

s^4	1	11	K
s^3	6	6	0
s^2	$\frac{6\times 11 - 1\times 6}{6} = 10$	$\frac{K\times 6 - 1\times 0}{6} = K$	0
s^1	$\frac{6\times 10 - 6\times K}{10} = \frac{60-6K}{10} = A$	$\frac{0\times 10 - 6\times 0}{10} = 0$	0
s^0	$\frac{K\times A - 10\times 0}{A} = K$	0	0

제1열의 부호의 변화가 없어야 안정하므로

$A = \frac{60-6K}{10} > 0$, $K > 0$ 에서

$K > 0$, $K < 10$ 이므로 동시 존재하는 구간은

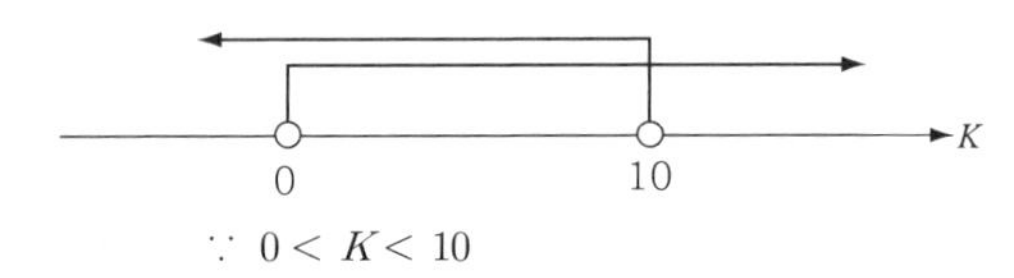

$\because\ 0 < K < 10$

23 특성방정식 $s^3+34.5s^2+7500s+7500K=0$ 로 표시되는 계통이 안정되려면 K의 범위는?

① $0 < K < 34.5$　② $K < 0$
③ $K > 34.5$　④ $0 < K < 69$

해설

루드 수열

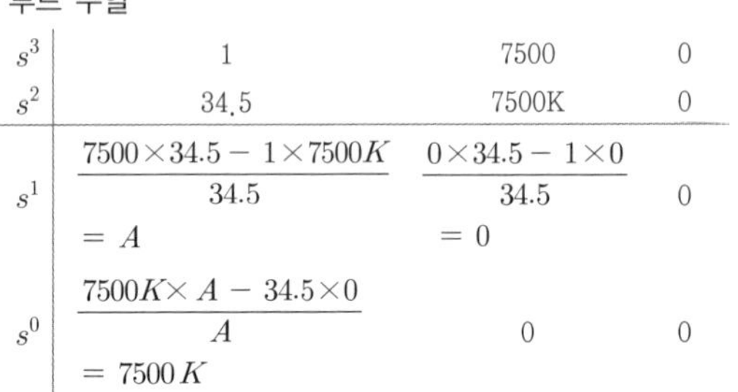

s^3	1	7500	0
s^2	34.5	7500K	0
s^1	$\frac{7500\times 34.5 - 1\times 7500K}{34.5} = A$	$\frac{0\times 34.5 - 1\times 0}{34.5} = 0$	0
s^0	$\frac{7500K\times A - 34.5\times 0}{A} = 7500K$	0	0

제1열의 부호의 변화가 없어야 안정하므로

$A = \frac{7500\times 34.5 - 7500K}{34.5} > 0$, $7500K > 0$ 에서

$K > 0$, $K < 34.5$ 이므로 동시 존재하는 구간은

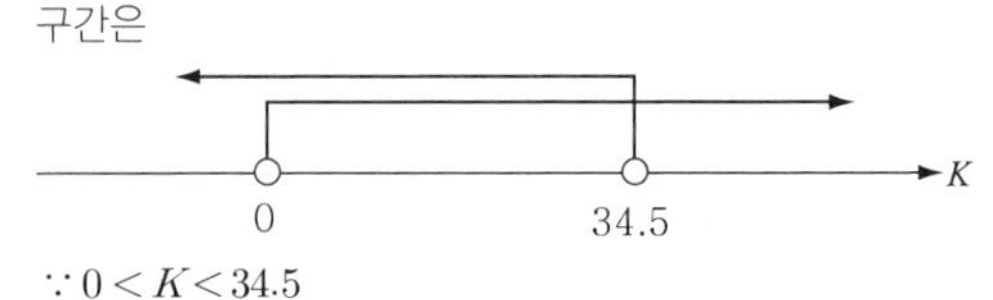

$\because 0 < K < 34.5$

24 그림과 같은 제어계가 안정하기 위한 K의 범위는?

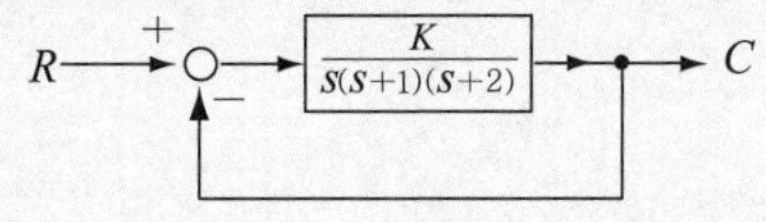

① K 〈 0　② K 〉 6
③ 0 〈 K 〈 6　④ K 〉 6, K 〉 0

해설

$1+G(s)H(s)=0$ 인 특성방정식을 구하면

$$1+\frac{K}{s(s+1)(s+2)} = \frac{s(s+1)(s+2)+K}{s(s+1)(s+2)} = 0$$

특성방정식

$= s(s+1)(s+2)+K = s^3+3s^2+2s+K=0$

루드 수열 판별법을 이용하여 풀면 다음과 같다.

s^3	1	2	0
s^2	3	K	0
s^1	$\frac{2\times 3 - 1\times K}{3} = \frac{6-K}{3} = A$	$\frac{0\times 3 - 1\times 0}{3} = 0$	0
s^0	$\frac{K\times A - 3\times 0}{A} = K$	0	0

제1열의 부호변화가 없어야 안정하므로

$\frac{6-K}{3} > 0$, $K > 0$ 를 정리하면

$6 > K$, $K > 0$ 이므로 동시 존재하는 구간은

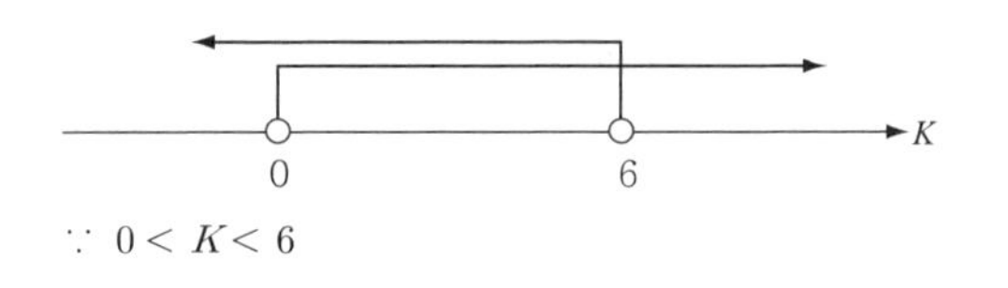

$\because\ 0 < K < 6$

정답　22 ②　23 ①　24 ③

25 다음과 같은 단위 궤환 제어계가 안정하기 위한 K 의 범위를 구하면?

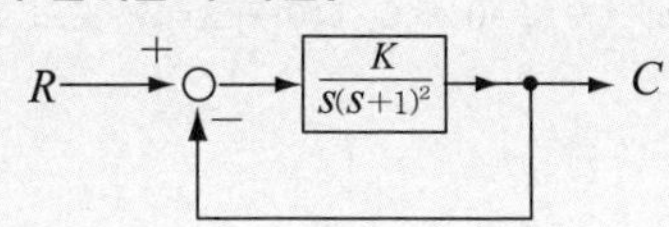

① K > 0
② K > 1
③ 0 < K < 1
④ 0 < K < 2

해설

$1+G(s)H(s)=0$ 인 특성방정식을 구하면

$$1+\frac{K}{s(s+1)^2}=\frac{s(s+1)^2+K}{s(s+1)^2}=0$$

특성방정식 =

$s(s+1)^2+K=s^3+2s^2+s+K=0$

루드 수열 판별법을 이용하여 풀면 다음과 같다.

s^3	1	1	0
s^2	2	K	0
s^1	$\frac{1\times2-1\times K}{2}=\frac{2-K}{2}=A$	$\frac{0\times2-1\times0}{2}=0$	0
s^0	$\frac{K\times A-2\times0}{A}=K$	0	0

제1열의 부호변화가 없어야 안정하므로

$\frac{2-K}{2}>0,\ \ K>0$ 를 정리하면

$2>K,\ K>0$ 이므로 동시 존재하는 구간은

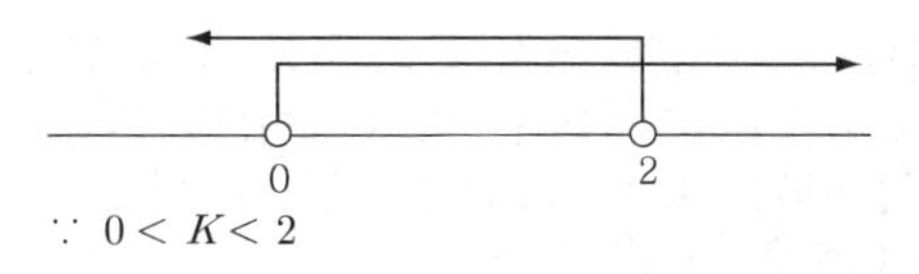

$\because\ 0<K<2$

26 $G(S)H(S)=\frac{K(1+ST_2)}{S^2(1+ST_1)}$ 를 갖는 제어계의 안정조건은? (단, $K,\ T_1,\ T_2>0$)

① $T_2=0$ ② $T_1>T_2$
③ $T_1=T_2$ ④ $T_1<T_2$

해설

특성방정식

$$1+G(s)H(s)=1+\frac{K+ST_2K}{S^2+T_1S^3}$$

$$=\frac{T_1S^3+S^2+KT+2S+K}{T_1S^3+S^2}=0$$

$\therefore\ T_1S^3+S^2+KT_2S+K=0$

루드 수열 판별법을 이용하여 풀면 다음과 같다.

s^3	T_1	KT_2	0
s^2	1	K	0
s^1	$\frac{KT_2-KT_1}{1}$		
s^0	K		

제 1열이 0보다 커야 안정 하므로

$K(T_2-T_1)>0$

$\therefore\ T_2>T_1$

27 나이퀴스트 판별법의 설명으로 틀린 것은?

① 안정성을 판별하는 동시에 안정성을 지시해 준다
② 루우스 판별법과 같이 계의 안정여부를 직접 판정해 준다
③ 계의 안정을 개선하는 방법에 대한 정보를 제시해 준다
④ 나이퀴스트 선도는 제어계의 오차응답에 관한 정보를 준다

해설

나이퀴스트 선도의 특징

1. Routh-Hurwitz 판별법과 같이 계의 안정도 의 관한 정보를 제공한다.
2. 시스템의 안정도를 개선할 수 있는 방법을 제시한다.
3. 시스템의 주파수응답에 대한 정보를 제시한다.

나이퀴스트 선도에서 오차응답에 관한 정보를 얻을 수는 없다.

정답 25 ④ 26 ④ 27 ④

28 **나이퀴스트 선도에서 얻을 수 있는 자료 중 틀린 것은?**

① 절대안정도를 알 수 있다.
② 상대안정도를 알 수 있다.
③ 계의안정도 개선법을 알 수 있다.
④ 정상오차를 알 수 있다.

해설

나이퀴스트 선도의 특징
1. Routh-Hurwitz 판별법과 같이 계의 안정도의 관한 정보를 제공한다.
2. 시스템의 안정도를 개선할 수 있는 방법을 제시한다.
3. 시스템의 주파수응답에 대한 정보를 제시한다.
나이퀴스트 선도에서 오차응답에 관한 정보를 얻을 수는 없다.

29 **Nyquist 경로로 둘러싸인 영역에 특정방정식의 근에 존재하지 않는 제어계는 어떤 특성을 나타내는가?**

① 불안정 ② 안정
③ 임계안정 ④ 진동

해설

나이퀴스트선도에서의 안정도 판별법
1) 안정 : 나이퀴스트 경로에 포위되는 영역에 특성방정식의 근이 존재하지 않는다.
2) 불안정 : 나이퀴스트 경로에 포위되는 영역 에 특성방정식의 근이 존재한다.

30 **피드백 제어계의 전 주파수응답 $G(j\omega)\ H(j\omega)$의 나이퀴스트 벡터도에서 시스템이 안정한 궤적은?**

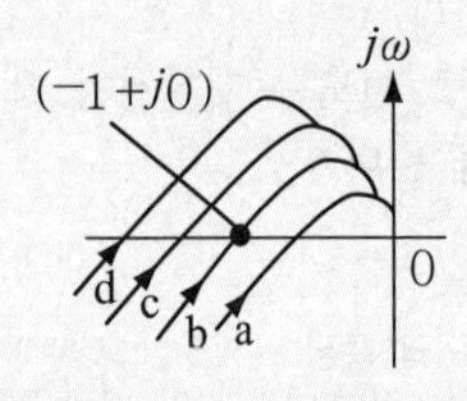

① a ② b
③ c ④ d

해설

자동제어계가 안정하려면 개루우프 전달함수 $G(s)H(s)$의 나이퀴스트 선도가 시계 방향으로 ω가 증가하는 방향으로 따라갈 때 $(-1, j0)$점이 나이퀴스트 선도의 왼쪽에 있어야 한다.

31 **단위 피드백 제어계의 개루우프 전달함수의 벡터궤적이다. 이 중 안정한 궤적은?**

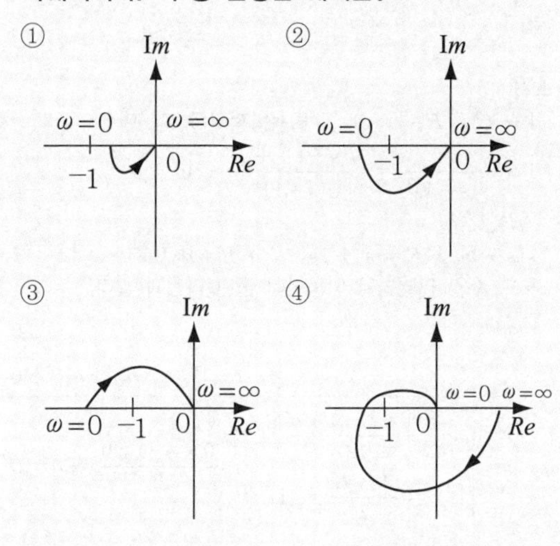

해설

자동제어계가 안정하려면 개루우프 전달함수 $G(s)H(s)$의 나이퀴스트 선도가 시계방향으로 ω가 증가하는 방향으로 따라갈 때 $(-1, j0)$점이 나이퀴스트 선도의 왼쪽에 있어야 하고 반시계방향으로 ω가 증가하는 방향으로 따라갈 때 $(-1, j0)$점이 나이퀴스트 선도의 오른쪽에 있어야 한다.

32 **다음 $s-$ 평면에 극점(X)과 영점 (0)을 도시한 것이다. 나이퀴스트 안정도 판별법으로 안정도를 알아내기 위하여 Z, P의 값을 알아야 한다. 이를 바르게 나타낸 것은?**

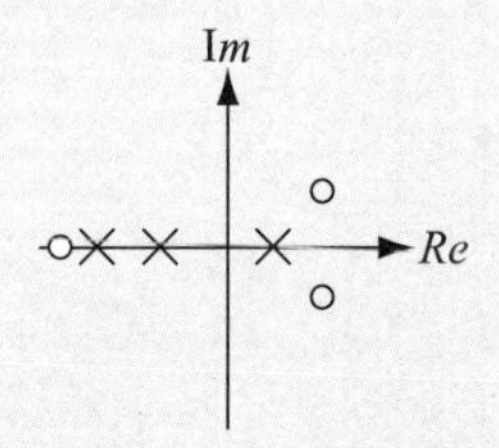

① $Z=3, P=3$ ② $Z=1, P=2$
③ $Z=2, P=1$ ④ $Z=1, P=3$

정답 28 ④ 29 ② 30 ① 31 ② 32 ③

해설 **나이퀴스트 안정 판별법**

s 평면의 우반 평면상에 존재하는 영점의 수를 $Z=2$ 개
s 평면의 우반 평면상에 존재하는 극점의 수를 $P=1$ 개
나이퀴스트 궤적이 원점을 일주하는 횟수
$N= Z-P= 2-1=1$이 되므로
∴ 시계 방향으로 1번 감쌌다.

33 보우드선도에서 이득여유는?

① 위상선도가 0° 축과 교차하는 점에 대응하는 크기이다.
② 위상선도가 180° 축과 교차하는 점에 대응하는 크기이다.
③ 위상선도가 −180° 축과 교차하는 점에 대응하는 크기이다.
④ 위상선도가 −90° 축과 교차하는 점에 대응하는 크기이다.

해설

이득여유는 위상선도가 −180° 축과 교차하는 점에 대응하는 크기이다.

34 보드선도의 안정판정의 설명 중 옳은 것은?

① 위상곡선이 −180° 점에서 이득값이 양이다.
② 이득(0[dB])축과 위상(− 180)축을 일치시킬 때 위상곡선이 위에 있다.
③ 이득곡선의 0[dB] 점에서 위상차가 180° 보다 크다.
④ 이득여유는 음의 값, 위상여유는 양의 값이다.

해설

보드도면에서 이득여유와 위상여유의 결정

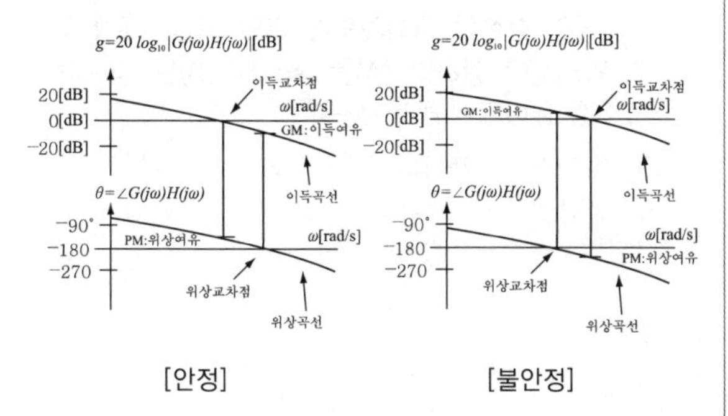

[안정] [불안정]

① 위상교차점(−180°)에서의 $GH(j\omega)$의 이득값을 이득여유라 하며 크기가 dB로 음수이면 이득여유는 양수이고 계는 안정하다.
즉 이득여유는 0 dB축 아래쪽에서 측정된다. 이득여유를 0 dB축 위쪽에서 얻게 되면 이득여유가 음수이고 계는 불안정하다.
② 이득교차점(0 [dB])에서 $GH(j\omega)$의 위상을 위상여유라 하며 −180°보다 더 크면 위상여유가 양수이고 계는 안정하다.
즉 위상여유는 −180°축 위쪽에서 구해진다.
−180°아래에서 위상여유가 구해지면 위상여유는 음수이고 계는 불안정이다.

35 보드 선도에서 이득 곡선이 0[dB]인 점을 지날 때의 주파수에서 양의 위상 여유가 생기고 위상 곡선이 −180°를 지날 때 양의 이득 여유가 생긴다면 이 폐루프 시스템의 안정도는 어떻게 되겠는가?

① 항상 안정
② 항상 불안정
③ 안정성 여부를 판가름 할 수 없다.
④ 조건부 안정

해설

① 위상교차점(−180°)에서의 $GH(j\omega)$의 이득값을 이득여유라 하며 크기가 dB로 음수이면 이득여유는 양수이고 계는 안정하다.
즉 이득여유는 0 dB축 아래쪽에서 측정된다.
이득여유를 0 dB축 위쪽에서 얻게 되면 이득여유가 음수이고 계는 불안정하다.
② 이득교차점(0 [dB])에서 $GH(j\omega)$의 위상을 위상여유라 하며 −180°보다 더 크면 위상여유가 양수이고 계는 안정하다. 즉 위상여유는 −180°축 위쪽에서 구해진다.
−180°아래에서 위상여유가 구해지면 위상여유는 음수이고 계는 불안정이다.

36 계통의 위상여유와 이득여유가 매우 클 때 안정도는 어떻게 되는가?

① 저하한다
② 좋아진다
③ 변화가 없다
④ 안정도가 저하하다 개선된다

정답 33 ③ 34 ② 35 ① 36 ②

37 $G(s)H(s) = \dfrac{K}{(s+1)(s-2)}$ **인 계의 이득여유가 40[dB] 이면 이 때 K 의 값은?**

① − 50 ② 1/50
③ − 20 ④ 1/40

해설

$$|G(j\omega)H(j\omega)| = \left.\frac{K}{(j\omega+1)(j\omega-2)}\right|_{\omega=0} = \frac{K}{2}$$

이므로

$$\text{이득여유GM} = 20\log_{10}\frac{1}{|G(j\omega)H(j\omega)|_{\omega=0}} = 20\log_{10}\frac{2}{K} = 40\,[\text{dB}]$$

$$\frac{2}{K} = 10^2 = 100,\ K = \frac{1}{50}$$

38 $GH(j\omega) = \dfrac{K}{(1+2j\omega)(1+j\omega)}$ **의 이득여유가 20[dB] 일 때 K 의 값은?**

① $K=0$ ② $K=1$
③ $K=10$ ④ $K=\dfrac{1}{10}$

해설

$$|G(j\omega)H(j\omega)| = \left.\frac{K}{(1+2j\omega)(1+j\omega)}\right|_{\omega=0} = K$$

이므로

$$\text{이득여유 GM} = 20\log_{10}\frac{1}{|G(j\omega)H(j\omega)|_{\omega=0}} = 20\log_{10}\frac{1}{K} = 20\,[\text{dB}]$$

$$\frac{1}{K} = 10,\ K = \frac{1}{10}$$

39 $GH(j\omega) = \dfrac{10}{(j\omega+1)(j\omega+T)}$ **에서 이득여유를 20[dB] 보다 크게 하기 위한 T 의 범위는?**

① $T>0$ ② $T>10$
③ $T<0$ ④ $T>100$

해설

$$|G(j\omega)H(j\omega)| = \left.\frac{10}{(j\omega+1)(j\omega+T)}\right|_{\omega=0} = \frac{10}{T}\ \text{이므로}$$

$$\text{이득여유 GM} = 20\log_{10}\frac{1}{|G(j\omega)H(j\omega)|_{\omega=0}} = 20\log_{10}\frac{T}{10} > 20\,[\text{dB}]$$

$$\frac{T}{10} > 10,\ T > 100$$

40 **이득 M 의 최댓값으로 정의되는 공진정점 M_p 는 제어계의 어떤 정보를 주는가?**

① 속도 ② 오차
③ 안정도 ④ 시간늦음

해설

공진정점 M_p가 너무 크면 오버슈트가 커져서 제어계는 불안정해진다.

41 **2차 제어계에 있어서 공진정점 M_p 가 너무 크면 제어계의 안정도는 어떻게 되는가?**

① 불안정하다 ② 안정하게 된다
③ 불변이다 ④ 조건부안정이 된다

해설

공진정점 M_p가 너무 크면 오버슈트가 커져서 제어계는 불안정해진다.

42 **계의 특성상 감쇠계수가 크면 위상여유가 크고 감쇠성이 강하여 (A)는 좋으나 (B)는 나쁘다. A, B를 올바르게 묶은 것은?**

① 이득여유, 안정도 ② 오프셋, 안정도
③ 응답성, 이득여유 ④ 안정도, 응답성

정답 37 ② 38 ④ 39 ④ 40 ③ 41 ① 42 ④

43 다음 임펄스 응답 중 안정한 계는?

① $c(t) = 1$
② $c(t) = \cos wt$
③ $c(t) = e^{-t}\sin\omega t$
④ $c(t) = 2t$

해설

임펄스 응답은 최종값($t = \infty$) 이 0 에 수렴할 때 안정하므로

① $\lim_{t=\infty} 1 = 1$
② $\lim_{t=\infty} \cos\omega t = \cos\omega t$
③ $\lim_{t=\infty} e^{-t}\sin\omega t = 0$
④ $\lim_{t=\infty} 2t = \infty$

정답 43 ③

memo

Engineer Electricity 근궤적법

Chapter 08

SECTION 08

근궤적법

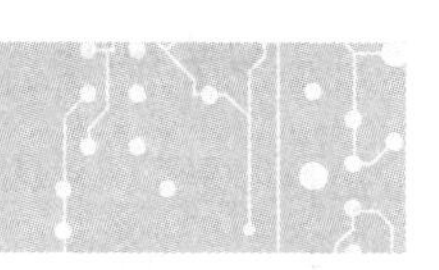

1 근궤적

근궤적이란 개루프 전달함수의 이득 정수 K를 0에서 ∞까지 변화시킬 때, 특성 방정식의 근, 즉 개루프 전달 함수의 극이동 궤적을 말한다. 근궤적법은 시간 영역 응답에 대한 정확한 계산을 할 수 있게 하며 또 주파수 응답에 관한 정보를 얻는 데도 편리하다.

핵심 NOTE

■ 근궤적
특성 방정식의 근, 즉 개루프 전달 함수의 극이동 궤적

예제문제 근궤적법

1 다음 중 어떤 계통의 파라미터가 변할 때 생기는 특성방정식의 근의 움직임으로 시스템의 안정도를 판별하는 방법은?

① 보드 선도법　　② 나이퀴스트 판별법
③ 근 궤적법　　④ 루드-후르비쯔 판별법

해설
시스템의 파라미터가 변할 때 근궤적 방법을 이용하면 폐루프 극의 위치를 s-평면에 그릴 수 있다.

답 ③

1. 근궤적의 작도와 성질

(1) 근궤적의 출발점과 도착점

① 근궤적상 $K=0$ 인 점은 $G(s)H(s)$ 의 극점이다.
② 근궤적상 $K=\pm\infty$ 인 점은 $G(s)H(s)$ 의 영점이다.
③ 근궤적은 극점에서 출발하여 영점에서 도착한다.

■ 근궤적의 출발점
$G(s)H(s)$ 의 극점

■ 근궤적의 도착점
$G(s)H(s)$ 의 영점

예제문제 근궤적의 극점과 영점

2 근궤적의 출발점 및 도착점과 관계되는 $G(s)H(s)$의 요소는? (단, $K>0$ 이다.)

① 영점,　분기점　　② 극점,　영점
③ 극점,　분기점　　④ 지지점, 극점

해설
근궤적은 극점에서 출발하여 영점에서 도착한다.

답 ②

핵심 NOTE

■ 근궤적의 수
- 개루우프 전달함수 $G(s)H(s)$의 극점의 수(p) 와 영점의 수(z) 중에서 큰 것을 선택
- 개루우프 전달함수 $G(s)H(s)$의 다항식의 최고차 항의 차수와 같다.

■ 근궤적의 대칭성
실수축에 대하여 대칭

■ 근궤적의 점근선의 각도
$\alpha_k = \dfrac{2k+1}{p-z} \times 180°$
p : 극점의 개수,
z : 영점의 개수
k : $0, 1, 2, \cdots$

(2) 근궤적의 수 N

① 개루우프 전달함수 $G(s)H(s)$의 극점의 수(p) 와 영점의 수(z) 중에서 큰 것을 선택

② 개루우프 전달함수 $G(s)H(s)$의 다항식의 최고차항의 차수와 같다.

예제문제 근궤적의 수

3 어떤 제어시스템이 $G(s)H(s) = \dfrac{K(s+3)}{s^2(s+2)(s+4)(s+5)}$ 일 때, 근궤적의 수는?

① 1 ② 3
③ 5 ④ 7

해설

근궤적의 수(N)는 근의 수(p)와 영점수(z)에서 $z=1$, $p=5$ 이므로 $N=p$ 즉, $N=5$ 가 된다.

답 ③

(3) 근궤적의 대칭성

근궤적은 특성방정식의 근이 실근 또는 공액복소근을 가지므로 s 평면의 실수축에 대하여 대칭이다.

(4) 근궤적의 점근선의 각도

① 완전 근궤적 : $K > 0$

$$\alpha_k = \frac{2k+1}{p-z} \times 180°$$

② 대응 근궤적 : $K < 0$

$$\alpha_k = \frac{2k}{p-z} \times 180°$$

여기서, p : 극점의 개수, z : 영점의 개수
k : $0, 1, 2, \cdots$

핵심 NOTE

예제문제 점근선의 각도

4 $G(s)H(s) = \dfrac{K}{s(s+4)(s+5)}$ 에서 근궤적의 점근선이 실수축과 이루는 각?

① 60°, 90°, 120° ② 60°, 120°, 300°
③ 60°, 120°, 270° ④ 60°, 180°, 300°

해설
① $G(s)H(s)$ 의 극점 : 분모가 0인 s
$s=0$, $s=-4$, $s=-5$ 이므로 극점의 수 $P=3$개
② $G(s)H(s)$ 의 영점 : 분자가 0인 s
영점의 수 $Z=0$ 개
정금선의 각도 $\alpha_k = \dfrac{2k+1}{p-z} \times 180^\circ = \dfrac{2k+1}{3} \times 180^\circ$ 이므로

$\alpha_{k=0} = \dfrac{2\times0+1}{3} \times 180^\circ = 60^\circ$

$\alpha_{k=1} = \dfrac{2\times1+1}{3} \times 180^\circ = 180^\circ$

$\alpha_{k=2} = \dfrac{2\times2+1}{3} \times 180^\circ = 300^\circ$

답 ④

(5) 점근선의 교차점

① 점근선은 실수축 상에서만 교차하고 그 수는 $n = p - z$ 이다.

② 실수축 상에서의 점근선의 교차점

$$\sigma = \frac{\sum G(s)H(s)\text{의 극점} - \sum G(s)H(s)\text{의 영점}}{p-z}$$

■ 점근선의 교차점
$\dfrac{\sum G(s)H(s)\text{의 극점} - \sum G(s)H(s)\text{의 영점}}{p-z}$

예제문제 점근선의 교차점

5 $G(s)H(s) = \dfrac{K(s-2)(s-3)}{s^2(s+1)(s+2)(s+4)}$ 에서 점근선의 교차점은 얼마인가?

① -6 ② -4
③ 6 ④ 4

해설
① $G(s)H(s)$ 의 극점 : 분모가 0인 s
$s=0 \Rightarrow$ 2개 $s=-1 \Rightarrow$ 1개
$s=-2 \Rightarrow$ 1개 $s=-4 \Rightarrow$ 1개 이므로 극점의 수 $P=5$ 개
② $G(s)H(s)$ 의 영점 : 분자가 0인 s
$s=2$, $s=3$ 이므로 영점의 수 $Z=2$ 개
실수축과의 교차점

$$\sigma = \frac{\sum G(s)H(s)\text{의 극점} - \sum G(s)H(s)\text{의 영점}}{p-z}$$

$$= \frac{0+0+(-1)+(-2)+(-4)-(2+3)}{5-2} = -4$$

답 ②

핵심 NOTE

(6) 실수축상의 근궤적

$G(s)H(s)$의 실극과 실영점으로 실축이 분할될 때 만일 총합이 홀수이면 $-\infty$에서 우측으로 진행시 홀수구간에서 근궤적이 존재하고, 짝수이면 존재하지 않는다.

예제문제 근궤적

6 개루우프 전달함수가 $G(s)H(s) = \dfrac{K}{s(s+4)(s+5)}$와 같은 계의 실수축상의 근궤적은 어느 범위인가?

① 0과 -4사이의 실수축상
② -4와 -5사이의 실수축상
③ -5와 -∞사이의 실수축상
④ 0과 -4, -5와 -∞사이의 실수축상

해설

① $G(s)H(s)$의 극점 : 분모가 0인 s
$s=0$, $s=-4$, $s=-5$ 이므로 극점의 수 $P=3$ 개
② $G(s)H(s)$의 영점 : 분자가 0인 s 영점의 수 $Z=0$ 개
③ $P+Z=3+0=3$ (홀수)이므로 $-\infty$ 에서 우측으로 진행시 홀수구간에서 근궤적이 존재한다.

-5 -4 0
∞ 진행

∴ $-\infty$에서 -5 사이 와 -4에서 0(원점) 사이

답 ④

(7) 근궤적의 출발각과 도달각

① 근궤적의 출발각

$\phi_p = \pm(2k+1)\pi + \theta_p$, $k = 0, 1, 2, \cdots$

여기서, θ_p: 임의의 극점에서 다른 극점 또는 영점과 이루는 각을 합한 각

② 근궤적의 도달각

$\phi_z = \pm(2k+1)\pi - \theta_z$, $k = 0, 1, 2, \cdots$

여기서, θ_z : 임의의 영점에서 다른 극점 또는 영점과 이루는 각을 합한 각

(8) 근궤적과 허수축과의 교차점

근궤적은 K의 변화에 따라 허수축과 교차할 때 s평면의 우반 평면으로 들어가는 순간은 시스템의 안정성이 파괴되는 임계점에 해당한다. 이 점에 대응하는 K의 값과 ω는 루드 - 후르비츠의 판별법으로부터 구할 수 있다.

핵심 NOTE

예제문제 허수축과의 교차점

7 개루프 전달함수 $G(s)H(s) = \dfrac{K}{s(s+2)(s+4)}$ 의 근궤적이 $j\omega$축과 교차하는 점은?

① $\omega = \pm 2.828$ [rad/sec]
② $\omega = \pm 1.414$ [rad/sec]
③ $\omega = \pm 5.657$ [rad/sec]
④ $\omega = \pm 14.14$ [rad/sec]

해설

특성방정식 $1+G(s)H(s)=0$ 을 구하여 전개하면 다음과 같다.

$$1+G(s)H(s) = 1+\frac{K}{s(s+2)(s+4)} = \frac{s(s+2)(s+4)+K}{s(s+2)(s+4)} = 0$$

특성방정식 : $s(s+2)(s+4)+K = s^3+6s^2+8s+K=0$
루드 수열을 이용하여 임계안정조건으로 유도하여 풀면

s^3	1	8	0
s^2	6	K	0
s^1	$\frac{48-K}{6}$	0	0
s^0	K	0	0

K의 임계값은 s^1의 제1열 요소를 0으로 놓으면

$\dfrac{48-K}{6}=0$ 일 때 $K=48$ 이므로

루드 수열의 2행의 보호방정식 $6s^2+K=6s^2+48=0$ 값을 만족하는 근을 구하면 그 값을 알 수 있다.

$$s = jw = \pm\sqrt{-\frac{48}{6}} = \pm\sqrt{-8} = \pm j2.828$$

$\therefore\ \omega = \pm 2.828$ [rad/sec]

답 ①

(9) 근궤적의 분지점(이탈점)

특성 방정식 $= 1+G(s)H(s)=0$ 에서 이득 K의 값을 구하여 K를 s에 대해서 미분하고 이것을 0으로 놓아 얻는 방정식의 근을 말한다.

즉, 분지점(이탈점)은 $\dfrac{dK}{ds}=0$ 인 조건을 만족하는 s의 근을 의미한다.

핵심 NOTE

예제문제 분지점(이탈점)

8 전달함수가 $G(s)H(s)=\dfrac{K}{s(s+2)(s+8)}$ 인 $K\geq 0$의 근궤적에서 분지점은?

① −0.93 ② −5.74
③ −1.25 ④ −9.5

해설

근궤적의 분지점(이탈점)은 다음과 같이 구할 수 있다.

$1+G(s)H(s)=1+\dfrac{K}{s(s+2)(s+8)}=\dfrac{s(s+2)(s+8)+K}{s(s+2)(s+8)}=0$ 에서

$s(s+2)(s+8)+K=0$, $K=-s(s+2)(s+8)=-s^3-10s^2-16s$

$\dfrac{dK}{ds}=0$ 을 만족하는 방정식의 근의 값으로 정의한다.

$\dfrac{dK}{ds}=\dfrac{d}{ds}\left[-s^3-10s^2-16s\right]=-(3s^2+20s+16)=0$

$3s^2+20s+16=0$

$s=\dfrac{-20\pm\sqrt{20^2-4\times3\times16}}{2\times3}=\dfrac{-20\pm\sqrt{208}}{6}=-0.93\,,-5.74$

∴ 근궤적(완전 근궤적 : RL)의 영역은 0 ~ −2 사이와 −8 ~ −∞사이에 존재하므로 이 범위에 속한 s 값은 -0.93이다.

답 ①

출제예상문제

01 다음 중 어떤 계통의 파라미터가 변할 때 생기는 특성방정식의 근의 움직임으로 시스템의 안정도를 판별하는 방법은?

① 보드 선도법
② 나이퀴스트 판별법
③ 근 궤적법
④ 루드-후르비쯔 판별법

해설

시스템의 파라미터가 변할 때 근궤적 방법을 이용하면 폐루프 극의 위치를 s-평면에 그릴 수 있다.

02 근궤적이란 s 평면에서 개루우프 전달함수의 절댓값이 어느 점의 집합인가?

① 0　　② 1
③ ∞　　④ 임의의 일정한 값

해설

특성 방정식 = $1+GH=0$ 에서 $GH=-1$ 이므로
개루우프 전달함수의 절댓값 $|GH|=1$

03 근궤적이 s 평면의 허수축과 교차하는 이득 K에 대하여 이 개루프 제어계는?

① 안정하다
② 불안정하다
③ 임계안정이다
④ 조건부안정이다

해설

근궤적이 허수축($s=j\omega$)과 교차할 때는 특성근의 실수부가 0이므로 임계안정이 된다.

04 근궤적 $G(s)\ H(s)$ 의 (㉠)에서 출발하여 (㉡)에서 종착한다. 다음 중 괄호 안에 알맞는 말은?

① ㉠ 영점, ㉡ 극점
② ㉠ 극점, ㉡ 영점
③ ㉠ 분지점, ㉡ 극점
④ ㉠ 극점, ㉡ 분지점

해설

근궤적은 개루우프 전달함수 $G(s)H(s)$의 극점에서 출발하여 영점에서 종착한다.

05 특성방정식 $(s+1)(s+2)(s+3)+K(s+4)=0$의 완전 근궤적상 $K=0$ 인 점은?

① $s=-4$ 인 점
② $s=-1,\ s=-2,\ s=-3$ 인 점
③ $s=1,\ s=2,\ s=3$ 인 점
④ $s=4$ 인 점

해설

$K=0$일 때 특성방정식은 $(s+1)(s+2)(s+3)=0$ 이므로 이때의 s값은 $s=-1,\ s=-2,\ s=-3$ 이다.

06 근궤적은 무엇에 대하여 대칭인가?

① 원점　　② 허수축
③ 실수축　　④ 대칭성이 없다.

해설

개루우프 제어계의 복소근은 반드시 공액 복소쌍을 이루므로 실수축에 관해서 상하대칭을 이룬다.

정답　01 ③　02 ②　03 ③　04 ②　05 ②　06 ③

07 근궤적의 성질 중 옳지 않는 것은?

① 근궤적은 실수축에 대해 대칭이다.
② 근궤적은 개루프 전달함수의 극으로부터 출발한다.
③ 근궤적의 가지수는 특정방정식의 차수와 같다.
④ 점근선은 실수축과 허수축상에서 교차한다.

해설

근궤적의 점근선은 실수축 상에서 교차한다.

08 개루프 전달함수 $G(s)H(s)$ 가 다음과 같을 때 실수축상의 근궤적 범위는 어떻게 되는가?

$$G(s)H(s) = \frac{K(s+1)}{s(s+2)}$$

① 원점과 (−2)사이
② 원점에서 점(−1)사이와 (−2)에서 (−∞)사이
③ (−2)와 (+∞)사이
④ 원점에서 (+2)사이

해설

① $G(s)H(s)$ 의 극점 : 분모가 0인 s
$s=0,\ s=-2$ 이므로 극점의 수 $P=2$ 개
② $G(s)H(s)$ 의 영점 : 분자가 0인 s
$s=-1$ 이므로 영점의 수 $Z=1$ 개
③ $P+Z=2+1=3$(홀수)이므로
$-\infty$에서 우측으로 진행시 홀수구간에서 근궤적이 존재한다.

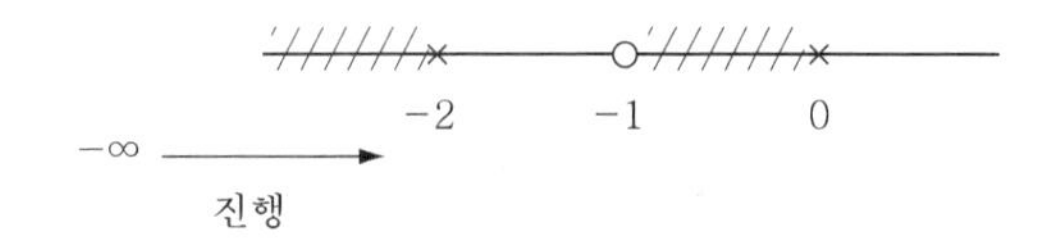

∴ $-\infty$ 에서 -2 사이 와 -1 에서 0(원점) 사이

09 특성방정식 $s(s+4)(s^2+3s+3)+K(s+2)=0$ 의 $-\infty < K < 0$ 의 근궤적의 점근선이 실수축과 이루는 각은 몇 도인가?

① 0°, 120°, 240°
② 45°, 135°, 225°
③ 60°, 180°, 300°
④ 90°, 180°, 270°

해설

① 개루우프 전달함수
$$GH = \frac{K(s+2)}{s(s+4)(s^2+3s+3)}$$
② $G(s)H(s)$ 의 극점 : 분모가 0인 s
극점의 수 $P=4$ 개
③ $G(s)H(s)$ 의 영점 : 분자가 0인 s
영점의 수 $Z=1$ 개

$K<0$ 이므로 점근선의 각도

$\alpha_k = \dfrac{2K}{p-z}\times 180° = \dfrac{2K}{3}\times 180°$ 에서

$$\alpha_{k=0} = \frac{2\times 0}{3}\times 180° = 0°$$
$$\alpha_{k=1} = \frac{2\times 1}{3}\times 180° = 120°$$
$$\alpha_{k=2} = \frac{2\times 2}{3}\times 180° = 240°$$

10 루우프 전달함수 $G(s)H(s)$ 가 다음과 같이 주어지는 부궤환계에서 근궤적 점근선의 실수축과 교차점은?

$$G(s)H(s) = \frac{K}{s(s+4)(s+5)}$$

① − 3 ② − 2
③ − 1 ④ 0

해설

① $G(s)H(s)$ 의 극점 : 분모가 0인 s
$s=0,\ s=-4,\ s=-5$이므로
극점의 수 $P=3$ 개
② $G(s)H(s)$ 의 영점 : 분자가 0인 s
영점의 수 $Z=0$ 개

실수축과의 교차점

$$\sigma = \frac{\sum G(s)H(s)\text{의 극점} - \sum G(s)H(s)\text{의 영점}}{p-z}$$
$$= \frac{0+(-4)+(-5)}{3-0} = -3$$

정답 07 ④ 08 ② 09 ① 10 ①

11 $G(s)H(s)=\dfrac{K(s-1)}{s(s+1)(s-4)}$ 에서 점근선의 교차점을 구하면?

① 4 ② 3
③ 2 ④ 1

해설

① $G(s)H(s)$ 의 극점 : 분모가 0인 s
$s=0,\ s=-1,\ s=4$ 이므로
극점의 수 $P=3$ 개
② $G(s)H(s)$ 의 영점 : 분자가 0인 s
$s=1$ 이므로 영점의 수 $Z=1$ 개

실수축과의 교차점

$$\sigma=\frac{\sum G(s)H(s)\text{의 극점}-\sum G(s)H(s)\text{의 영점}}{p-z}$$
$$=\frac{0+(-1)+4-(1)}{3-1}=1$$

12 개루프 전달함수 $G(s)H(s)=\dfrac{K(s-5)}{s(s-1)^2(s+2)^2}$ 일 때 주어지는 계에서 점근선의 교차점은?

① $-\dfrac{3}{2}$ ② $-\dfrac{7}{4}$
③ $\dfrac{5}{3}$ ④ $-\dfrac{1}{5}$

해설

① $G(s)H(s)$ 의 극점 : 분모가 0인 s
$s=0$ ⇒ 1개
$s=1$ ⇒ 2개
$s=-2$ ⇒ 2개 이므로 극점의 수 $P=5$개

② $G(s)H(s)$ 의 영점 : 분자가 0인 s
$s=5$ 이므로 영점의 수 $Z=1$ 개

실수축과의 교차점

$$\sigma=\frac{\Sigma G(s)H(s)\text{의 극점}-\Sigma G(s)H(s)\text{의 영점}}{p-z}$$
$$=\frac{0+1+1+(-2)+(-2)-(5)}{5-1}$$
$$=-\frac{7}{4}$$

13 $G(s)H(s)=\dfrac{K(s+1)}{s(s+2)(s+3)}$ 에서 근궤적의 수는?

① 1 ② 2
③ 3 ④ 4

해설

근궤적의 수(N)는 극점의 수(p)와 영점의 수(z) 중에서 큰 것을 선택하면 되므로
$z=1,\ p=3$ 이므로 $z<p$ 이고 $N=p$
이다. 따라서, $N=3$

14 $G(s)H(s)=\dfrac{K(s+3)}{s^2(s+1)(s+2)}$ 에서 근궤적의 수는?

① 1 개 ② 2 개
③ 3 개 ④ 4 개

해설

근궤적의 수(N)는 극점의 수(p)와 영점의 수(z) 중에서 큰 것을 선택하면 되므로
$z=1,\ p=4$ 이므로 $z<p$ 이고 $N=p$ 이다.
따라서, $N=4$

15 $G(s)H(s)=\dfrac{K}{s^2(s+1)^2}$ 에서 근궤적의 수는?

① 4 ② 2
③ 1 ④ 0

해설

근궤적의 수(N)는 극점의 수(p)와 영점의 수(z) 중에서 큰 것을 선택하면 되므로
$z=0,\ p=4$ 이므로 $z<p$ 이고 $N=p$ 이다.
따라서, $N=4$

정답 11 ④ 12 ② 13 ③ 14 ④ 15 ①

16 $G(s)H(s) = \dfrac{K}{s(s+4)(s+5)}$ **에서 근궤적이 $j\omega$축과 교차하는 점은?**

① $\omega = 4.48$
② $\omega = -4.48$
③ $\omega = 4.48, -4.48$
④ $\omega = 2.28$

해설

특성방정식 $1+G(s)H(s)=0$ 을
구하여 전개하면 다음과 같다.

$$1+G(s)H(s) = 1+\frac{K}{s(s+4)(s+5)} = \frac{s(s+4)(s+5)+K}{s(s+4)(s+5)} = 0$$

특성방정식 :
$s(s+4)(s+5)+K = s^3+9s^2+20s+K=0$
루드 수열을 이용하여 임계안정조건으로 유도하여 풀면

s^3	1	20	0
s^2	9	K	0
s^1	$\frac{180-K}{9}$	0	0
s^0	K	0	0

K의 임계값은 s^1의 제1열 요소를 0으로 놓으면
$\frac{180-K}{9}=0$일 때 $K=180$이므로 루드 수열의 2행의 보호방정식
$9s^2+K=9s^2+180=0$값을 만족하는 근을 구하면 그 값을 알 수 있다.

$$s = j\omega = \pm\sqrt{-\frac{180}{9}} = \pm\sqrt{-20} = \pm j\,4.48$$

$\therefore\ \omega = \pm 4.48$[rad/sec]

17 개루프 전달함수가 다음과 같을 때 이 계의 이탈점(break away)은?

$$G(s)H(s) = \frac{K(s+4)}{s(s+2)}$$

① s = −1.172
② s = −6.828
③ s = −1.172, −6.828
④ s = 0, −2

해설

근궤적의 분지점(이탈점)은 다음과 같이 구할 수 있다.

$$1+G(s)H(s) = 1+\frac{K(s+4)}{s(s+2)} = \frac{s(s+2)+K(s+4)}{s(s+2)} = 0 \text{ 에서}$$

$s(s+2)+K(s+4)=0,\ K=-\dfrac{s(s+2)}{(s+4)}$

$\dfrac{dK}{ds}=0$ 을 만족하는 방정식의 근의 값으로 정의한다.

$$\frac{dK}{ds} = \frac{d}{ds}\left[-\frac{s(s+2)}{(s+4)}\right] = \frac{-(2s+2)(s+4)+s(s+2)}{(s+4)^2} = 0$$

$s^2+8s+8=0$

$$s = \frac{-8\pm\sqrt{8^2-4\times1\times8}}{2} = \frac{-8\pm\sqrt{32}}{2} = -1.172, -6.828$$

∴ 근궤적(완전 근궤적: RL)의 영역은 −2 ~ 0사이와 −∞ ~ −4 사이에 존재하므로 이 범위에 속한 s 값은 $-1.172, -6.828$

18 단위 궤환제어계의 개루프 전달함수가 $G(s)=\dfrac{K}{s(s+2)}$ 일 때 특성방정식의 근 K가 $-\infty$로부터 $+\infty$까지 변할 때 알맞지 않은 것은?

① $-\infty < K < 0$ 에 대하여 근은 모두 실근이다.
② $K=0$ 에 대하여 $S_1=0,\ S_2=-2$ 근은 $G(s)$의 극과 일치 한다.
③ $0 < K < 1$에 대하여 2개의 근은 모두 음의 실근이다.
④ $1 < K < \infty$에 대하여 2개의 근은 음의 실부를 갖는 중근이다.

해설

폐루우프의 특성방정식은
$s(s+2)+K = s^2+2s+K=0$이므로
특성방정식의 근은

$$s = \frac{-1\pm\sqrt{1^2-1\times K}}{1} = -1\pm\sqrt{1-K} \text{가 되므로}$$

① $-\infty\ K<0$ 이면 특성근 2개가 모두 실근이며 하나는 양의 실근이고 다른 하나는 음의 실근이다.
② $K=0$이면 특성근$s_1=0,\ s_2=-2$이므로 특성근은 $G(s)$의 극점과 일치한다.
③ $0<K<1$이면 2개의 특성근은 모두 음의 실근이다.
④ $K=1$ 이면 2개의 특성근은 $s_1=s_2=-1$인 중근인 된다.
⑤ $1<K<\infty$이면 2개의 특성근은 음의 실수부를 가지는 공액복소근이다.

정답 16 ③ 17 ③ 18 ④

Engineer Electricity

상태방정식 및 Z 변환

Chapter 09

SECTION 09

상태방정식 및 Z 변환

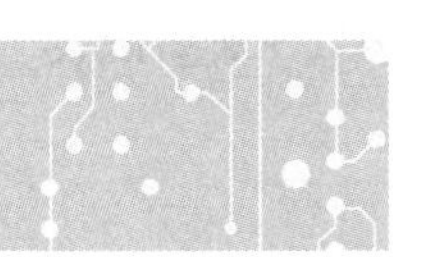

① 상태공간 해석

1. 상태방정식

계통방정식이 n차 미분방정식일 때 이것을 n개의 1차 미분방정식으로 바꾸어서 행렬을 이용하여 표현한 것을 상태 방정식이라 한다.

$$\frac{dx(t)}{dt} = \dot{x}(t) = A\,x(t) + B\,u(t)$$

$$A = \begin{bmatrix} 0 & 1 & 0 & \cdots & 0 \\ 0 & 0 & 1 & \cdots & 0 \\ \vdots & \vdots & \vdots & & \vdots \\ 0 & 0 & 0 & \cdots & 1 \\ -a_0 & -a_1 & -a_2 & \cdots & -a_{n-1} \end{bmatrix} \quad (n \times n)\ \text{행렬}$$

$$B = \begin{bmatrix} 0 \\ 0 \\ \vdots \\ 0 \\ 1 \end{bmatrix} \quad (n \times 1)\ \text{행렬}$$

여기서, 계수행렬 A, B를 갖는 상태방정식을 위상변수표준형(PVCF) 또는 가제어성표준형(CCF)이라 한다.

예제문제 계수행렬

1 다음 운동방정식으로 표시되는 계의 계수행렬 A는 어떻게 표시되는가?

$$\frac{d^2c(t)}{dt^2} + 3\frac{dc(t)}{dt} + 2c(t) = r(t)$$

① $\begin{bmatrix} -2 & -3 \\ 0 & 1 \end{bmatrix}$ ② $\begin{bmatrix} 1 & 0 \\ -3 & -2 \end{bmatrix}$

③ $\begin{bmatrix} 0 & 1 \\ -2 & -3 \end{bmatrix}$ ④ $\begin{bmatrix} -3 & -2 \\ 1 & 0 \end{bmatrix}$

해설

$c(t) = x_1$, $\frac{dc(t)}{dt} = \dot{x}_1 = x_2$, $\frac{d^2c(t)}{dt^2} = \dot{x}_2$, $\dot{x}_2 + 3x_2 + 2x_1 = r(t)$

상태 방정식 $\dot{x} = Ax + Br(t)$ 라 하면 $\dot{x}_1 = x_2$, $\dot{x}_2 = -2x_1 - 3x_2 + r(t)$

$\begin{bmatrix} \dot{x}_1 \\ \dot{x}_2 \end{bmatrix} = \begin{bmatrix} 0 & 1 \\ -2 & -3 \end{bmatrix}\begin{bmatrix} x_1 \\ x_2 \end{bmatrix} + \begin{bmatrix} 0 \\ 1 \end{bmatrix} r(t)$ $\therefore A = \begin{bmatrix} 0 & 1 \\ -2 & -3 \end{bmatrix}$, $B = \begin{bmatrix} 0 \\ 1 \end{bmatrix}$

답 ③

핵심 NOTE

■ 계수행렬A 구하는 방법

$\ddot{x} + 3\dot{x} + 2x = r(t)$

$\begin{bmatrix} \dot{x}_1 \\ \dot{x}_2 \end{bmatrix} = \begin{bmatrix} 0 & 1 \\ -2 & -3 \end{bmatrix}\begin{bmatrix} x_1 \\ x_2 \end{bmatrix} + \begin{bmatrix} 0 \\ 1 \end{bmatrix} r(t)$

(부호가 반대)

$\therefore A = \begin{bmatrix} 0 & 1 \\ -2 & -3 \end{bmatrix}$

핵심 NOTE

■ 상태천이행렬

$\phi(t) = \mathcal{L}^{-1}[(sI - A)^{-1}]$

$= e^{At}$

■ 상태천이행렬의 성질

$x(t) = \phi(t)x(0) = e^{At}x(0)$

$\phi(t) = e^{At}$

$\phi(0) = I$ (단, I는 단위행렬)

$\phi^{-1}(t) = \phi(-t) = e^{-At}$

$\phi(t_2 - t_1)\phi(t_1 - t_0)$

$= \phi(t_2 - t_0)$

$[\phi(t)]^k = \phi(kt)$

2. 출력방정식

$y(t) = Cx(t) = x_1(t)$

$C = [1\ 0\ 0\ \cdots\ 0]$

3. 상태방정식과 전달함수 사이의 상호관계

$$\frac{dx(t)}{dt} = Ax(t) + Bu(t)$$

$$y(t) = Cx(t) + Du(t)$$

여기서, $x(t)$는 상태벡터, $u(t)$는 입력벡터, $y(t)$는 출력벡터이다.

전달함수 $G(s) = \dfrac{Y(s)}{U(s)} = C(sI - A)^{-1}B + D$

4. 상태천이행렬

$$\phi(t) = \mathcal{L}^{-1}[(sI - A)^{-1}] = e^{At}$$

5. 상태천이행렬의 성질

(1) $x(t) = \phi(t)x(0) = e^{At}x(0)$

$\phi(t) = e^{At}$

(2) $\phi(0) = I$ (단, I는 단위행렬)

(3) $\phi^{-1}(t) = \phi(-t) = e^{-At}$

(4) $\phi(t_2 - t_1)\phi(t_1 - t_0) = \phi(t_2 - t_0)$

(5) $[\phi(t)]^k = \phi(kt)$

예제문제 상태천이행렬

2 상태 방정식이 $\frac{d}{dt}x(t)Ax(t) + Bu(t), A = \begin{bmatrix} -1 & 0 \\ 3 & -2 \end{bmatrix}$, $B = \begin{bmatrix} 0 \\ 1 \end{bmatrix}$으로 주어져 있다. 이 상태방정식에 대한 상태천이행렬(state transition matrix)의 2행 1열의 요소는?

① $3e^{-t} - 3e^{-2t}$　　② $-3e^{-t} + 3e^{-2t}$

③ $6e^{-t} - 6e^{-2t}$　　④ $-6e^{-t} + 6e^{-2t}$

해설

계수행렬 $A = \begin{bmatrix} -1 & 0 \\ 3 & -2 \end{bmatrix}$이므로 천이행렬 $\phi(t)$는

$$sI - A = s\begin{bmatrix} 1 & 0 \\ 0 & 1 \end{bmatrix} - \begin{bmatrix} -1 & 0 \\ 3 & -2 \end{bmatrix} = \begin{bmatrix} s+1 & 0 \\ -3 & s+2 \end{bmatrix}$$

$$[sI - A]^{-1} = \begin{bmatrix} s+1 & 0 \\ -3 & s+2 \end{bmatrix}^{-1} = \frac{1}{(s+1)(s+2)}\begin{bmatrix} s+2 & 0 \\ 3 & s+1 \end{bmatrix}$$

$$= \begin{bmatrix} \frac{1}{s+1} & 0 \\ \frac{3}{(s+1)(s+2)} & \frac{1}{s+2} \end{bmatrix}$$

$$\therefore \phi(t) = \mathcal{L}^{-1}\{[sI - A]^{-1}\} = \begin{bmatrix} e^{-t} & 0 \\ 3e^{-t} - 3e^{-2t} & e^{-2t} \end{bmatrix}$$

답 ①

6. 특성방정식

(1) 특성방정식 $= |sI - A| = 0$

단, A : 계수행렬 , $I = \begin{bmatrix} 1 & 0 \\ 0 & 1 \end{bmatrix}$: 단위행렬

(2) 특성 방정식의 근 : 고유값

예제문제 상태천이행렬

3 상태방정식 $\dot{x} = Ax(t) + Bu(t)$에서 $A = \begin{bmatrix} 0 & 1 \\ -2 & -3 \end{bmatrix}$일 때 특성방정식의 근은?

① −2, −3 ② −1, −2
③ −1, −3 ④ 1, −3

해설

상태방정식에서 계수행렬 A에 의한 특성방정식은 $|sI - A| = 0$ 이므로

$$sI - A = s\begin{bmatrix} 1 & 0 \\ 0 & 1 \end{bmatrix} - \begin{bmatrix} 0 & 1 \\ -2 & -3 \end{bmatrix} = \begin{bmatrix} s & 0 \\ 0 & s \end{bmatrix} - \begin{bmatrix} 0 & 1 \\ -2 & -3 \end{bmatrix} = \begin{bmatrix} s & -1 \\ 2 & s+3 \end{bmatrix}$$

특성방정식$= |sI - A| = \begin{vmatrix} s & -1 \\ 2 & s+3 \end{vmatrix} = s(s+3) - (-1)\times 2$

$= s^2 + 3s + 2 = (s+1)(s+2) = 0$ 에서 특성방정식의 근은

$\therefore s = -1, -2$

답 ②

2 z 변환

불연속 시스템을 나타내는 차분 방정식이나 이산 시스템인 경우에 z 변환을 이용하여 해석한다.

1. z 변환의 정의식

$$F(z) = z[f(t)] = \sum_{t=0}^{\infty} f(t)Z^{-t} \quad (\text{단, } t = 0, 1, 2, \cdots)$$

2. $f(t)$, $F(s)$, $F(z)$의 비교

시간함수 $f(t)$	라플라스변환$F(s)$	z변환 $F(z)$
$\delta(t)$	1	1
$u(t) = 1$	$\frac{1}{s}$	$\frac{z}{z-1}$
e^{-at}	$\frac{1}{s+a}$	$\frac{z}{z-e^{-aT}}$
t	$\frac{1}{s^2}$	$\frac{Tz}{(z-1)^2}$

핵심 NOTE

■ 특성방정식
$|sI - A| = 0$
단, A : 계수행렬
$I = \begin{bmatrix} 1 & 0 \\ 0 & 1 \end{bmatrix}$:단위행렬

■ 특성방정식의 근=고유값

■ 특성방정식 $f(t)$, $F(s)$, $F(z)$의 비교

시간함수 $f(t)$	라플라스 변환$F(s)$	z변환 $F(z)$
$\delta(t)$	1	1
$u(t) = 1$	$\frac{1}{s}$	$\frac{z}{z-1}$
e^{-at}	$\frac{1}{s+a}$	$\frac{z}{z-e^{-aT}}$
t	$\frac{1}{s^2}$	$\frac{Tz}{(z-1)^2}$

핵심 NOTE

3. z 변환의 초기값정리

$$\lim_{t=0} f(t) = \lim_{z=\infty} F(z)$$

4. z 변환의 최종값정리

$$\lim_{t=\infty} f(t) = \lim_{z=1} (1-z^{-1})F(z)$$

예제문제 z 변환

4 Laplace 변환된 함수 $X(s)=\dfrac{1}{s(s+1)}$ 에 대한 $Z-$변환은?

① $\dfrac{z(1-e^{-t})}{(z-1)(z-e^{-t})}$ ② $\dfrac{z(1-e^{-t})}{(z+1)(z+e^{-t})}$

③ $\dfrac{z(1-e^{-t})}{(z+1)(z-e^{-t})}$ ④ $\dfrac{z(1+e^{-t})}{(z+1)(z-e^{-t})}$

해설

$$X(s) = \frac{1}{s(s+1)} = \frac{A}{s} + \frac{B}{s+1}$$

$$A = \lim_{s\to 0} s \cdot F(s) = \left[\frac{1}{s+1}\right]_{s=0} = 1$$

$$B = \lim_{s\to 0} (s+1)\,F(s) = \left[\frac{1}{s}\right]_{s=-1} = -1$$

$$X(s) = \frac{1}{s} - \frac{1}{s+1}$$

역라플라스 변환 $x(t) = 1 - e^{-t}$ 이므로 z-변환하면

$$X(z) = \frac{z}{z-1} - \frac{z}{z-e^{-t}} = \frac{z(1-e^{-t})}{(z-1)(z-e^{-t})}$$

답 ①

3 복소평면(s-평면)과 z-평면의 비교

1. s 평면과 z 평면에 의한 안정판별

허수축 $=j\omega$축

좌반부 안정영역

우반부 불안정 영역

s − 평면

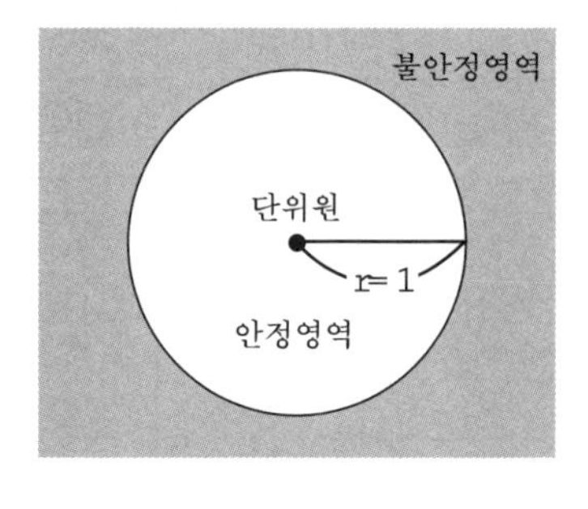

z − 평면

■ 특성방정식복소평면(s-평면)과 z-평면의 비교

구분 / 구간	s 평면	z 평면
안정	좌반평면 (음의반평면)	단위원 내부
임계 안정	허수축	단위 원주상
불안정	우반평면 (양의반평면)	단위원 외부

핵심 NOTE

구분 / 구간	s 평면	z 평면
안정	좌반평면(음의반평면)	단위원 내부
임계안정	허수축	단위 원주상
불안정	우반평면(양의반평면)	단위원 외부

예제문제 s 평면과 z 평면에 의한 안정판별

5 이산시스템(discrete data system)에서의 안정도 해석에 대한 아래의 설명 중 맞는 것은?

① 특성방정식의 모든 근이 z 평면의 음의 반평면에 있으면 안정하다.
② 특성방정식의 모든 근이 z 평면의 양의 반평면에 있으면 안정하다.
③ 특성방정식의 모든 근이 z 평면의 단위원 내부에 있으면 안정하다.
④ 특성방정식의 모든 근이 z 평면의 단위원 외부에 있으면 안정하다.

해설
단위원 내부 : 안정
단위원 외부 : 불안정
단위원주상 : 임계안정

답 ③

예제문제 s 평면과 z 평면에 의한 안정판별

6 계통의 특성방정식 $1+G(s)H(s)=0$의 음의 실근은 z 평면 어느 부분으로 사상(mapping) 되는가?

① z 평면의 좌반평면
② z 평면의 우반평면
③ z 평면의 원점을 중심으로 한 단위원 외부
④ z 평면의 원점을 중심으로 한 단위원 내부

해설
s 평면의 음의실근은 안정하므로 z 평면 단위원 내부 사상되어야 한다.

답 ④

출제예상문제

01 $\frac{d^2x}{dt^2}+\frac{dx}{dt}+2x=2u$의 상태변수를 $x_1=x$, $x_2=\frac{dx}{dt}$ 라 할 때 시스템 매트릭스(system matrix)는?

① $\begin{bmatrix}0 & 1\\1 & 1\end{bmatrix}$ ② $\begin{bmatrix}0 & 1\\2 & 1\end{bmatrix}$

③ $\begin{bmatrix}0 & 1\\-2 & -1\end{bmatrix}$ ④ $\begin{bmatrix}0\\2\end{bmatrix}$

해설

$x=x_1$, $\frac{dx}{dt}=\dot{x}_1=x_2$

$\frac{d^2x}{dt^2}=\dot{x}_2$, $\dot{x}_2+x_2+2x_1=2u$

상태 방정식 $\dot{x}=Ax+Bu$ 라 하면

$\dot{x}_1=x_2$

$\dot{x}_2=-2x_1-x_2+2u$

$$\begin{bmatrix}\dot{x}_1\\\dot{x}_2\end{bmatrix}=\begin{bmatrix}0 & 1\\-2 & -1\end{bmatrix}\begin{bmatrix}x_1\\x_2\end{bmatrix}+\begin{bmatrix}0\\2\end{bmatrix}u$$

$$\therefore\ A=\begin{bmatrix}0 & 1\\-2 & -1\end{bmatrix}$$

02 다음 방정식으로 표시되는 제어계가 있다. 이 계를 상태방정식 $\dot{x}=Ax+Bu$ 로 나타내면 계수행렬 A는 어떻게 되는가?

$$\frac{d^3c(t)}{dt^3}+5\frac{d^2c(t)}{dt^2}+\frac{dc(t)}{dt}+2c(t)=r(t)$$

① $\begin{bmatrix}0 & 1 & 0\\0 & 0 & 1\\-2 & -1 & -5\end{bmatrix}$ ② $\begin{bmatrix}0 & 0 & 1\\1 & 0 & 0\\5 & 1 & 2\end{bmatrix}$

③ $\begin{bmatrix}0 & 0 & 1\\1 & 0 & 0\\0 & 5 & 2\end{bmatrix}$ ④ $\begin{bmatrix}0 & 1 & 0\\1 & 0 & 0\\-2 & -1 & 0\end{bmatrix}$

해설

$c(t)=x_1$

$\frac{dc(t)}{dt}=\dot{x}_1=x_2$

$\frac{d^2c(t)}{dt^2}=\dot{x}_2=x_3$

$\frac{d^3c(t)}{dt^2}=\dot{x}_3$

$\dot{x}_3+5x_3+x_2+2x_1=r(t)$

상태 방정식 $\dot{x}=Ax+Bu$ 라 하면

$\dot{x}_1=x_2$, $\dot{x}_2=x_3$

$\dot{x}_3=-2x_1-x_2-5x_3+r(t)$

$$\begin{bmatrix}\dot{x}_1\\\dot{x}_2\\\dot{x}_3\end{bmatrix}=\begin{bmatrix}0 & 1 & 0\\0 & 0 & 1\\-2 & -1 & -5\end{bmatrix}\begin{bmatrix}x_1\\x_2\\x_3\end{bmatrix}+\begin{bmatrix}0\\0\\1\end{bmatrix}r(t)$$

$$\therefore\ A=\begin{bmatrix}0 & 1 & 0\\0 & 0 & 1\\-2 & -1 & -5\end{bmatrix}$$

03 $\frac{d^3c(t)}{dt^3}+6\frac{dc(t)}{dt}+5c(t)=r(t)$의 미분방정식으로 표시되는 계를 상태방정식 $\dot{x}(t)=Ax(t)+Bu(t)$ 로 나타내면 계수행렬 A는?

① $\begin{bmatrix}0 & 1 & 0\\0 & 0 & 1\\-5 & -6 & 0\end{bmatrix}$ ② $\begin{bmatrix}1 & 0 & 0\\0 & 0 & 1\\-6 & -5 & 0\end{bmatrix}$

③ $\begin{bmatrix}-5 & -6 & 0\\0 & 0 & 1\\0 & 11 & 0\end{bmatrix}$ ④ $\begin{bmatrix}0 & 1 & 0\\-5 & -6 & 0\\0 & 0 & 11\end{bmatrix}$

해설

$c(t)=x_1$

$\frac{dc(t)}{dt}=\dot{x}_1=x_2$

$\frac{d^2c(t)}{dt^2}=\dot{x}_2=x_3$

$\frac{d^3c(t)}{dt^2}=\dot{x}_3$

$\dot{x}_3+6x_2+5x_1=r(t)$

정답 01 ③ 02 ① 03 ①

상태 방정식 $\dot{x} = Ax + Bu$ 라 하면

$\dot{x}_1 = x_2$

$\dot{x}_2 = x_3$

$\dot{x}_3 = -5x_1 - 6x_2 + r(t)$

$$\begin{bmatrix} \dot{x}_1 \\ \dot{x}_2 \\ \dot{x}_3 \end{bmatrix} = \begin{bmatrix} 0 & 1 & 0 \\ 0 & 0 & 1 \\ -5 & -6 & 0 \end{bmatrix} \begin{bmatrix} x_1 \\ x_2 \\ x_3 \end{bmatrix} + \begin{bmatrix} 0 \\ 0 \\ 1 \end{bmatrix} r(t)$$

$$\therefore \ A = \begin{bmatrix} 0 & 1 & 0 \\ 0 & 0 & 1 \\ -5 & -6 & 0 \end{bmatrix}$$

04 $\ddot{x} + 2\dot{x} + 5x = u(t)$의 미분방정식으로 표시되는 계의 상태방정식은?

① $\begin{bmatrix} \dot{x}_1 \\ \dot{x}_2 \end{bmatrix} = \begin{bmatrix} 0 & 1 \\ -5 & -2 \end{bmatrix} \begin{bmatrix} x_1 \\ x_2 \end{bmatrix} + \begin{bmatrix} 1 \\ 0 \end{bmatrix} u$

② $\begin{bmatrix} \dot{x}_1 \\ \dot{x}_2 \end{bmatrix} = \begin{bmatrix} 1 & 0 \\ -2 & -5 \end{bmatrix} \begin{bmatrix} x_1 \\ x_2 \end{bmatrix} + \begin{bmatrix} 1 \\ 0 \end{bmatrix} u$

③ $\begin{bmatrix} \dot{x}_1 \\ \dot{x}_2 \end{bmatrix} = \begin{bmatrix} 0 & 1 \\ -5 & -2 \end{bmatrix} \begin{bmatrix} x_1 \\ x_2 \end{bmatrix} + \begin{bmatrix} 0 \\ 1 \end{bmatrix} u$

④ $\begin{bmatrix} \dot{x}_1 \\ \dot{x}_2 \end{bmatrix} = \begin{bmatrix} 0 & 1 \\ -2 & -5 \end{bmatrix} \begin{bmatrix} x_1 \\ x_2 \end{bmatrix} + \begin{bmatrix} 0 \\ 1 \end{bmatrix} u$

해설

$x = x_1$

$\frac{dx}{dt} = \dot{x}_1 = x_2$

$\frac{d^2x}{dt^2} = \dot{x}_2$

$\dot{x}_2 + 2x_2 + 5x_1 = u$

상태 방정식 $\dot{x} = Ax + Bu$ 라 하면

$\dot{x}_1 = x_2$, $\dot{x}_2 = -5x_1 - 2x_2 + u$

$$\begin{bmatrix} \dot{x}_1 \\ \dot{x}_2 \end{bmatrix} = \begin{bmatrix} 0 & 1 \\ -5 & -2 \end{bmatrix} \begin{bmatrix} x_1 \\ x_2 \end{bmatrix} + \begin{bmatrix} 0 \\ 1 \end{bmatrix} u$$

05 선형 시불변계가 다음의 동태방정식(dynamic equation)으로 쓰여질 때 전달함수 $G(s)$는? (단, $(sI-A)$는 정적(nonsingular)하다.)

$$\frac{dx(t)}{dt} = Ax(t) + Br(t)$$

$c(t) = Dx(t) + Er(t)$

$x(t) = n \times 1$ state vector

$r(t) = p \times 1$ input vector

$c(t) = q \times 1$ output vector

① $G(s) = (sI-A)^{-1}B + E$

② $G(s) = D(sI-A)^{-1}B + E$

③ $C(s) = D(sI-A)^{-1}B$

④ $C(s) = D(sI-A)B$

해설

$sX(s) = A \cdot X(s) + BR(s)$

$[sI-A]X(s) = BR(s)$

$X(s) = [sI-A]^{-1}BR(s)$

$C(s) = D[sI-A]^{-1}BR(s) + ER(s)$

$= R(s)\{D[sI-A]^{-1}B + E\}$

$G(s) = \frac{C(s)}{R(s)} = D[sI-A]^{-1}B + E$

06 상태방정식 $x(t) = Ax(t) + Br(t)$ 인 제어계의 특성방정식은?

① $[sI-B] = I$

② $[sI-A] = I$

③ $[sI-B] = 0$

④ $[sI-A] = 0$

해설

특성 방정식 = $[sI-A] = 0$이며 특성방정식의 근을 고유값이라 한다.

정답 04 ③ 05 ② 06 ④

07 $A=\begin{bmatrix}0 & 1\\-3 & -2\end{bmatrix}$, $B=\begin{bmatrix}4\\5\end{bmatrix}$ 인 상태방정식 $\dfrac{dx}{dt}=Ax+Br$ 에서 제어계의 특성방정식은?

① $s^2+4s+3=0$
② $s^2+3s+2=0$
③ $s^2+3s+4=0$
④ $s^2+2s+3=0$

해설

상태방정식에서 계수행렬 A 에 의한 특성방정식은 $|sI-A|=0$ 이므로

$$sI-A=s\begin{bmatrix}1 & 0\\0 & 1\end{bmatrix}-\begin{bmatrix}0 & 1\\-3 & -2\end{bmatrix}$$
$$=\begin{bmatrix}s & 0\\0 & s\end{bmatrix}-\begin{bmatrix}0 & 1\\-3 & -2\end{bmatrix}=\begin{bmatrix}s & -1\\3 & s+2\end{bmatrix}$$

특성방정식

$=|sI-A|=\begin{bmatrix}s & -1\\3 & s+2\end{bmatrix}$
$=s(s+2)-(-1)\times 3$
$=s^2+2s+3=0$

08 $\begin{bmatrix}2 & 2\\0.5 & 2\end{bmatrix}$의 고유값(eigen value)는?

① 2, 2 ② 3, 2
③ 1, 3 ④ 2, 1

해설

상태방정식에서 계수행렬 A 에 의한 특성방정식은 $|sI-A|=0$ 이므로

$$sI-A=s\begin{bmatrix}1 & 0\\0 & 1\end{bmatrix}-\begin{bmatrix}2 & 2\\0.5 & 2\end{bmatrix}$$
$$=\begin{bmatrix}s & 0\\0 & s\end{bmatrix}-\begin{bmatrix}2 & 2\\0.5 & 2\end{bmatrix}=\begin{bmatrix}s-2 & -2\\-0.5 & s-2\end{bmatrix}$$

특성방정식

$=|sI-A|=\begin{bmatrix}s-2 & -2\\-0.5 & s-2\end{bmatrix}$
$=(s-2)^2-(-2)\times(-0.5)$
$=s^2-4s+3=(s-1)(s-3)=0$에서

고유값은 특성방정식의 근을 말하므로

$\therefore\ s=1,\ 3$

09 $A=\begin{bmatrix}0 & 1 & 0\\0 & -1 & 6\\-1 & -1 & -5\end{bmatrix}$의 고유값은?

① $-1,\ -2,\ -3$
② $-2,\ -3,\ -4$
③ $-1,\ -2,\ -4$
④ $-1,\ -3,\ -4$

해설

상태방정식에서 계수행렬 A 에 의한 특성방정식은 $|sI-A|=0$ 이며 특성방정식의 근을 고유값이라 한다.

$$sI-A=s\begin{bmatrix}1 & 0 & 0\\0 & 1 & 0\\0 & 0 & 1\end{bmatrix}-\begin{bmatrix}0 & 1 & 0\\0 & -1 & 6\\-1 & -1 & -5\end{bmatrix}$$
$$=\begin{bmatrix}s & 0 & 0\\0 & s & 0\\0 & 0 & s\end{bmatrix}-\begin{bmatrix}0 & 1 & 0\\0 & -1 & 6\\-1 & -1 & -5\end{bmatrix}$$
$$=\begin{bmatrix}s & -1 & 0\\0 & s+1 & -6\\1 & 1 & s+5\end{bmatrix}$$

$$|sI-A|=\begin{vmatrix}s & -1 & 0\\0 & s+1 & -6\\1 & 1 & s+5\end{vmatrix}$$

$=s(s+1)(s+5)+1\times(-1)\times(-6)-[s\times(-6)\times 1]$

특성방정식

$s^3+6s^2+11s+6=(s+1)(s+2)(s+3)=0$이므로

고유값은

$\therefore\ s=-1,\ s=-2,\ s=-3$

10 상태방정식이 다음과 같은 계의 천이행렬 $\phi(t)$는 어떻게 표시되는가?

$$\dot{x}(t)=Ax(t)+Bu$$

① $\mathcal{L}^{-1}\{(sI-A)\}$
② $\mathcal{L}^{-1}\{(sI-A)^{-1}\}$
③ $\mathcal{L}^{-1}\{(sI-B)\}$
④ $\mathcal{L}^{-1}\{(sI-B)^{-1}\}$

해설

천이행렬 $\phi(t)=\mathcal{L}^{-1}[(sI-A)^{-1}]$

정답 07 ④ 08 ③ 09 ① 10 ②

11 다음의 상태방정식으로 표시되는 제어계가 있다. 이 방정식의 값은 어떻게 되는가? (단, $x(0)$는 초기상태 벡터이다.)

$$\dot{x}(t) = Ax(t)$$

① $e^{-At}x(0)$　② $e^{At}x(0)$
③ $Ae^{-At}x(0)$　④ $Ae^{At}x(0)$

해설

상태 방정식 $\dot{x} = Ax(t) + Bu(t)$ 를 라플라스 변환하면
$sX(s) - x(0) = AX(s) + BU(s)$
$(s - A)X(s) = x(0)$ (과도상태 무시)
$X(s) = \dfrac{1}{s-A}x(0)$
$x(t) = e^{At}x(0)$

12 state transition matrix(상태천이행렬) $\phi(t) = e^{At}$ 에서 $t = 0$ 의 값은?

① e　② I
③ e^{-1}　④ 0

해설

상태천이행렬의 성질
① $x(t) = \phi(t)x(0) = e^{At}x(0)$　$\phi(t) = e^{At}$
② $\phi(0) = I$ (단, I는 단위행렬)
③ $\phi^{-1}(t) = \phi(-t) = e^{-At}$
④ $\phi(t_2 - t_1)\phi(t_1 - t_0) = \phi(t_2 - t_0)$
⑤ $[\phi(t)]^k = \phi(kt)$

13 다음은 천이행렬 $\phi(t)$의 특징을 서술한 관계식이다. 이 중 잘못된 것은?

① $\phi(0) = I$
② $\phi^{-1}(t) = \phi(-t)$
③ $\phi(t + \tau) = \phi(t) + \phi(\tau)$
④ $\phi(t_2 - t_0) = \phi(t_2 - t_1)\phi(t_1 - t_0)$

해설

상태천이행렬의 성질
① $x(t) = \phi(t)x(0) = e^{At}x(0)$　$\phi(t) = e^{At}$
② $\phi(0) = I$ (단, I는 단위행렬)
③ $\phi^{-1}(t) = \phi(-t) = e^{-At}$
④ $\phi(t_2 - t_1)\phi(t_1 - t_0) = \phi(t_2 - t_0)$
⑤ $[\phi(t)]^k = \phi(kt)$

14 천이행렬에 관한 서술 중 옳지 않은 것은? 단, $\dot{x} = Ax + Bu$ 이다.

① $\phi(t) = e^{At}$
② $\phi(t) = \mathcal{L}^{-1}[sI - A]$
③ 천이행렬은 기본행렬이라고도 한다.
④ $\phi(s) = [sI - A]^{-1}$

해설

천이행렬 $\phi(t) = \mathcal{L}^{-1}[(sI - A)^{-1}]$

15 n 차 선형 시불변 시스템의 상태방정식을 $\dfrac{d}{dt}x(t) = Ax(t) + Br(t)$로 표시할 때 상태 천이행렬 $\phi(t)(n \times n$ 행렬$)$에 관하여 잘못 기술된 것은?

① $\dfrac{d\phi(t)}{dt} = A\phi(t)$
② $\phi(t) = \mathcal{L}^{-1}[(sI - A)^{-1}]$
③ $\phi(t) = e^{At}$
④ $\phi(t)$ 는 시스템의 정상상태응답을 나타낸다.

해설

$\phi(t)$는 선형 시스템의 과도응답(천이행렬)을 나타낸다.

16 다음 계통의 상태천이행렬 $\phi(t)$ 를 구하면?

$$\begin{bmatrix} \dot{x}_1 \\ \dot{x}_2 \end{bmatrix} = \begin{bmatrix} 0 & 1 \\ -2 & -3 \end{bmatrix} \begin{bmatrix} x_1 \\ x_2 \end{bmatrix}$$

① $\begin{bmatrix} 2e^{-t} - e^{2t} & e^{t} - e^{2t} \\ -2e^{-t} + 2e^{2t} & -e^{t} + 2e^{2t} \end{bmatrix}$

② $\begin{bmatrix} 2e^{t} + e^{2t} & -e^{t} + 2e^{2t} \\ 2e^{t} - 2e^{2t} & e^{-t} - 2e^{-2t} \end{bmatrix}$

③ $\begin{bmatrix} -2e^{-t} + e^{-2t} & -e^{t} - e^{-2t} \\ -2e^{-t} - 2e^{-2t} & -e^{-t} - 2e^{-2t} \end{bmatrix}$

④ $\begin{bmatrix} 2e^{-t} - e^{-2t} & e^{-t} - e^{-2t} \\ -2e^{-t} + 2e^{-2t} & -e^{-t} + 2e^{-2t} \end{bmatrix}$

정답　11 ②　12 ②　13 ③　14 ②　15 ④　16 ④

해설

$$[sI-A]=\begin{bmatrix} s & 0 \\ 0 & s \end{bmatrix}-\begin{bmatrix} 0 & 1 \\ -2 & -3 \end{bmatrix}=\begin{bmatrix} s & -1 \\ 2 & s+3 \end{bmatrix}$$

$$[sI-A]^{-1}=\frac{1}{(s+1)(s+2)}\begin{bmatrix} s & 1 \\ -2 & s+3 \end{bmatrix}$$

$$=\begin{bmatrix} \frac{s+3}{(s+1)(s+2)} & \frac{1}{(s+1)(s+2)} \\ \frac{-2}{(s+1)(s+2)} & \frac{s}{(s+1)(s+2)} \end{bmatrix}$$

$$F_1(s)=\frac{s+3}{(s+1)(s+2)}=\frac{2}{s+1}-\frac{1}{s+2}$$

$$\Rightarrow f_1(t)=2e^{-t}-e^{-2t}$$

$$F_2(s)=\frac{1}{(s+1)(s+2)}=\frac{1}{s+1}+\frac{-1}{s+2}$$

$$\Rightarrow f_2(t)=e^{-t}-e^{-2t}$$

$$F_3(s)=\frac{-2}{(s+1)(s+2)}=\frac{-2}{s+1}+\frac{2}{s+2}$$

$$\Rightarrow f_3(t)=-2e^{-t}+2e^{-2t}$$

$$F_4(s)=\frac{s}{(s+1)(s+2)}=\frac{-1}{s+1}+\frac{2}{s+2}$$

$$\Rightarrow f_4(t)=-e^{-t}+2e^{-2t}$$

$$\phi(t)=\mathcal{L}^{-1}[(sI-A)^{-1}]$$

$$=\begin{bmatrix} 2e^{-t}-e^{-2t} & e^{-t}-e^{-2t} \\ -2e^{-t}+2e^{-2t} & -e^{-t}+2e^{-2t} \end{bmatrix}$$

17 계수행렬(또는 동반행렬) A가 다음과 같이 주어지는 제어계가 있다. 천이행렬(transition matrix)을 구하면?

$$A=\begin{bmatrix} 0 & 1 \\ -1 & -2 \end{bmatrix}$$

① $\begin{bmatrix} (t+1)e^{-t} & te^{-t} \\ -te^{-t} & (-t+1)e^{-t} \end{bmatrix}$

② $\begin{bmatrix} (t+1)e^{t} & te^{-t} \\ -te^{t} & (t+1)e^{t} \end{bmatrix}$

③ $\begin{bmatrix} (t+1)e^{-t} & -te^{-t} \\ te^{-t} & (t+1)e^{-t} \end{bmatrix}$

④ $\begin{bmatrix} (t+1)e^{-t} & 0 \\ 0 & (-t+1)e^{-t} \end{bmatrix}$

해설

$$[sI-A]=\begin{bmatrix} s & -1 \\ 1 & s+2 \end{bmatrix}$$

$$[sI-A]^{-1}=\frac{1}{(s+1)^2}\begin{bmatrix} s+2 & 1 \\ -1 & s \end{bmatrix}$$

$$=\begin{bmatrix} \frac{s+2}{(s+1)^2} & \frac{1}{(s+1)^2} \\ -\frac{1}{(s+1)^2} & \frac{S}{(s+1)^2} \end{bmatrix}$$

$$\phi(t)=\mathcal{L}^{-1}([sI-A]^{-1})=\begin{bmatrix} (t+1)e^{-t} & te^{-t} \\ -te^{-t} & (-t+1)e^{-t} \end{bmatrix}$$

18 시스템의 특성이 $G(s)=\frac{C(s)}{U(s)}=\frac{1}{s^2}$과 같을 때 천이행렬은?

① $\begin{bmatrix} 1 & 0 \\ 0 & 1 \end{bmatrix}$　② $\begin{bmatrix} 1 & t \\ 0 & 1 \end{bmatrix}$

③ $\begin{bmatrix} 1 & -t \\ 0 & 1 \end{bmatrix}$　④ $\begin{bmatrix} -1 & 0 \\ 0 & 1 \end{bmatrix}$

해설

$$G(s)=\frac{C(s)}{U(s)}=\frac{1}{s^2},\ s^2C(s)\equiv U(s)$$

역라플라스 변환하면 $\frac{d^2c(t)}{dt^2}=u(t)$

$$c(t)=x_1,\ \frac{dc(t)}{dt}=\dot{x}_1=x_2,\ \frac{d^2c(t)}{dt^2}=\dot{x}_2$$

상태 방정식 $\dot{x}=Ax+Bu$ 라 하면

$\dot{x}_1=x_2,\ \dot{x}_2=u(t)$

$$\begin{bmatrix} \dot{x}_1 \\ \dot{x}_2 \end{bmatrix}=\begin{bmatrix} 0 & 1 \\ 0 & 0 \end{bmatrix}\begin{bmatrix} x_1 \\ x_2 \end{bmatrix}+\begin{bmatrix} 0 \\ 1 \end{bmatrix}u$$

계수행렬 $A=\begin{bmatrix} 0 & 1 \\ 0 & 0 \end{bmatrix}$이므로 천이행렬 $\phi(t)$는

$$sI-A=s\begin{bmatrix} 1 & 0 \\ 0 & 1 \end{bmatrix}-\begin{bmatrix} 0 & 1 \\ 0 & 0 \end{bmatrix}=\begin{bmatrix} s & -1 \\ 0 & s \end{bmatrix}$$

$$[sI-A]^{-1}=\begin{bmatrix} s & -1 \\ 0 & s \end{bmatrix}^{-1}=\frac{1}{s^2}\begin{bmatrix} s & 1 \\ 0 & s \end{bmatrix}$$

$$=\begin{bmatrix} \frac{1}{s} & \frac{1}{s^2} \\ 0 & \frac{1}{s} \end{bmatrix}$$

$$\therefore\ \phi(t)=\mathcal{L}^{-1}\{[sI-A]^{-1}\}=\begin{bmatrix} 1 & t \\ 0 & 1 \end{bmatrix}$$

정답　17 ①　18 ②

19 상태 방정식 $\frac{d}{dt}x(t) = Ax(t) + Bu(t)$, 출력방정식 $y(t) = Cs(t)$ 에서,

$A = \begin{bmatrix} -1 & 1 \\ 0 & -3 \end{bmatrix}$, $B = \begin{bmatrix} 0 \\ 1 \end{bmatrix}$, $C = [0 \ 1]$

일 때 다음 설명 중 옳은 것은?

① 이 시스템은 제어 및 관측이 가능하다.
② 이 시스템은 제어는 가능하나 관측은 불가능하다.
③ 이 시스템은 제어는 불가능하나 관측은 가능하다.
④ 이 시스템은 제어 및 관측이 불가능하다.

해설

가제어성 행렬 S가 역행렬을 가지면 가제어하고, 가관측 행렬 V가 역행렬을 가지면 가관측하다.
상태방정식이 다음과 같을 때

$\dot{x} = Ax + Bu$, $u = Cx$

$S = [B \ AB]$, $V = \begin{bmatrix} C \\ CA \end{bmatrix}$

$AB = \begin{bmatrix} -1 & 1 \\ 0 & -3 \end{bmatrix} \begin{bmatrix} 0 \\ 1 \end{bmatrix} = \begin{bmatrix} 1 \\ -3 \end{bmatrix}$

$CA = [0 \ 1] \begin{bmatrix} -1 & 1 \\ 0 & -3 \end{bmatrix} = [0 \ -3]$

$S = \begin{bmatrix} 0 & 1 \\ 1 & -3 \end{bmatrix}$

$V = \begin{bmatrix} 0 & 1 \\ 0 & -3 \end{bmatrix}$

$\therefore |S| = 0 \times (-3) - 1 \times 1 = -1$
: 가제어하다.

$\therefore |V| = 0 \times (-3) - 0 \times 1 = 0$
: 가관측하지 않는다.

20 T를 샘플주기라고 할 때 z 변환은 라플라스 변환의 함수의 s 대신 다음의 어느 것을 대입하여야 하는가?

① $\frac{1}{T}\ln\frac{1}{z}$ ② $\frac{1}{T}\ln z$
③ $T\ln z$ ④ $T\ln\frac{1}{z}$

해설

$z = e^{Ts}$, $\ln z = \ln e^{Ts} = Ts$

$\therefore s = \frac{1}{T}\ln z$

21 $e(t)$의 초기값 $e(t)$의 z 변환을 $E(z)$라 했을 때 다음 어느 방법으로 얻어지는가?

① $\lim_{z \to 0} zE(s)$
② $\lim_{z \to 0} E(z)$
③ $\lim_{z \to \infty} zE(z)$
④ $\lim_{z \to \infty} E(z)$

해설

z 변환의 초기값 정리
$\lim_{t=0} e(t) = \lim_{z=\infty} E(z)$

z 변환의 최종값 정리
$\lim_{t=\infty} e(t) = \lim_{z=1} (1 - z^{-1})E(z)$

22 다음 중 z 변환에서 최종치 정리를 나타낸 것은?

① $x(0) = \lim_{z \to \infty}(z)$
② $x(0) = \lim_{z \to \infty} X(z)$
③ $x(\infty) = \lim_{z \to 1}(1 - z)X(z)$
④ $x(\infty) = \lim_{z \to 1}(1 - z^{-1})X(z)$

해설

z변환의 초기값 정리
$\lim_{t \to 0} x(t) = \lim_{z \to \infty} X(z)$

z변환의 최종값 정리
$\lim_{t \to \infty} x(t) = \lim_{z \to 1}(1 - z^{-1})X(z)$

23 $C(s) = R(s)G(s)$의 z-변환 $C(z)$은 어느 것인가?

① $R(z)G(z)$
② $R(z) + G(z)$
③ $R(z) / G(z)$
④ $R(z) - G(z)$

정답 19 ② 20 ② 21 ④ 22 ④ 23 ①

24 단위계단함수 $u(t)$를 z 변환하면?

① $\frac{1}{z}$　③ $\frac{1}{z-1}$

③ $\frac{z}{z-1}$　④ $\frac{1}{z+1}$

해설

시간함수 $f(t)$	라플라스변환 $F(s)$	z변환 $F(z)$
$\delta(t)$	1	1
$u(t)=1$	$\frac{1}{s}$	$\frac{z}{z-1}$
e^{-at}	$\frac{1}{s+a}$	$\frac{z}{z-e^{-aT}}$
t	$\frac{1}{s^2}$	$\frac{Tz}{(z-1)^2}$

25 신호 $x(t)$가 다음과 같을 때의 z 변환 함수는 어느 것인가? (단, 신호 $x(t)$는 $x(t)=0$ $T<0$, $x(t)=e^{-aT}$ $T\geq 0$이며 이상 샘플러의 샘플 주기는 T[s] 이다.)

① $(1-e^{-aT})z\,/\,(z-1)(z-e^{-aT})$

② $z\,/\,z-1$

③ $z\,/\,z-e^{-aT}$

④ $Tz\,/\,z(z-1)^2$

해설

시간함수 $f(t)$	라플라스변환 $F(s)$	z변환 $F(z)$
$\delta(t)$	1	1
$u(t)=1$	$\frac{1}{s}$	$\frac{z}{z-1}$
e^{-at}	$\frac{1}{s+a}$	$\frac{z}{z-e^{-aT}}$
t	$\frac{1}{s^2}$	$\frac{Tz}{(z-1)^2}$

26 단위계단함수의 라플라스 변환과 z 변환 함수는 어느 것인가?

① $\frac{1}{s},\ \frac{z}{z-1}$　② $s,\ \frac{z}{z-1}$

③ $\frac{1}{s},\ \frac{1}{z-1}$　④ $s,\ \frac{z-1}{z}$

해설

시간함수 $f(t)$	라플라스변환 $F(s)$	z변환 $F(z)$
$\delta(t)$	1	1
$u(t)=1$	$\frac{1}{s}$	$\frac{z}{z-1}$
e^{-at}	$\frac{1}{s+a}$	$\frac{z}{z-e^{-aT}}$
t	$\frac{1}{s^2}$	$\frac{Tz}{(z-1)^2}$

27 다음은 단위계단함수 $u(t)$의 라플라스 또는 z 변환 쌍을 나타낸다. 이 중에서 옳은 것은?

① $\mathcal{L}[u(t)]=1$

② $z[u(t)]=1/z$

③ $\mathcal{L}[u(t)]=1\,/\,s^2$

④ $z[u(t)]=z\,/\,(z-1)$

해설

시간함수 $f(t)$	라플라스변환 $F(s)$	z변환 $F(z)$
$\delta(t)$	1	1
$u(t)=1$	$\frac{1}{s}$	$\frac{z}{z-1}$
e^{-at}	$\frac{1}{s+a}$	$\frac{z}{z-e^{-aT}}$
t	$\frac{1}{s^2}$	$\frac{Tz}{(z-1)^2}$

정답　24 ③　25 ③　26 ①　27 ④

28 z 변환 함수 $z/(z-e^{-aT})$에 대응되는 시간 함수는? (단, T는 이상 샘플러의 샘플 주기이다.)

① te^{-aT}　② $\sum_{n=0}^{\infty}\delta(t-nT)$

③ $1-e^{-aT}$　④ e^{-aT}

해설

시간함수 $f(t)$	라플라스변환$F(s)$	z변환 $F(z)$
$\delta(t)$	1	1
$u(t)=1$	$\frac{1}{s}$	$\frac{z}{z-1}$
e^{-at}	$\frac{1}{s+a}$	$\frac{z}{z-e^{-aT}}$
t	$\frac{1}{s^2}$	$\frac{Tz}{(z-1)^2}$

29 $z/(z-1)$에 대응되는 라플라스 변환함수는?

① $1/(s-1)$　② $1/s$

③ $1/(s+1)^2$　④ $1/s^2$

해설

시간함수 $f(t)$	라플라스변환$F(s)$	z변환 $F(z)$
$\delta(t)$	1	1
$u(t)=1$	$\frac{1}{s}$	$\frac{z}{z-1}$
e^{-at}	$\frac{1}{s+a}$	$\frac{z}{z-e^{-aT}}$
t	$\frac{1}{s^2}$	$\frac{Tz}{(z-1)^2}$

30 z 변환 함수 $z/(z-e^{-aT})$에 대응되는 라플라스 변환함수는?

① $1/(s+a)^2$　② $1/(1-e^{TS})$

③ $a/s(s+a)$　④ $1/(s+a)$

해설

시간함수 $f(t)$	라플라스변환$F(s)$	z변환 $F(z)$
$\delta(t)$	1	1
$u(t)=1$	$\frac{1}{s}$	$\frac{z}{z-1}$
e^{-at}	$\frac{1}{s+a}$	$\frac{z}{z-e^{-aT}}$
t	$\frac{1}{s^2}$	$\frac{Tz}{(z-1)^2}$

31 z 변환함수 $\frac{Tz}{(z-1)^2}$에 대응되는 라플라스 변환함수는? (단, T는 이상적인 샘플 주기이다.)

① $\frac{1}{s^2}$　② $\frac{2}{s^2}$

③ $\frac{1}{(s-3)^2}$　④ $\frac{2}{(s-3)^2}$

해설

시간함수 $f(t)$	라플라스변환$F(s)$	z변환 $F(z)$
$\delta(t)$	1	1
$u(t)=1$	$\frac{1}{s}$	$\frac{z}{z-1}$
e^{-at}	$\frac{1}{s+a}$	$\frac{z}{z-e^{-aT}}$
t	$\frac{1}{s^2}$	$\frac{Tz}{(z-1)^2}$

32 $R(z)=\frac{(1-e^{-aT})z}{(z-1)(z-e^{-aT})}$의 역변환은?

① $1-e^{-aT}$　② $1+e^{-aT}$

③ te^{-aT}　④ te^{aT}

해설

$$G(z)=\frac{R(z)}{z}=\frac{(1-e^{-aT})}{(z-1)(z-e^{-aT})}$$

$$=\frac{A}{(z-1)}+\frac{B}{(z-e^{-aT})}$$

$A=G(z)(z-1)|_{z=1}=1$

$B=G(z)(z-e^{-aT})|_{z=e^{-aT}}=-1$이므로

$$G(z)=\frac{R(z)}{z}=\frac{1}{(z-1)}-\frac{1}{(z-e^{-aT})}$$

$R(z)=\frac{z}{(z-1)}-\frac{z}{(z-e^{-aT})}$ 이므로

역 z 변환하면 $r(t)=1-e^{-aT}$

정답　28 ④　29 ②　30 ④　31 ①　32 ①

33 z 평면상의 원점에 중심을 둔 단위원주상에 사상되는 것은 s 평면의 어느 성분인가?

① 양의 반평면 ② 음의 반평면
③ 실수축 ④ 허수축

해설

s 평면과 z 평면·궤적 사이의 사상

구간 \ 구분	s 평면	z 평면
안정	좌반평면(음의반평면)	단위원 내부
임계안정	허수축	단위 원주상
불안정	우반평면(양의반평면)	단위원 외부

34 s 평면의 우반면은 z 평면의 어느 부분으로 사상되는가?

① z 평면의 좌반면
② z 평면의 원점에 중심을 둔 단위원 내부
③ z 평면이 우반면
④ z 평면의 원점에 중심을 둔 단위원 외부

해설

s 평면과 z 평면·궤적 사이의 사상

구간 \ 구분	s 평면	z 평면
안정	좌반평면(음의반평면)	단위원 내부
임계안정	허수축	단위 원주상
불안정	우반평면(양의반평면)	단위원 외부

35 s 평면의 음의 좌평면상의 점은 z 평면의 단위원의 어느 부분에 사상되는가?

① 내점 ② 외점
③ 원주상의 점 ④ 내외점

해설

s 평면과 z 평면·궤적 사이의 사상

구간 \ 구분	s 평면	z 평면
안정	좌반평면(음의반평면)	단위원 내부
임계안정	허수축	단위 원주상
불안정	우반평면(양의반평면)	단위원 외부

36 샘플러의 주기를 T라 할 때 s 평면상의 모든 점은 식 $z = e^{sT}$에 의하여 z 평면상에 사상된다. s 평면의 좌반평면상의 모든 점은 z 평면상 단위원의 어느 부분으로 사상되는가?

① 내점 ② 외점
③ 원주상의 점 ④ z 평면 전체

해설

s 평면과 z 평면·궤적 사이의 사상

구간 \ 구분	s 평면	z 평면
안정	좌반평면(음의반평면)	단위원 내부
임계안정	허수축	단위 원주상
불안정	우반평면(양의반평면)	단위원 외부

37 이산 시스템(discrete data system)에서의 안정도 해석에 대한 아래의 설명 중 맞는 것은?

① 특성방정식의 모든 근이 z평면의 음의 반평면에 있으면 안정하다.
② 특성방정식의 모든 근이 z평면의 양의 반평면에 있으면 안정하다.
③ 특성방정식의 모든 근이 z평면의 단위원 내부에 있으면 안정하다.
④ 특성방정식의 모든 근이 z평면의 단위원 외부에 있으면 안정하다.

해설

s 평면과 z 평면·궤적 사이의 사상

구간 \ 구분	s 평면	z 평면
안정	좌반평면(음의반평면)	단위원 내부
임계안정	허수축	단위 원주상
불안정	우반평면(양의반평면)	단위원 외부

정답 33 ④ 34 ④ 35 ① 36 ① 37 ③

38 3차인 이산치 시스템의 특성방정식의 근이 -0.3, 0.2, $+0.5$로 주어져 있다. 이 시스템의 안정도는?

① 이 시스템은 안정한 시스템이다.
② 이 시스템은 임계 안정한 시스템이다.
③ 이 시스템은 불안정한 시스템이다.
④ 위 정보로서는 이 시스템의 안정도를 알 수 없다.

해설

반경이 $|z|=1$인 단위원 내부는 제어계의 특성이 안정하며 문제의 근의 위치는 안정 영역에 존재함을 알 수 있다.

39 그림과 같은 이산치계의 z변환 전달함수 $\dfrac{C(z)}{R(z)}$를 구하면? (단, $z\left[\dfrac{1}{s+a}\right]=\dfrac{z}{z-e^{-aT}}$ 임)

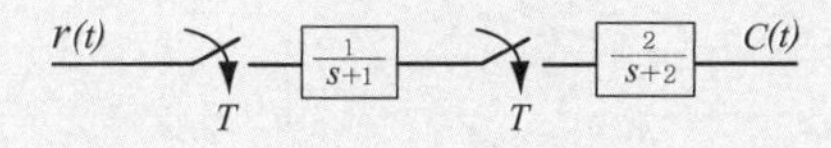

① $\dfrac{2z}{z-e^{-T}}-\dfrac{2z}{z-e^{-2T}}$

② $\dfrac{2z}{z-e^{-2T}}-\dfrac{2z}{z-e^{-T}}$

③ $\dfrac{2z^2}{(z-e^{-T})(z-e^{-2T})}$

④ $\dfrac{2z}{(z-e^{-T})(z-e^{-2T})}$

해설

$G_1(z)=z\left[\dfrac{1}{s+1}\right]=\dfrac{z}{z-e^{-T}}$

$G_2(z)=z\left[\dfrac{2}{s+2}\right]=\dfrac{2z}{z-e^{-2T}}$

이므로 z변환 종합 전달함수

$G(z)=G_1(z)\cdot G_2(z)$

$=\dfrac{z}{z-e^{-T}}\cdot\dfrac{2z}{z-e^{-2T}}$

$=\dfrac{2z^2}{(z-e^{-T})(z-e^{-2T})}$

40 다음 그림의 전달함수 $\dfrac{Y(z)}{R(z)}$는 다음 중 어느 것인가?

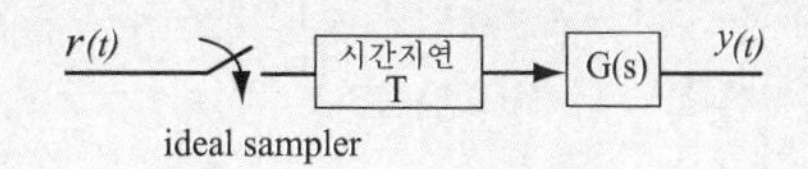

① $G(z)Tz^{-1}$ ② $G(z)Tz$
③ $G(z)z^{-1}$ ④ $G(z)z$

해설

시간지연시 z변환 전달요소

$G_1(z)=z[e^{-Ts}]=z^{-1}$

$G_2(z)=G(z)$ 이므로 z변환 종합 전달함수

$\dfrac{Y(z)}{R(z)}=G_1(z)\cdot G_2(z)=z^{-1}G(z)$

41 다음 차분방정식으로 표시되는 불연속계(discrete data system)가 있다. 이 계의 전달함수는?

$$c(k+2)+5c(k+1)+3c(k)=r(k+1)+2r(k)$$

① $\dfrac{C(z)}{R(z)}=(z+2)(z^2+5z+3)$

② $\dfrac{C(z)}{R(z)}=\dfrac{z^2+5z+3}{z+2}$

③ $\dfrac{C(z)}{R(z)}=\dfrac{z+2}{z^2+5z+3}$

④ $\dfrac{C(z)}{R(z)}=\dfrac{z^2+5z+3}{z}$

해설

차분방정식에서 $c(k+n)$의 z변환은 $C(z)z^n$을 의미하므로

$c(k+2)+5c(k+1)+3c(k)=r(k+1)+2r(k)$

를 z변환하면

$C(z)z^2+5C(z)z^1+3C(z)=R(z)z^1+2R(z)$

$C(z)(z^2+5z+3)=R(z)(z+2)$

전달함수 $\dfrac{C(z)}{R(z)}=\dfrac{z+2}{z^2+5z+3}$

정답 38 ① 39 ③ 40 ③ 41 ③

memo

Engineer Electricity

시퀀스 제어

Chapter 10

SECTION 10

시퀀스 제어

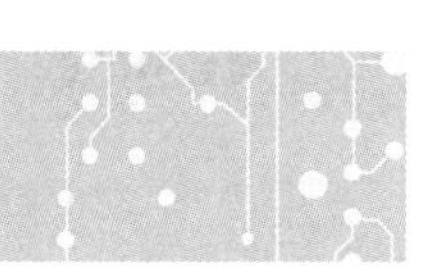

1 시퀀스 제어

미리 정해 놓은 순서에 따라 각 단계가 순차적으로 진행되는 제어로서 연결 스위치가 일시에 동작할 수는 없다.

핵심 NOTE

■ 특성방정식시퀀스 제어
미리 정해 놓은 순서에 따라 각 단계가 순차적으로 진행되며 일시에 동작할 수는 없다.

2 논리 시퀀스 회로

1. AND회로 = 직렬 = 곱

(1) 의미

입력이 모두 "1"일 때 출력이 "1"인 회로

(2) 논리식과 논리회로

$$X = A \cdot B$$

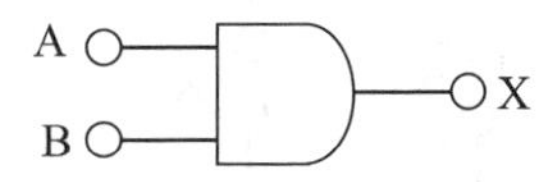

(3) 유접점과 진리표

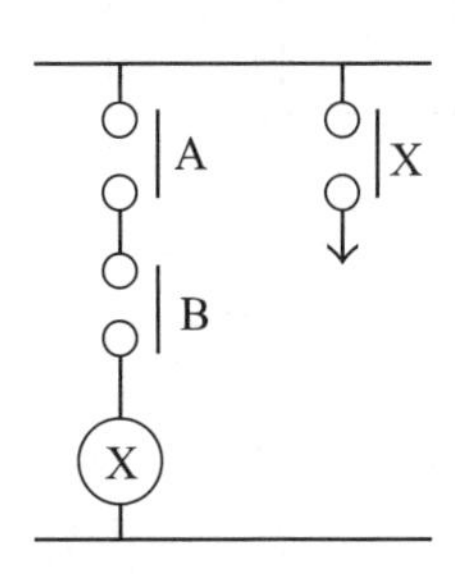

A	B	X
0	0	0
0	1	0
1	0	0
1	1	1

2. OR회로 = 병렬 = 합

(1) 의미

입력 중 어느 하나 이상 "1"일 때 출력이 "1"인 회로

(2) 논리식과 논리회로

$$X = A + B$$

A B X

(3) 유접점과 진리표

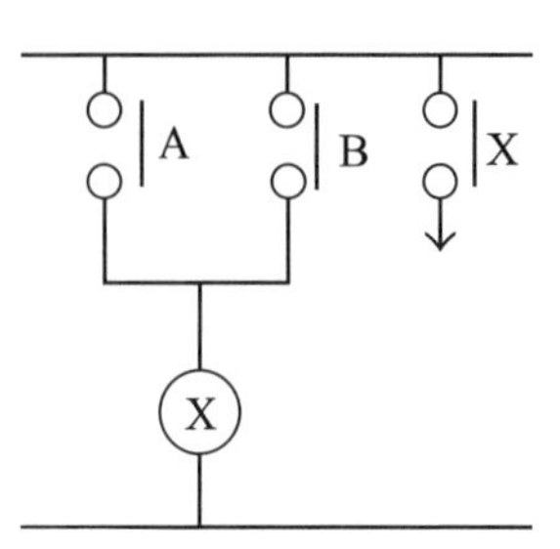

A	B	X
0	0	0
0	1	1
1	0	1
1	1	1

3. NOT회로 = 부정

(1) 의미

입력과 출력이 반대로 동작하는 회로로서 입력이 "1" 이면 출력은 "0", 입력이 "0" 이면 출력은 "1" 인 회로

(2) 논리식과 논리회로

$$X = \overline{A}$$

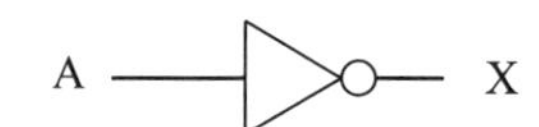

(3) 유접점과 진리표

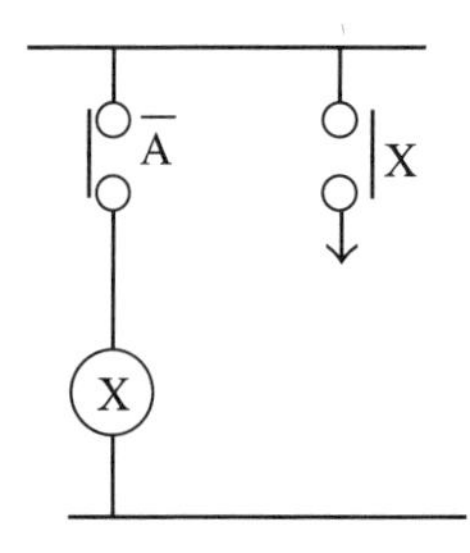

A	X
0	1
1	0

4. NAND회로

(1) 의미

AND 회로의 부정회로

(2) 논리식과 논리회로

$$X = \overline{A \cdot B}$$

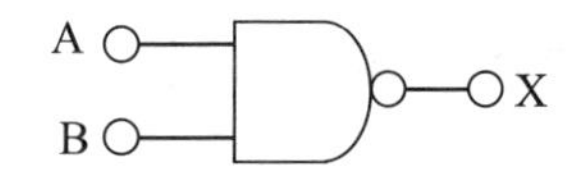

(3) 유접점과 진리표

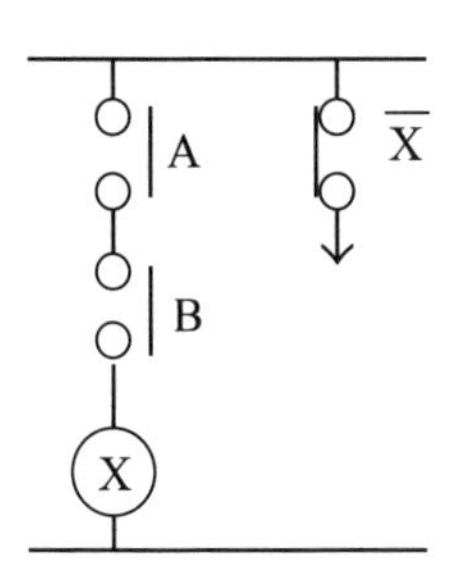

A	B	X
0	0	1
0	1	1
1	0	1
1	1	0

5. NOR 회로

(1) 의미

OR회로의 부정회로

(2) 논리식과 논리회로

$$X = \overline{A + B}$$

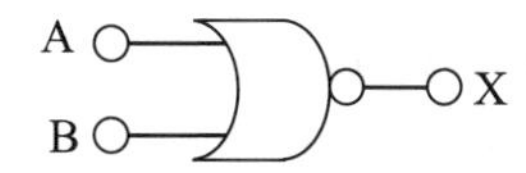

(3) 유접점과 진리표

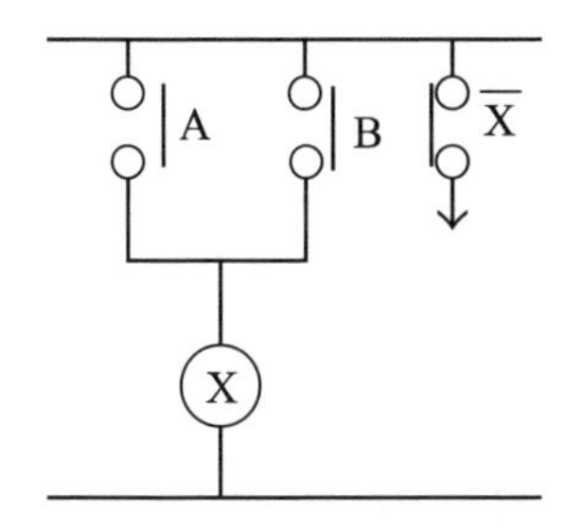

A	B	X
0	0	1
0	1	0
1	0	0
1	1	0

6. 배타적 논리합(Exclusive OR)회로

(1) 의미

입력 중 어느 하나만 "1"일 때 출력이 "1"되는 회로

(2) 논리식

$$X = A \cdot \overline{B} + \overline{A} \cdot B$$

(3) 논리회로

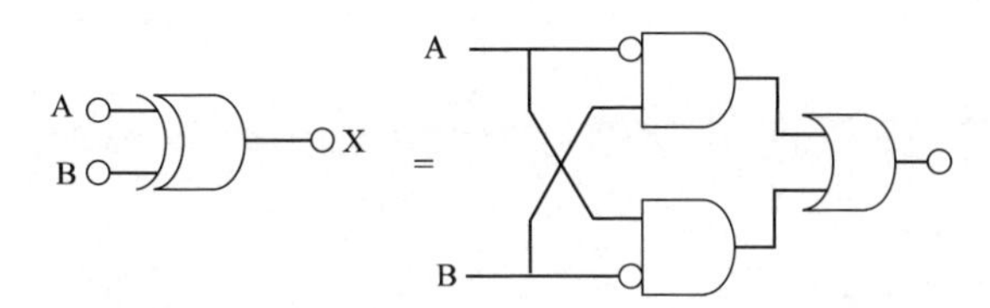

(4) 유접점과 진리표

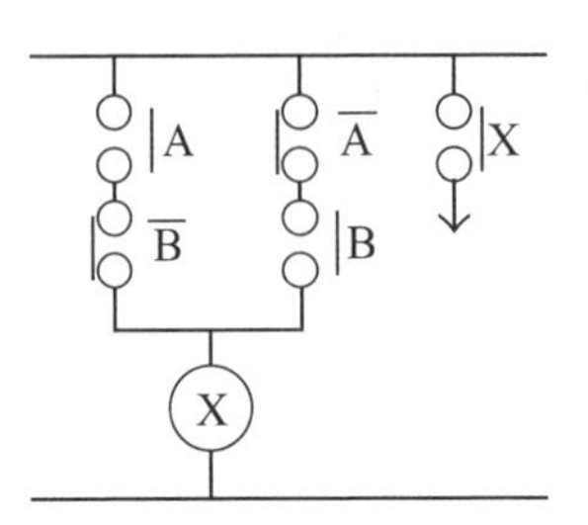

A	B	X
0	0	0
0	1	1
1	0	1
1	1	0

3 불 대수와 드모르강 정리

1. 불대수 정리

(1) $A+A=A$

(2) $A \cdot A=A$

(3) $A+1=1$

(4) $A+0=A$

(5) $A \cdot 1=A$

(6) $A \cdot 0=0$

(7) $A+\overline{A}=1$

(8) $A \cdot \overline{A}=0$

2. 드모르강 정리

(1) $\overline{A+B}=\overline{A} \cdot \overline{B}$

A B X = A B X

(2) $\overline{A \cdot B}=\overline{A}+\overline{B}$

A B X = A B X

핵심 NOTE

4 논리대수 정리

1. 교환 법칙

(1) $A + B = B + A$

(2) $A \cdot B = B \cdot A$

2. 결합의 법칙

(1) $(A + B) + C = A + (B + C)$

(2) $(A \cdot B) \cdot C = A \cdot (B \cdot C)$

3. 분배의 법칙

(1) $A \cdot (B + C) = A \cdot B + A \cdot C$

(2) $A + (B \cdot C) = (A + B) \cdot (A + C)$

SECTION 10

출제예상문제

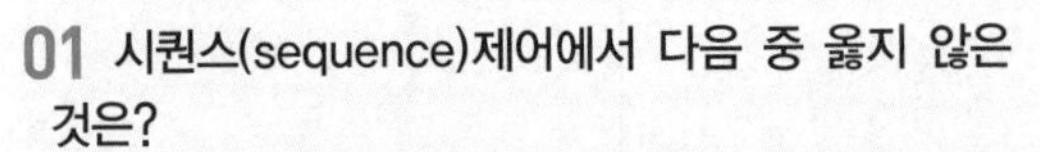

01 시퀀스(sequence)제어에서 다음 중 옳지 않은 것은?

① 조합논리회로(組合論理回路)도 사용된다.
② 기계적 계전기도 사용된다.
③ 전체 계통에 연결된 스위치가 일시에 동작할 수도 있다.
④ 시간 지연 요소도 사용된다.

해설

시퀀스 제어란
미리 정해놓은 순서에 따라 각 단계가 순차적으로 진행되는 제어로서 연결스위치가 일시에 동작 할 수는 없다.

02 논리회로의 종류에서 설명이 잘못된 것은?

① AND 회로 : 입력신호 A, B, C의 값이 모두 1일 때에만 출력 신호 Z 의 값이 1이 되는 회로로 논리식은 A · B · C = Z로 표시한다.
② OR 회로 : 입력신호 A, B, C의 값이 모두 1이면 출력 신호 Z 의 값이 1이 되는 회로로 논리식은 A + B + C = Z로 표시한다.
③ NOT 회로 : 입력신호 A와 출력 신호 Z 가 서로 반대로 되는 회로로 논리식은 $A = \overline{Z}$ 로 표시한다.
④ NOR 회로 : AND 회로의 부정회로로 논리식은 A + B = C로 표시한다.

해설

NOR 회로는 OR 회로의 부정회로로 논리식은 $\overline{A+B}$ 로 표시한다.

03 다음 그림과 같은 논리(logic)회로는?

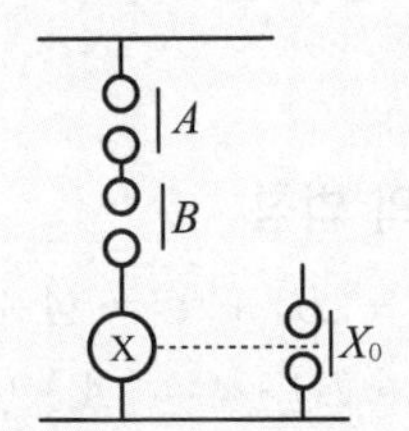

① OR 회로
② AND 회로
③ NOT 회로
④ NOR 회로

해설

A 와 B가 직렬연결이므로 AND 회로이다.

04 다음 그림과 같은 논리회로는?

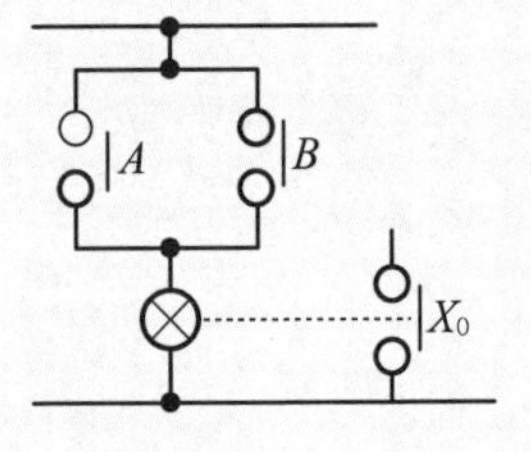

① OR 회로
② AND 회로
③ NOT 회로
④ NOR 회로

해설

A 와 B가 병렬연결이므로 OR 회로이다.

05 그림과 같은 계전기 접점회로의 논리식은?

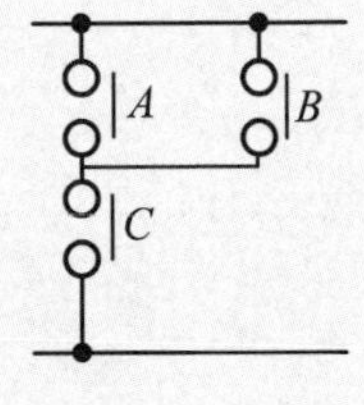

① $A+B+C$
② $(A+B)C$
③ $A+B+C$
④ ABC

해설

A와 B가 병렬연결이므로 $A+B$이고 여기에 C 가 직렬연결이므로 $(A+B) \cdot C$ 가 된다.

정답 01 ③ 02 ④ 03 ② 04 ① 05 ②

06 그림과 같은 계전기 접점회로의 논리식은?

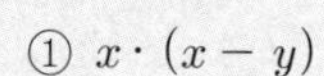

① $x \cdot (x - y)$

② $x + x \cdot y$

③ $x + (x + y)$

④ $x \cdot (x + y)$

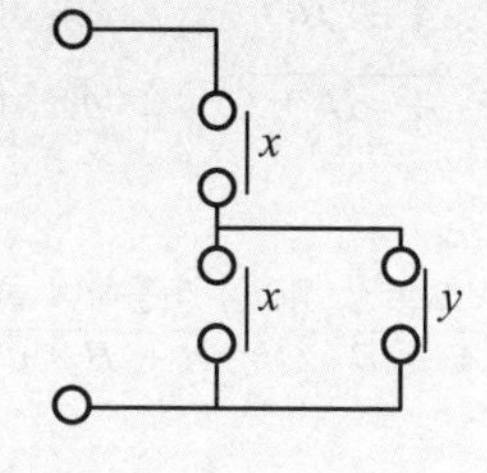

해설

x와 y가 병렬연결이므로 $x + y$이고 여기에 x가 직렬연결이므로 $x \cdot (x + y)$가 된다.

07 그림과 같은 계전기 접점회로의 논리식은?

① $(\overline{x} + y) \cdot (x + y)$

② $(\overline{x} + \overline{y}) \cdot (x + y)$

③ $\overline{x} \cdot y + x \cdot \overline{y}$

④ $x \cdot y$

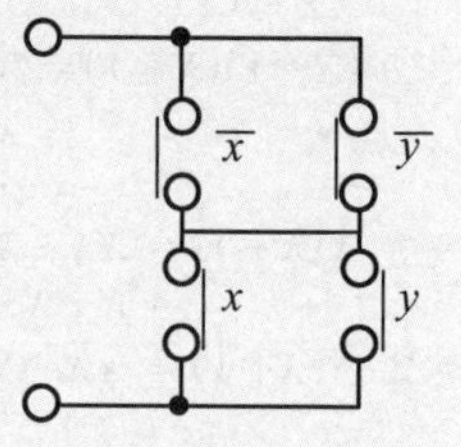

해설

$\overline{x}$와 $\overline{y}$가 병렬연결이므로 $\overline{x} + \overline{y}$, x와 y가 병렬연결이므로 $x + y$ 이고 이 둘이 직렬연결이므로 $(\overline{x} + \overline{y}) \cdot (x + y)$ 가 된다.

08 다음 계전기 접점회로의 논리식은?

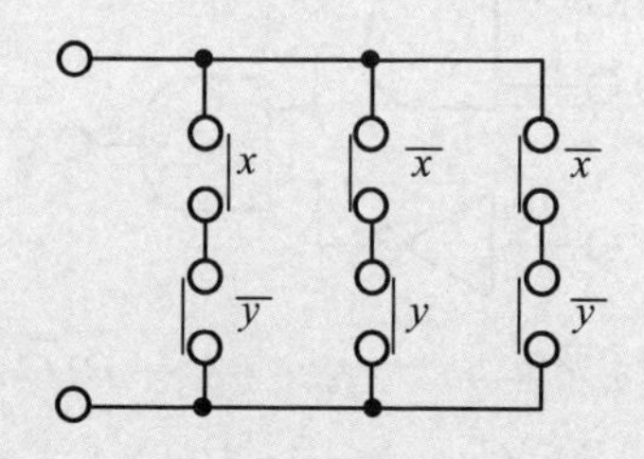

① $(x \cdot \overline{y}) + (\overline{x} \cdot y) + (\overline{x} \cdot \overline{y})$

② $(x \cdot \overline{y}) + (\overline{x} \cdot y) + (\overline{x \cdot y})$

③ $(x + y) \cdot (\overline{x} + y) \cdot (\overline{x} + \overline{y})$

④ $(x + \overline{y}) \cdot (\overline{x} + y) \cdot (\overline{x} + \overline{y})$

해설

x와 $\overline{y}$가 직렬연결이므로 $x \cdot \overline{y}$, $\overline{x}$와 y가 직렬연결이므로 $\overline{x} \cdot y$, $\overline{x}$와 $\overline{y}$가 직렬연결이므로 $\overline{x} \cdot \overline{y}$이며 전체가 병렬연결이므로 $(x \cdot \overline{y}) + (\overline{x} \cdot y) + (\overline{x} \cdot \overline{y})$ 가 된다.

09 다음 회로는 무엇을 나타낸 것인가?

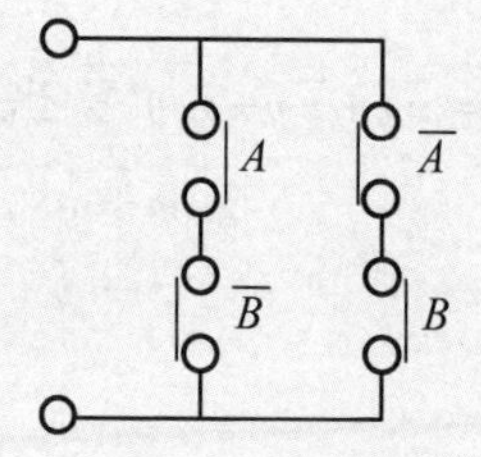

① AND ② OR

③ Exclusive OR ④ NAND

해설

A와 $\overline{B}$가 직렬연결이므로 $A \cdot \overline{B}$, $\overline{A}$와 B가 직렬연결이므로 $\overline{A} \cdot B$ 이고 이 둘이 전체적으로 병렬연결이므로 $A \cdot \overline{B} + \overline{A} \cdot B$ 가 된다.

이를 배타적 논리합 회로(Exclusive OR 회로)라 하며 입력 A, B 중 어느 하나의 입력만 동작하는 경우 출력이 동작되는 회로이다.

10 다은 논리식 중 옳지 않은 것은?

① $A + A = A$ ② $A \cdot A = A$

③ $A + \overline{A} = 1$ ④ $A \cdot \overline{A} = 1$

해설

불대수 정리

① $A + A = A$ ② $A \cdot A = A$

③ $A + 1 = 1$ ④ $A + 0 = A$

⑤ $A \cdot 1 = A$ ⑥ $A \cdot 0 = 0$

⑦ $A + \overline{A} = 1$ ⑧ $A \cdot \overline{A} = 0$

정답 06 ④ 07 ② 08 ① 09 ③ 10 ④

11 논리식 $L = X + \overline{X}Y$ 를 간단히 한 식은?

① X　② Y
③ $X + Y$　④ $\overline{X} + Y$

해설

배분의 법칙에 의해서
$L = X + \overline{X}Y = (X + \overline{X}) \cdot (X + Y)$
$= 1 \cdot (X + Y) = X + Y$

12 논리식 $L = \overline{x}\,\overline{y} + \overline{x}y + xy$ 를 간단히 한 것은?

① $x + y$　② $\overline{x} + y$
③ $x + \overline{y}$　④ $\overline{x} + \overline{y}$

해설

$L = \overline{x}\,\overline{y} + \overline{x}y + xy$
$= \overline{x}(\overline{y} + y) + y(\overline{x} + x) = \overline{x} + y$

13 다음 부울대수 계산에 옳지 않은 것은?

① $\overline{A \cdot B} = \overline{A} + \overline{B}$
② $\overline{A + B} = \overline{A} \cdot \overline{B}$
③ $A + A = A$
④ $A + A\overline{B} = 1$

해설

$A + A\overline{B} = A(1 + \overline{B}) = A$

14 다음 식 중 De Morgan의 정답을 나타낸 식은?

① $A + B = B + A$
② $A \cdot (B \cdot C) = (A \cdot B) \cdot C$
③ $\overline{A \cdot B} = \overline{A} \cdot \overline{B}$
④ $\overline{A \cdot B} = \overline{A} + \overline{B}$

해설

드모르강의 정리
$\overline{A \cdot B} = \overline{A} + \overline{B}$
$\overline{A + B} = \overline{A} \cdot \overline{B}$

15 논리식 $\overline{A} + \overline{B} \cdot \overline{C}$ 를 간단히 계산한 결과는?

① $\overline{A} + \overline{BC}$　② $\overline{A(B + C)}$
③ $\overline{A \cdot B + C}$　④ $\overline{A \cdot B} + C$

해설

드모르강 정리를 이용하여 풀면 다음과 같다.
$\overline{A} + \overline{B} \cdot \overline{C} = \overline{A} + \overline{B + C} = \overline{A \cdot (B + C)}$

16 논리식 중 다른 값을 나타내는 논리식은?

① $XY + X\overline{Y}$　② $(X + Y)(X + \overline{Y})$
③ $X(X + Y)$　④ $X(\overline{X} + Y)$

해설

① $XY + X\overline{Y} = X(Y + \overline{Y}) = X \cdot 1 = X$
② $(X + Y)(X + \overline{Y}) = XX + X\overline{Y} + XY + Y\overline{Y}$
$= X + X(Y + \overline{Y}) + 0$
$= X + X \cdot 1 = X + X = X$
③ $X(X + Y) = XX + XY$
$= X + XY = X(1 + Y) = X$
④ $X(\overline{X} + Y) = X\overline{X} + XY = 0 + XY = XY$

[참고] 부울대수
$X + \overline{X} = 1$, $X + 1 = 1$
$X \cdot \overline{X} = 0$, $1 \cdot X = X$

17 다음 논리회로의 출력 X_0는?

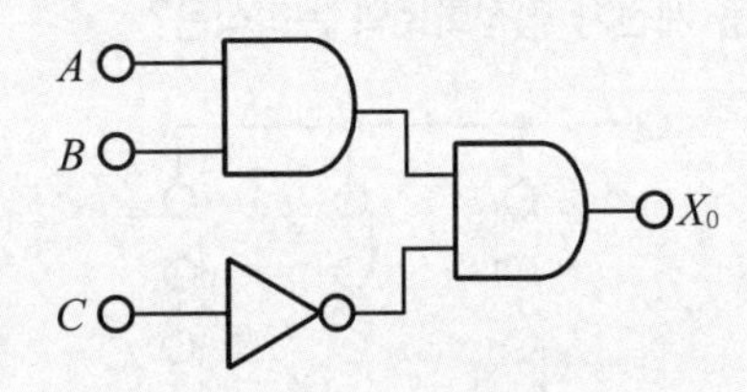

① $AB + \overline{C}$　② $(A + B)\overline{C}$
③ $A + B + \overline{C}$　④ $AB\overline{C}$

해설

$X_o = A \cdot B \cdot \overline{C}$

정답　11 ③　12 ②　13 ④　14 ④　15 ②　16 ④　17 ④

[참고]

명칭	논리회로	논리식
NOT	C ○ — ▷○ — X	$X = \overline{A}$
AND	A, B — AND — X	$X = A \cdot B$
OR	A, B — OR — X	$X = A + B$
NAND	A, B — NAND — X	$X = \overline{A \cdot B}$
NOR	A, B — NOR — X	$X = \overline{A + B}$

18 다음 논리회로의 출력은?

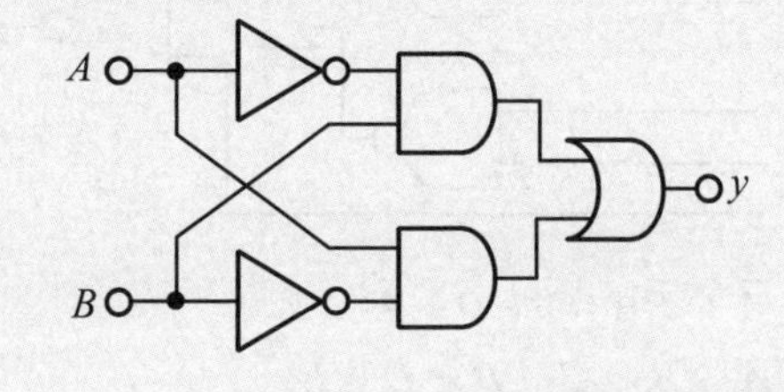

① $Y = A\overline{B} + \overline{A}B$
② $Y = \overline{A}\,\overline{B} + \overline{A}B$
③ $Y = A\overline{B} + \overline{A}\,\overline{B}$
④ $Y = \overline{A} + \overline{B}$

해설

배타적 논리합회로(Exclusive OR 회로)이므로
$Y = A\overline{B} + \overline{A}B$

19 그림과 같은 논리회로에서 $A = 1$, $B = 1$ 인 입력에 대한 출력 X, Y는 각각 얼마인가?

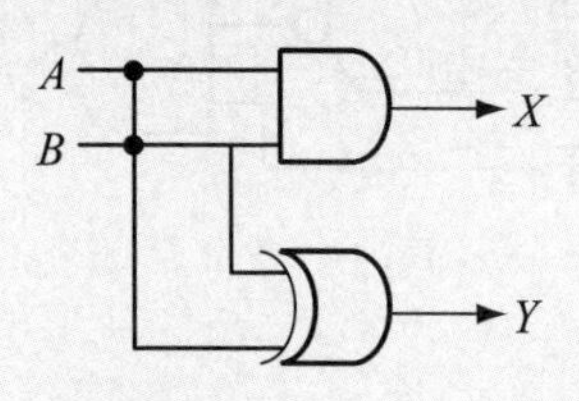

① $X = 0$, $Y = 0$
② $X = 0$, $Y = 1$
③ $X = 1$, $Y = 0$
④ $X = 1$, $Y = 1$

해설

X는 AND 이므로 $A = 1$, $B = 1$ 일 때 $X = 1$
Y는 Exclusive OR 이므로 $A = 1$, $B = 1$ 일 때 $Y = 0$

20 그림의 논리회로의 출력 y를 옳게 나타내지 못한 것은?

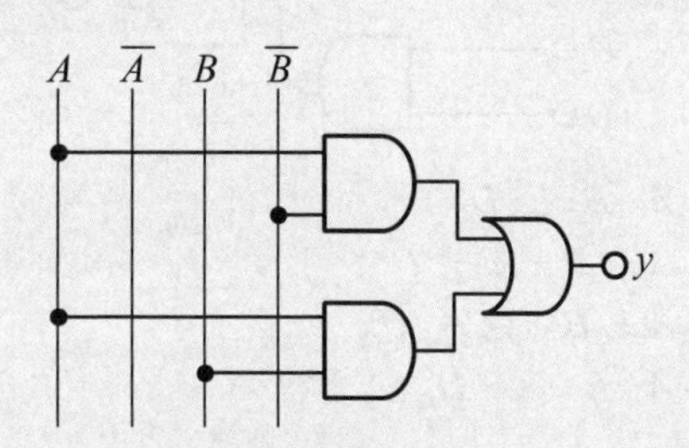

① $y = A\overline{B} + AB$
② $y = A(\overline{B} + B)$
③ $y = A$
④ $y = B$

해설

논리식
$y = A \cdot \overline{B} + A \cdot B = A(\overline{B} + B) = A$

정답 18 ① 19 ③ 20 ④

21 다음은 2차 논리계를 나타낸 것이다. 출력 y 는?

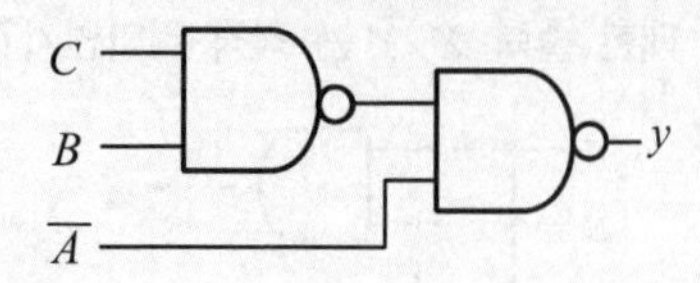

① $y = A + B \cdot C$
② $y = B + A \cdot C$
③ $y = \overline{A} + B \cdot C$
④ $y = \overline{B} + A \cdot C$

해설

논리식
$y = \overline{(\overline{B \cdot C}) \cdot \overline{A}} = (\overline{\overline{B \cdot C}}) + \overline{\overline{A}} = A + B \cdot C$

22 A, B, C, D 를 논리변수라 할 때 그림과 같은 게이트 회로의 출력은?

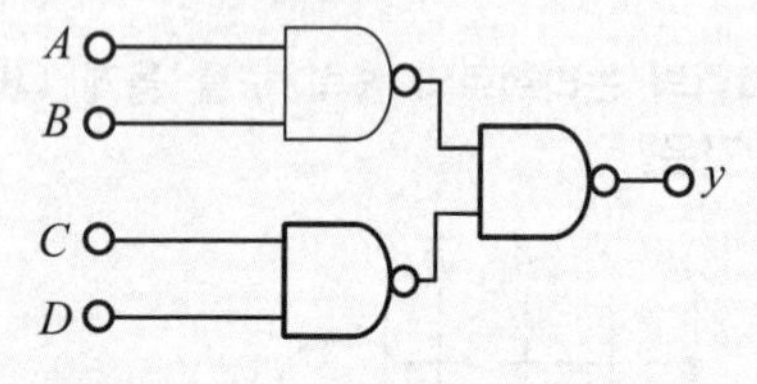

① $A \cdot B \cdot C \cdot D$
② $A + B + C + D$
③ $(A + B) \cdot (C + D)$
④ $A \cdot B + C \cdot D$

해설

$Y = \overline{\overline{A \cdot B} \cdot \overline{C \cdot D}} = \overline{\overline{A \cdot B}} + \overline{\overline{C \cdot D}}$
$= A \cdot B + C \cdot D$

23 다음의 논리 회로를 간단히 하면?

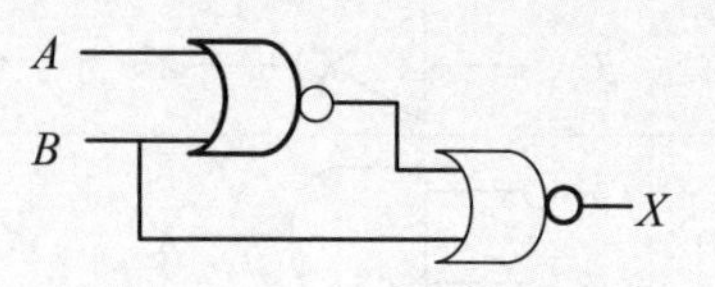

① AB
② $\overline{A}B$
③ $A\overline{B}$
④ $\overline{A}\,\overline{B}$

해설

드모르강 정리를 이용하여 풀면 다음과 같다.
$X = \overline{\overline{A + B} + B}$
$= \overline{\overline{(A + B)}} \cdot \overline{B} = (A + B) \cdot \overline{B}$
$= A \cdot \overline{B} + B \cdot \overline{B} = A \cdot \overline{B}$

24 그림과 같은 회로의 출력 Z는 어떻게 표현되는가?

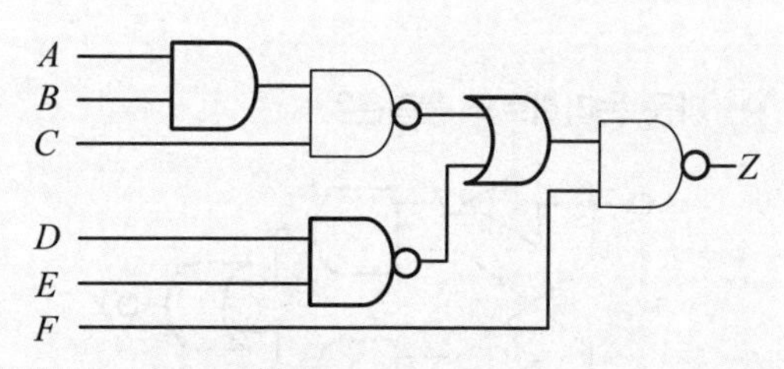

① $\overline{A} + \overline{B} + \overline{C} + \overline{D} + \overline{E} + F$
② $A + B + C + D + E + \overline{F}$
③ $\overline{A}\,\overline{B}\,\overline{C}\,\overline{D}\,\overline{E} + F$
④ $ABCDE + \overline{F}$

해설

$Z = \overline{(\overline{A \cdot B \cdot C} + \overline{D \cdot E}) \cdot F}$
$= \overline{\overline{A \cdot B \cdot C} + \overline{D \cdot E}} + \overline{F}$
$= \overline{\overline{A \cdot B \cdot C}} \cdot \overline{\overline{D \cdot E}} + \overline{F}$
$= ABCDE + \overline{F}$

정답 21 ① 22 ④ 23 ③ 24 ④

25 다음 카르노(karnaugh)를 간략히 하면?

	$\overline{C}\,\overline{D}$	$\overline{C}\,D$	$C\,D$	$C\,\overline{D}$
$\overline{A}\,\overline{B}$	0	0	0	0
$\overline{A}\,B$	1	0	0	1
$A\,B$	1	0	0	1
$A\,\overline{B}$	0	0	0	0

① $y = \overline{CD} + BC$

② $y = B\overline{D}$

③ $y = A + \overline{A}B$

④ $y = A + B\overline{C}D$

해설

1인 부분을 $2^n(n = 0, 1, 2, 3 \cdots)$꼴로 최대로 묶는다.

	$\overline{C}\,\overline{D}$	$\overline{C}\,D$	$C\,D$	$C\,\overline{D}$
$\overline{A}\,\overline{B}$	0	0	0	0
$\overline{A}\,B$	1	0	0	1
$A\,B$	1	0	0	1
$A\,\overline{B}$	0	0	0	0

$y = (\overline{A}B + AB) \cdot (\overline{C}\,\overline{D} + C\overline{D})$

$= B(\overline{A} + A) \cdot \overline{D}(\overline{C} + C)$

$= B\overline{D}$

정답 25 ②

memo

Engineer Electricity

제어기기

Chapter 11

SECTION 11

제어기기

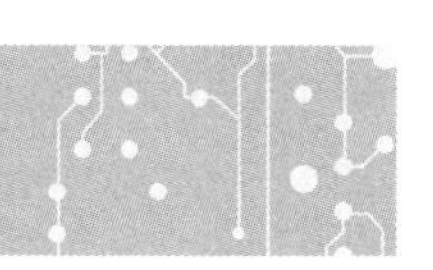

1 변환요소 및 변환장치

변 환 요 소			변 환 장 치
압 력	→	변 위	벨로스, 다이어프램
변 위	→	압 력	노즐플래퍼, 유압분사관
변 위	→	전 압	차동변압기, 전위차계
변 위	→	임피던스	가변저항기, 용량형 변환기
광	→	임피던스	광전관, 광전트랜지스터
광	→	전 압	광전지, 광전다이오드
방사선	→	임피던스	GM관
온 도	→	임피던스	측온저항
온 도	→	전 압	열전대

예제문제 변환장치

1 압력 → 변위의 변환 장치는?

① 노즐플래퍼 ② 가변 저항기
③ 다이어프램 ④ 유압분사관

답 ③

2. 제어소자

(1) 제너다이오드 : 전원전압을 안정하게 유지

(2) 터널 다이오드 : 증폭 작용, 발진작용, 개폐(스위칭)작용

(3) 바렉터 다이오드(가변용량 다이오드)
PN 접합에서 역바이어스시 전압에 따라 광범위하게 변환하는 다이오드의 공간 전하량을 이용

(4) 발광 다이오드(LED)
PN 접합에서 빛이 투과하도록 P형 층을 얇게 만들어 순방향 전압을 가하면 발광하는 다이오드

(5) 더어미스터 : 온도보상용으로 사용

(6) 바리스터 : 서어지 전압에 대한 회로 보호용

핵심 NOTE

■ 변환요소 및 변화장치
압력 → 변위 : 다이어프램
변위 → 압력 : 유압분사관
온도→전압 : 열전대

■ 제어소자
• 제너다이오드 : 전원전압을 안정하게 유지
• 터널 다이오드 : 증폭 작용, 발진작용, 개폐(스위칭)작용
• 더어미스터 : 온도보상용
• 바리스터 : 서어지 전압에 대한 회로 보호용

핵심 NOTE

■ 비례적분미분동작(PID동작) 전달함수

$G(s) = K_p\left(1 + \frac{1}{T_i s} + T_d s\right)$

단, K_p : 비례이득

T_i : 적분시간

T_d : 미분시간

3. 비례적분미분동작(PID동작)의 전달함수

$$G(s) = K_p\left(1 + \frac{1}{T_i s} + T_d s\right)$$

여기서, K_p : 비례이득, T_i : 적분시간, T_d : 미분시간

예제문제 비례적분미분동작의 전달함수

2 조작량 $y(t)$ 가 다음과 같이 표시되는 PID 동작에서 비례 감도, 적분 시간, 미분 시간은?

$$y(t) = 4z(t) + 1.6\frac{d}{dt}z(t) + \int z(t)\,dt$$

① 2 , 0.4 , 4 ② 2 , 4 , 0.4

③ 4 , 4 , 0.4 ④ 4 , 0.4 , 4

해설

조작량을 라플라스 변환하면

$Y(s) = 4Z(s) + 1.6s\,Z(s) + \frac{1}{s}Z(s) = Z(s)\left(4 + 1.6s + \frac{1}{s}\right)$ 이므로

전달함수 $G(s) = \frac{Y(s)}{Z(s)} = 4 + 1.6s + \frac{1}{s} = 4\left(1 + 0.4s + \frac{1}{4s}\right)$

$= K_p\left(1 + \frac{1}{T_i s} + T_d s\right)$

이므로 비례 감도 $K_p = 4$, 적분 시간 $T_i = 4$, 미분 시간 $T_d = 0.4$

답 ③

SECTION 11

출제예상문제

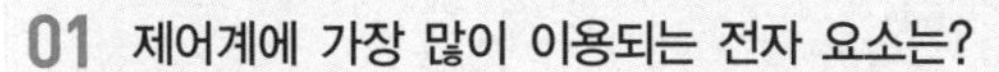

01 제어계에 가장 많이 이용되는 전자 요소는?

① 증폭기 ② 변조기
③ 주파수 변환기 ④ 가산기

해설

증폭기중 트랜지스터(TR)가 가장 대표적이다.

02 다음 중 온도를 전압으로 변환시키는 요소는?

① 차동변압기 ② 열전대
③ 측온저항 ④ 광전지

해설

변환요소			변환장치
압 력	→	변 위	벨로스, 다이어프램
변 위	→	압 력	노즐플래퍼, 유압분사관
변 위	→	전 압	차동변압기, 전위차계
변 위	→	임피던스	가변저항기, 용량형 변환기
광	→	임피던스	광전관, 광전트랜지스터
광	→	전 압	광전지, 광전다이오드
방사선	→	임피던스	GM관
온 도	→	임피던스	측온저항
온 도	→	전 압	열전대

03 다음 소자 중 온도보상용으로 쓰일 수 있는 것은?

① 서미스터 ② 배리스터
③ 버랙터 다이오드 ④ 제너 다이오드

해설

더어미스터 : 온도보상용으로 사용
바리스터 : 서어지 전압에 대한 회로 보호용
제너다이오드 : 전원전압을 안정하게 유지
바렉터 다이오드(가변용량 다이오드) : PN 접합에서 역바이어스시 전압에 따라 광범위하게 변환
터널 다이오드 : 증폭 작용, 발진작용, 개폐(스위칭)작용

04 비례 적분 동작을 하는 PI 조절계의 전달함수는?

① $K_p\left(1+\dfrac{1}{T_i s}\right)$ ② $K_p+\dfrac{1}{T_i s}$
③ $1+\dfrac{1}{T_i s}$ ④ $\dfrac{K_p}{T_i s}$

05 적분 시간이 3분, 비례 감도가 5인 PI 조절계의 전달함수는?

① $5+3s$ ② $5+\dfrac{1}{3s}$
③ $\dfrac{3s}{15s+5}$ ④ $\dfrac{15s+5}{3s}$

해설

PI 조절계의 전달함수

$$G(s)=K_p\left(1+\frac{1}{T_i s}\right)=5\left(1+\frac{1}{3s}\right)=\frac{15s+5}{3s}$$

06 어떤 자동 조절기의 전달 함수에 대한 설명 중 옳지 않은 것은?

$$G(s)=K_p\left(1+\frac{1}{T_i s}+T_d s\right)$$

① 이 조절기는 비례－적분－미분 동작 조절기이다.
② K_p 를 비례 감도라고도 한다.
③ T_d는 미분 시간 또는 레이트 시간(rate time)이라 한다.
④ T_i 는 리셋 (reset rate)이다.

해설

T_i 는 적분시간이다.

정답 01 ① 02 ② 03 ① 04 ① 05 ④ 06 ④

07 조작량 $y = 4x + \frac{d}{dt}x + 2\int x\,dt$로 표시되는 PID동작에 있어서 미분시간과 적분시간은?

① 4 , 2
② $\frac{1}{4}$, 2
③ $\frac{1}{2}$, 4
④ $\frac{1}{4}$, 4

해설

조작량을 라플라스 변환하면

$$Y(s) = 4X(s) + sX(s) + 2\frac{1}{s}X(s)$$

$$= X(s)\left(4 + s + \frac{2}{s}\right)$$ 이므로

전달함수

$$G(s) = \frac{Y(s)}{X(s)} = 4 + s + \frac{2}{s}$$

$$= 4\left(1 + \frac{1}{4}s + \frac{1}{2s}\right)$$

$$= K_p\left(1 + \frac{1}{T_i s} + T_d s\right)$$ 이므로

비례 감도 $K_p = 4$, 적분 시간 $T_i = 2$,

미분 시간 $T_d = \frac{1}{4}$

08 제어기 전달 함수 $\frac{2s+5}{7s}$인 제어기가 있다. 이 제어기는 어떤 제어기인가?

① 비례미분 제어계
② 적분 제어계
③ 비례 적분제어계
④ 비례 적분 미분 제어계

해설

전달함수

$$G(s) = \frac{2s+5}{7s} = \frac{2}{7} + \frac{5}{7s}$$

$$= \frac{2}{7}\left(1 + \frac{1}{\frac{2}{5}s}\right) = K_p\left(1 + \frac{1}{T_i s}\right)$$ 이므로

비례 적분제어계

09 8개 비트(bit)를 사용한 아날로그-디지털 변환기(Analog-to-Digital Converter)에 있어서 출력의 종류는 몇 가지가 되는가?

① 256
② 128
③ 64
④ 8

해설

출력의 종류 $2^8 = 256$ 개

10 사이리스터에서 래칭전류에 관한 설명으로 옳은 것은?

① 게이트를 개방한 상태에서 사이리스터가 도통상태를 유지하기 위한 최소의 순전류
② 게이트 전압을 인가한 후에 급히 제거한 상태에서 도통상태가 유지되는 최소의 순전류
③ 사이리스터의 게이트를 개방한 상태에서 전압을 상승하면 급히 증가하게 되는 순전류
④ 사이리스터가 턴온하기 시작하는 순전류

해설

래칭전류 : 사이리스터가 턴온하기 시작하는 순전류

정답 07 ② 08 ③ 09 ① 10 ④

Engineer Electricity

과년도 기출문제

Chapter 12

2019~2023

전기기사

19 과년도기출문제(2019. 3. 3 시행)

01 다음의 신호 흐름 선도를 메이슨의 공식을 이용하여 전달함수를 구하고자 한다. 이 신호흐름 선도에서 루프(Loop)는 몇 개 인가?

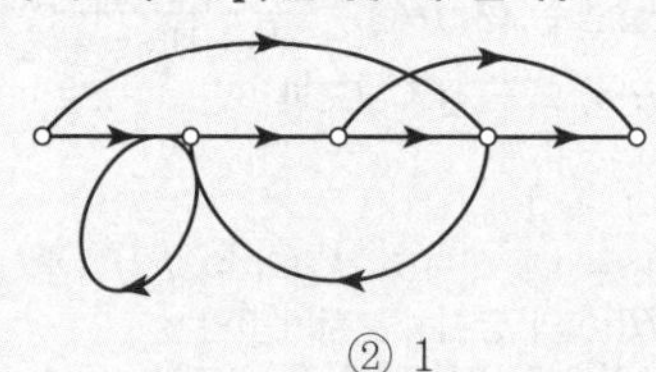

① 0 ② 1
③ 2 ④ 3

해설

아래 그림과 같이 폐루프는 2개가 존재한다.

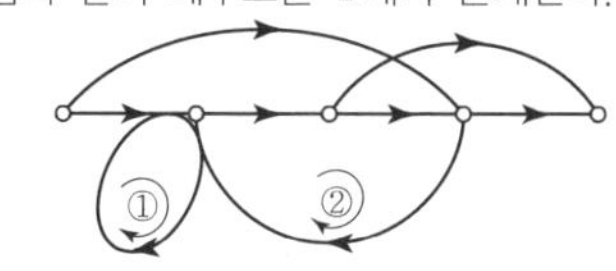

02 특성 방정식 중에서 안정된 시스템인 것은?

① $2s^3+3s^2+4s+5=0$
② $s^4+3s^3-s^2+s+10=0$
③ $s^5+s^3+2s^2+4s+3=0$
④ $s^4-2s^3-3s^2+4s+5=0$

해설

제어계의 안정필요조건
1. 특성방정식의 모든 차수가 존재할 것
2. 특성방정식의 부호변화가 없을 것

②번은 부호변화가 있고 ③번은 s^4이 없고 ④번은 부호변화가 있으므로 불안정하다.

03 타이머에서 입력신호가 주어지면 바로 동작하고, 입력신호가 차단된 후에는 일정시간이 지난 후에 출력이 소멸되는 동작형태는?

① 한시동작 순시복귀
② 순시동작 순시복귀
③ 한시동작 한시복귀
④ 순시동작 한시복귀

해설

입력신호가 주어지면 바로 동작하고 일정시간이 지난 후 출력이 소멸되는 동작형태는 순시동작 한시복귀라 한다.

04 단위궤환 제어시스템의 전향경로 전달함수가 $G(s)=\dfrac{K}{s(s^2+5s+4)}$일 때, 이 시스템이 안정하기 위한 K의 범위는?

① $K < -20$ ② $-20 < K < 0$
③ $0 < K < 20$ ④ $20 < K$

해설

단위궤환 제어시스템의 피이드백 전달요소 $H(s)=1$이므로 전향경로 전달함수 $G(s)$와 개루우프 전달함수 $G(s)H(s)$가 서로 같으므로
$1+G(s)H(s)=0$인 특성방정식을 구하면

$$1+G(s)H(s)=1+\frac{K}{s(s^2+5s+4)}$$
$$=\frac{s(s^2+5s+4)+K}{s(s^2+5s+4)}=0$$

특성방정식은
$s(s^2+5s+4)+K=s^3+5s^2+4s+K=0$이므로
루드 수열 판별법을 이용하여 풀면 다음과 같다.

s^3	1	4	0
s^2	5	K	0
s^1	$\frac{4\times5-1\times K}{5}=\frac{20-K}{5}=A$	$\frac{0\times5-1\times0}{5}=0$	0
s^0	$\frac{K\times A-5\times0}{A}=K$	0	0

정답 01 ③ 02 ① 03 ④ 04 ③

제1열의 부호변화가 없어야 안정하므로

$K > 0$, $\frac{20-K}{5} > 0$ 를 정리하면

$K > 0$, $20 > K$ 이므로 동시 존재하는 구간은

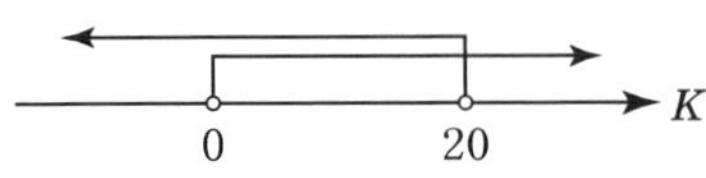

$\therefore\ 0 < K < 20$

05 $R(z) = \dfrac{(1-e^{-aT})z}{(z-1)(z-e^{-aT})}$ 의 역변환은?

① te^{aT}　② te^{-aT}
③ $1-e^{-aT}$　④ $1+e^{-aT}$

해설

$$G(z) = \frac{R(z)}{z} = \frac{(1-e^{-aT})}{(z-1)(z-e^{-aT})}$$
$$= \frac{A}{(z-1)} + \frac{B}{(z-e^{-aT})}$$

$A = G(z)(z-1)|_{z=1} = 1$

$B = G(z)(z-e^{-aT})|_{z=e^{-aT}} = -1$ 이므로

$$G(z) = \frac{R(z)}{z} = \frac{1}{(z-1)} - \frac{1}{(z-e^{-aT})}$$

$R(z) = \dfrac{z}{(z-1)} - \dfrac{z}{(z-e^{-aT})}$ 이므로

역 z 변환하면 $r(t) = 1 - e^{-aT}$

06 시간영역에서 자동제어계를 해석할 때 기본 시험 입력에 보통 사용되지 않는 입력은?

① 정속도 입력　② 정현파 입력
③ 단위계단 입력　④ 정가속도 입력

해설

시간 영역에서 기본 시험 입력의 종류는 단위계단 입력, 정속도 입력, 정가속도 입력이 있으며 정현파 입력은 주파수 영역에서 사용되는 입력이다.

07 $G(s)H(s) = \dfrac{K(s-1)}{s(s+1)(s-4)}$ 에서 점근선의 교차점을 구하면?

① -1　② 0
③ 1　④ 2

해설

개루프 전달함수 $G(s)H(s) = \dfrac{K(s-1)}{s(s+1)(s-4)}$ 일 때

① $G(s)H(s)$ 의 극점 : 분모가 0인 s
　$s = 0 \Rightarrow$ 1개
　$s = -1 \Rightarrow$ 1개
　$s = 4 \Rightarrow$ 1개 이므로 극점의 수 $P = 3$개
② $G(s)H(s)$ 의 영점 : 분자가 0인 s
　$s = 1$이므로 영점의 수 $Z = 1$개

점근선의 교차점

$$\sigma = \frac{\sum G(s)H(s)\text{의 극점} - \sum G(s)H(s)\text{의 영점}}{p-z}$$
$$= \frac{(0-1+4)-(1)}{3-1} = 1$$

08 n차 선형 시불변 시스템의 상태방정식을 $\dfrac{d}{dt}X(t) = AX(t) + Br(t)$로 표시할 때 상태천이행렬 $\Phi(t)$(n×n행렬)에 관하여 틀린 것은?

① $\Phi(t) = e^{At}$
② $\dfrac{d\Phi(t)}{dt} = A \cdot \Phi(t)$
③ $\Phi(t) = \mathcal{L}^{-1}[(sI-A)^{-1}]$
④ $\Phi(t)$는 시스템의 정상상태응답을 나타낸다.

해설

$\phi(t)$는 선형 시스템의 과도응답(천이행렬)을 나타낸다.

정답　05 ③　06 ②　07 ③　08 ④

09 다음의 신호 흐름 선도에서 C/R는?

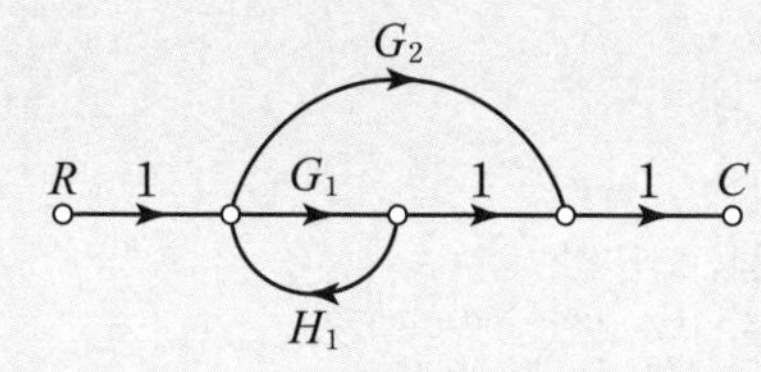

① $\dfrac{G_1+G_2}{1-G_1H_1}$ ② $\dfrac{G_1G_2}{1-G_1H_1}$

③ $\dfrac{G_1+G_2}{1+G_1H_1}$ ④ $\dfrac{G_1G_2}{1+G_1H_1}$

해설

첫 번째 전향경로이득 : $1\times G_1\times1\times1=G_1$

두 번째 전향경로이득 : $1\times G_2\times1=G_2$

루프이득 : $G_1\times H_1=G_1H_1$

전달함수

$$G(s)=\frac{C(s)}{R(s)}=\frac{\sum \text{전향 경로 이득}}{1-\sum \text{루프 이득}}$$

$$=\frac{G_1+G_2}{1-G_1H_1}$$

10 PD 조절기와 전달함수 $G(s)=1.2+0.02s$의 영점은?

① -60 ② -50

③ 50 ④ 60

해설

영점은 전달함수의 분자가 0인 s이므로

$G(s)=1.2+0.02s=0$, $s=-60$

11 $F(s)=\dfrac{2s+15}{s^3+s^2+3s}$일 때 $f(t)$의 최종값은?

① 2 ② 3

③ 5 ④ 15

해설

최종값 정리

$\lim\limits_{t\to\infty} f(t)=\lim\limits_{s\to0} sF(s)$에 의해서

$$\lim_{t\to\infty} f(t)=\lim_{s\to0} sF(s)$$

$$=\lim_{s\to0} s\cdot\frac{2s+15}{s^3+s^2+3s}=5$$

정답 09 ① 10 ① 11 ③

19 과년도기출문제(2019. 4. 27 시행)

01 다음 회로망에서 입력전압을 $V_1(t)$, 출력전압을 $V_2(t)$라 할 때, $\frac{V_2(s)}{V_1(s)}$에 대한 고유주파수 w_n과 제동비 ζ의 값은? (단, $R=100[\Omega]$, $L=2[\text{H}]$, $C=200[\mu\text{F}]$이고, 모든 초기 전하는 0이다.)

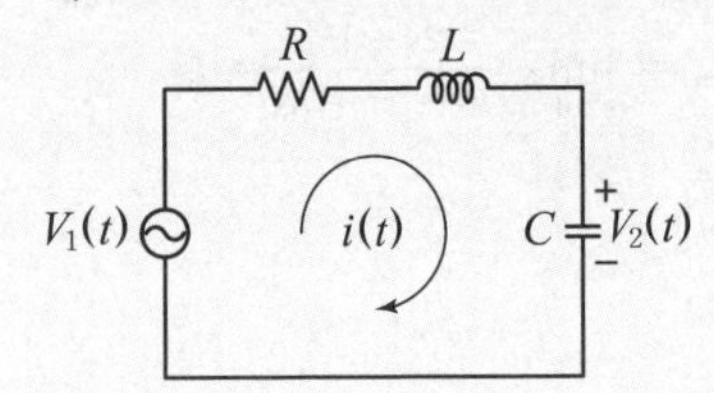

① $w_n=50,\ \zeta=0.5$ ② $w_n=50,\ \zeta=0.7$
③ $w_n=250,\ \zeta=0.5$ ④ $w_n=250,\ \zeta=0.7$

해설

직렬연결시 전달함수는

$$G(s)=\frac{V_2(s)}{V_1(s)}=\frac{\text{출력 임피던스}}{\text{입력 임피던스}}$$

$$=\frac{\frac{1}{Cs}}{R+Ls+\frac{1}{Cs}}=\frac{1}{LCs^2+RCs+1}$$

$$=\frac{\frac{1}{LC}}{s^2+\frac{R}{L}s+\frac{1}{LC}}=\frac{\omega_n^2}{s^2+2\zeta\omega_n s+\omega_n^2}$$

$R=100[\Omega]$, $L=2[\text{H}]$, $C=200[\mu\text{F}]$를 대입하면

$$\omega_n=\frac{1}{\sqrt{2\times200\times10^{-6}}}=50$$

$$2\zeta\omega_n=\frac{R}{L},\ \ \zeta=\frac{R}{2\omega_n L}=\frac{100}{2\times50\times2}=0.5$$

02 다음 신호 흐름선도의 일반식은?

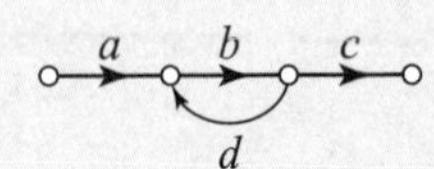

① $G=\frac{1-bd}{abc}$ ② $G=\frac{1+bd}{abc}$
③ $G=\frac{abc}{1+bd}$ ④ $G=\frac{abc}{1-bd}$

해설

신호흐름선도의 전달함수는
전향경로이득 : $a\times b\times c=abc$
루프이득 : $b\times d=bd$
전달함수

$$G(s)=\frac{C(s)}{R(s)}=\frac{\sum\text{전향 경로 이득}}{1-\sum\text{루프 이득}}=\frac{abc}{1-bd}$$

03 폐루프 전달함수 $\frac{G(s)}{1+G(s)H(s)}$의 극의 위치를 개루프 전달함수 $G(s)H(s)$의 이득상수 K의 함수로 나타내는 기법은?

① 근궤적법 ② 보드 선도법
③ 이득 선도법 ④ Nyguist 판정법

해설

극의 위치를 개루프 전달함수 $G(s)H(s)$의 이득상수 K의 함수로 나타내는 기법을 근궤적법이라 한다.

04 2차계 과도응답에 대한 특성 방정식의 근은 $s_1,\ s_2=-\zeta\omega_n\pm j\omega_n\sqrt{1-\zeta^2}$이다. 감쇠비 ζ가 $0<\zeta<1$ 사이에 존재할 때 나타나는 현상은?

① 과제동 ② 무제동
③ 부족제동 ④ 임계제동

해설

제동비(감쇠율) ζ에 따른 제동 및 진동조건
$\zeta>1$인 경우 : 과제동(비진동)
$\zeta=1$인 경우 : 임계 진동(임계 상태)
$0<\zeta<1$인 경우 : 부족 제동(감쇠 진동)
$\zeta=0$인 경우 : 무제동(무한 진동 또는 완전 진동)

정답 01 ① 02 ④ 03 ① 04 ③

05 다음의 블록선도에서 특성방정식의 근은?

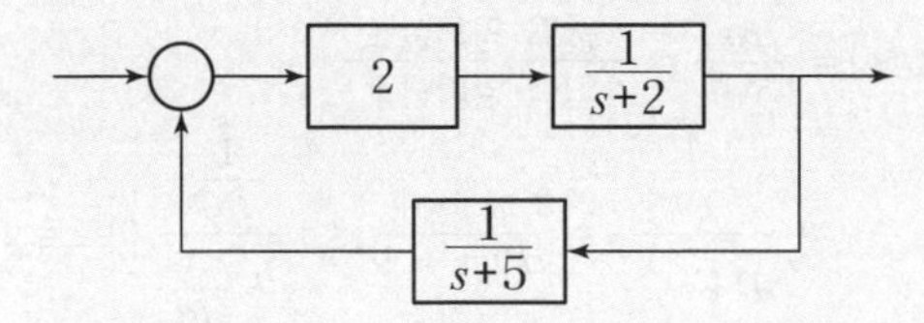

① -2, -5　　② 2, 5
③ -3, -4　　④ 3, 4

해설

2차계의 전달함수는

전향경로이득 : $2\times\frac{1}{s+2}=\frac{2}{s+2}$

루프이득 : $2\times\frac{1}{s+2}\times\frac{1}{s+5}=\frac{2}{(s+2)(s+5)}$

전달함수

$$G(s)=\frac{C(s)}{R(s)}=\frac{\sum \text{전향 경로 이득}}{1-\sum \text{루프 이득}}$$

$$=\frac{\frac{2}{s+2}}{1+\frac{2}{(s+2)(s+5)}}=\frac{2(s+5)}{s^2+7s+12}\text{이므로}$$

특성방정식은 전달함수의 분모가 0이 되는 방정식이므로 $s^2+7s+12=(s+3)(s+4)=0$가 되며 특성방정식의 근은 $s=-3$, $s=-4$가 된다.

06 다음 중 이진 값 신호가 아닌 것은?

① 디지털 신호
② 아날로그 신호
③ 스위치의 On-Off 신호
④ 반도체 소자의 동작, 부동작 상태

해설

아날로그 신호는 연속동작이므로 이진 값과 관계없다.

07 보드 선도에서 이득여유에 대한 정보를 얻을 수 있는 것은?

① 위상곡선 0°에서의 이득과 0[dB]과의 차이
② 위상곡선 180°에서의 이득과 0[dB]과의 차이
③ 위상곡선 -90°에서의 이득과 0[dB]과의 차이
④ 위상곡선 -180°에서의 이득과 0[dB]과의 차이

해설

이득여유 G.M[dB]은 위상곡선 −180°에서의 이득과 0dB과의 차이를 말한다.

08 블록선도 변환이 틀린 것은?

①
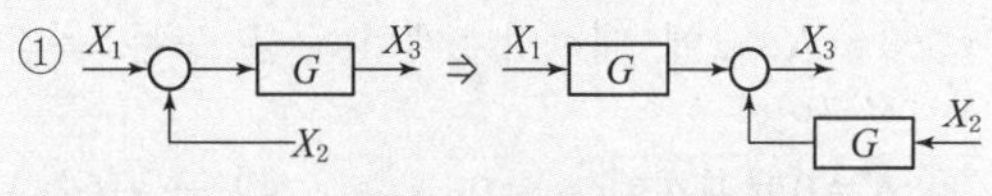

② ③ ④

해설

블록선도의 전달함수는

보기 ④에서

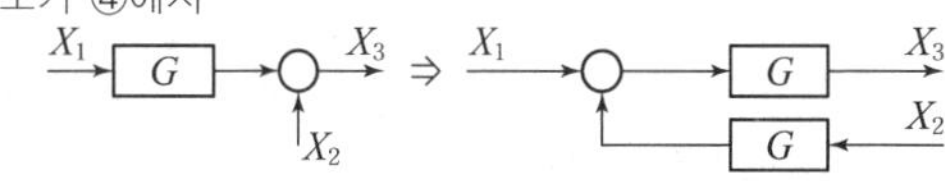

좌측의 블록선도 전달함수는 $X_3=X_1G+X_2$가 되고

우측의 블록선도 전달함수는 $X_3=(X_1+X_2G)G$ 이므로 서로 같지가 않다.

09 그림의 시퀀스 회로에서 전자접촉기 X에 의한 A접점(Normal open contact)의 사용 목적은?

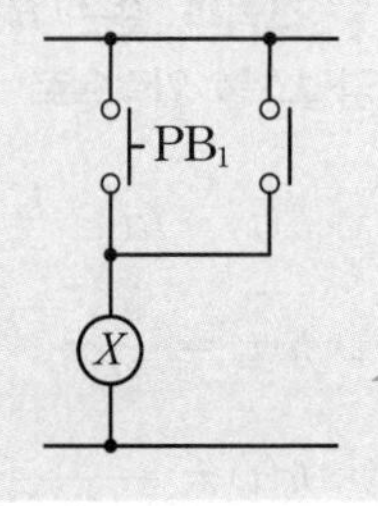

① 자기유지회로
② 지연회로
③ 우선 선택회로
④ 인터록(interlock)회로

해설

푸시버튼 PB_1를 누르면 릴레이 Ⓧ가 여자되어 A접점 X가 on되어 푸시버튼 PB_1를 off시에도 릴레이Ⓧ를 계속 여자 시켜주는 자기유지회로이다.

정답　05 ③　06 ②　07 ④　08 ④　09 ①

10 단위 궤환제어계의 개루프 전달함수가 $G(s)=\dfrac{K}{s(s+2)}$일 때, K가 $-\infty$로부터 $+\infty$까지 변하는 경우 특성방정식의 근에 대한 설명으로 틀린 것은?

① $-\infty < K < 0$에 대하여 근은 모두 실근이다.
② $0 < K < 1$에 대하여 2개의 근은 모두 음의 실근이다.
③ $K=0$에 대하여 $s_1=0$, $s_2=-2$의 근은 $G(s)$의 극점과 일치한다.
④ $1 < K < \infty$에 대하여 2개의 근은 음의 실수부 중근이다.

해설

폐루우프의 특성방정식은

$s(s+2)+K=s^2+2s+K=0$이므로

특성방정식의 근은

$$s=\frac{-1\pm\sqrt{1^2-1\times K}}{1}=-1\pm\sqrt{1-K}$$

가 되므로

① $-\infty K<0$ 이면 특성근 2개가 모두 실근이며 하나는 양의 실근이고 다른 하나는 음의 실근이다.
② $K=0$이면 특성근$s_1=0$, $s_2=-2$이므로 특성근은 $G(s)$의 극점과 일치한다.
③ $0<K<1$ 이면 2개의 특성근은 모두 음의 실근이다.
④ $K=1$ 이면 2개의 특성근은 $s_1=s_2=-1$인 중근인 된다.
⑤ $1<K<\infty$ 이면 2개의 특성근은 음의 실수부를 가지는 공액복소근이다.

11 그림과 같은 RC 저역통과 필터회로에 단위 임펄스를 입력으로 가했을 때 응답 $h(t)$는?

① $h(t)=RCe^{-\frac{t}{RC}}$
② $h(t)=\dfrac{1}{RC}e^{-\frac{t}{RC}}$
③ $h(t)=\dfrac{R}{1+j\omega RC}$
④ $h(t)=\dfrac{1}{RC}e^{-\frac{C}{R}t}$

R
δ(t)
C
h(t)

해설

직렬연결시 전달함수는

$$G(s)=\frac{H(s)}{R(s)}=\frac{\text{출력 임피던스}}{\text{입력 임피던스}}$$

$$=\frac{\frac{1}{Cs}}{R+\frac{1}{Cs}}=\frac{1}{RCs+1}=\frac{\frac{1}{RC}}{s+\frac{1}{RC}}\text{이므로}$$

입력 $r(t)=\delta(t)$일 때 응답(출력) $h(t)$은

$$H(s)=G(s)R(s)=\frac{\frac{1}{RC}}{s+\frac{1}{RC}}\times 1=\frac{\frac{1}{RC}}{s+\frac{1}{RC}}\text{가 되므로}$$

역라플라스 변환하면 $h(t)=\dfrac{1}{RC}e^{-\frac{t}{RC}}$가 된다.

12 $f(t)=e^{j\omega t}$의 라플라스 변환은?

① $\dfrac{1}{s-j\omega}$
② $\dfrac{1}{s+j\omega}$
③ $\dfrac{1}{s^2+\omega^2}$
④ $\dfrac{\omega}{s^2+\omega^2}$

해설

라플라스 변환은

$$F(s)=\mathcal{L}f(t)=\mathcal{L}[e^{j\omega t}]=\frac{1}{s-j\omega}$$

정답 10 ④ 11 ② 12 ①

19 과년도기출문제(2019. 8. 4 시행)

01 함수 e^{-at}의 z 변환으로 옳은 것은?

① $\dfrac{z}{z-e^{-aT}}$ ② $\dfrac{z}{z-a}$

③ $\dfrac{1}{z-e^{-aT}}$ ④ $\dfrac{1}{z-a}$

해설

$f(t)$, $F(s)$, $F(z)$의 비교

시간함수 $f(t)$	라플라스변환$F(s)$	z변환 $F(z)$
$\delta(t)$	1	1
$u(t)=1$	$\dfrac{1}{s}$	$\dfrac{z}{z-1}$
e^{-at}	$\dfrac{1}{s+a}$	$\dfrac{z}{z-e^{-at}}$
t	$\dfrac{1}{s^2}$	$\dfrac{Tz}{(z-1)^2}$

02 신호흐름선도의 전달함수 $T(s)=\dfrac{C(s)}{R(s)}$로 옳은 것은?

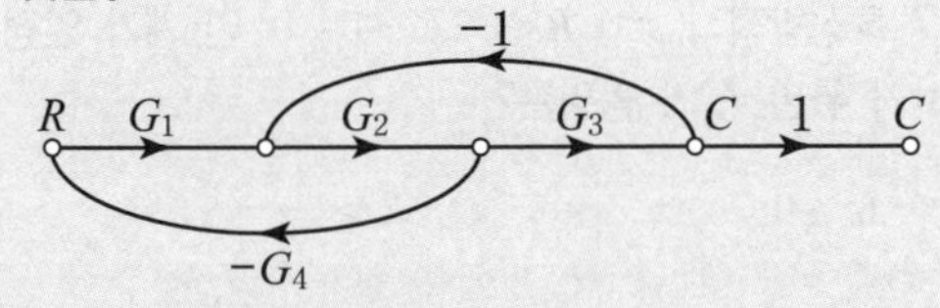

① $\dfrac{G_1G_2G_3}{1-G_2G_3+G_1G_2G_4}$ ② $\dfrac{G_1G_2G_3}{1+G_1G_2G_4+G_2G_3}$

③ $\dfrac{G_1G_2G_3}{1+G_1G_3-G_1G_2G_4}$ ④ $\dfrac{G_1G_2G_3}{1-G_1G_3-G_1G_2G_4}$

해설

신호흐름선도의 전달함수는

전향경로이득 : $G_1\times G_2\times G_3\times 1 = G_1G_2G_3$

첫 번째 루프이득 : $G_1\times G_2\times(-G_4) = -G_1G_2G_4$

두 번째 루프이득 : $G_2\times G_3\times(-1) = -G_2G_3$

전달함수

$$G(s)=\frac{C(s)}{R(s)}=\frac{\sum \text{전향 경로 이득}}{1-\sum \text{루프 이득}}$$

$$=\frac{G_1G_2G_3}{1-(-G_1G_2G_4-G_2G_3)}=\frac{G_1G_2G_3}{1+G_1G_2G_4+G_2G_3}$$

03 상태공간 표현식 $\begin{cases}\dot{x}=Ax+Bu\\ y=Cx\end{cases}$로 표현되는 선형 시스템에서 $A=\begin{bmatrix}0&1&0\\0&0&1\\-2&-9&-8\end{bmatrix}$, $B=\begin{bmatrix}0\\0\\5\end{bmatrix}$, $C=[1\,0\,0]$, $D=0$, $x=\begin{bmatrix}x_1\\x_2\\x_3\end{bmatrix}$이면 시스템 전달함수 $\dfrac{Y(s)}{U(s)}$는?

① $\dfrac{1}{s^3+8s^2+9s+2}$ ② $\dfrac{1}{s^3+2s^2+9s+8}$

③ $\dfrac{5}{s^3+8s^2+9s+2}$ ④ $\dfrac{5}{s^3+2s^2+9s+8}$

해설

$\dot{x}=Ax+Bu$를 라플라스 변환하면

$sX(s)=A\cdot X(s)+Bu(s)$

$[sI-A]X(s)=Bu(s)$

$X(s)=[sI-A]^{-1}Bu(s)$

$y=Cx$를 라플라스 변환하면

$Y(s)=CX(s)=C[sI-A]^{-1}Bu(s)$ 이므로

전달함수는

$G(s)=\dfrac{C(s)}{u(s)}=C[sI-A]^{-1}B$이므로

$$[sI-A]=s\begin{bmatrix}1&0&0\\0&1&0\\0&0&1\end{bmatrix}-\begin{bmatrix}0&1&0\\0&0&1\\-2&-9&-8\end{bmatrix}=\begin{bmatrix}s-1&0\\0&s&-1\\2&9&s+8\end{bmatrix}$$

$[sI-A]$의 행렬값

$$|sI-A|=\begin{vmatrix}s&-1&0\\0&s&-1\\2&9&s+8\end{vmatrix}=s^3+8s^2+2-(-9s)=s^3+8s^2+9s+2$$

$[sI-A]$의 역행값

$a_{11}=(-1)^{1+1}\begin{bmatrix}s&-1\\9&s+8\end{bmatrix}=s^2+8s+9,$

$a_{12}=(-1)^{1+2}\begin{bmatrix}0&-1\\2&s+8\end{bmatrix}=-2,\ a_{13}=(-1)^{1+3}\begin{bmatrix}0&s\\2&9\end{bmatrix}=-2s$

$a_{21}=(-1)^{2+1}\begin{bmatrix}-1&0\\9&s+8\end{bmatrix}=s+8,$

$a_{22}=(-1)^{2+2}\begin{bmatrix}s&0\\2&s+8\end{bmatrix}=s^2+8s,$

$a_{23}=(-1)^{2+3}\begin{bmatrix}s&-1\\2&9\end{bmatrix}=-9s-2$

$a_{31}=(-1)^{3+1}\begin{bmatrix}-1&0\\s&-1\end{bmatrix}=1,\quad a_{32}=(-1)^{3+2}\begin{bmatrix}s&0\\0&-1\end{bmatrix}=s,$

$a_{33}=(-1)^{3+3}\begin{bmatrix}s&-1\\0&s\end{bmatrix}=s^2$

정답 01 ① 02 ② 03 ③

$$[sI-A]^{-1} = \frac{1}{[sI-A]}\begin{bmatrix} a_{11} & a_{21} & a_{31} \\ a_{12} & a_{22} & a_{32} \\ a_{13} & a_{23} & a_{33} \end{bmatrix}$$

$$= \frac{1}{s^3+8s^2+9s+2}\begin{bmatrix} s^2+8s+9 & s+8 & 1 \\ -2 & s^2+8s & s \\ -2s & -9s-2 & s^2 \end{bmatrix}$$

$$G(s) = \frac{C(s)}{U(s)} = C[sI-A]^{-1}B$$

$$= \frac{1}{s^3+8s^2+9s+2}[1\,0\,0]\begin{bmatrix} s^2+8s+9 & s+8 & 1 \\ -2 & s^2+8s & s \\ -2s & -9s-2 & s^2 \end{bmatrix}\begin{bmatrix} 0 \\ 0 \\ 5 \end{bmatrix}$$

$$= \frac{5}{s^3+8s^2+9s+2}$$

04 Routh-Hurwitz 표에서 제1열의 부호가 변하는 횟수로부터 알 수 있는 것은?

① s-평면의 좌반면에 존재하는 근의 수
② s-평면의 우반면에 존재하는 근의 수
③ s-평면의 허수축에 존재하는 근의 수
④ s-평면의 원점에 존재하는 근의 수

해설

루드 수열 안정판별
1) 제1열의 부호변화가 없다 : 안정
2) 제1열의 부호변화가 있다 : 불안정
3) 제1열의 부호변화의 횟수 : 불안정한 근의 수 또는 s-평면 우반면에 존재하는 근의 수

05 그림의 블록선도에 대한 전달함수 $\frac{C}{R}$는?

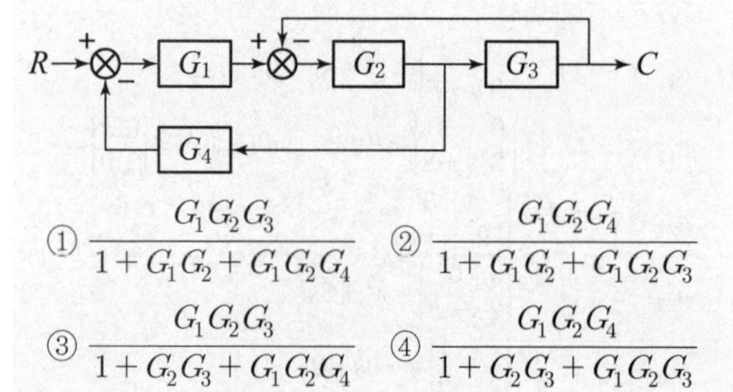

① $\dfrac{G_1G_2G_3}{1+G_1G_2+G_1G_2G_4}$　② $\dfrac{G_1G_2G_4}{1+G_1G_2+G_1G_2G_3}$

③ $\dfrac{G_1G_2G_3}{1+G_2G_3+G_1G_2G_4}$　④ $\dfrac{G_1G_2G_4}{1+G_2G_3+G_1G_2G_3}$

해설

블록선도의 전달함수은
전향경로이득 : $G_1 \times G_2 \times G_3$
첫 번째 루프이득 : $G_1 \times G_2 \times G_4$
두 번째 루프이득 : $G_2 \times G_3$
전달함수

$$G(s) = \frac{C(s)}{R(s)} = \frac{\sum \text{전향 경로 이득}}{1-\sum \text{루프 이득}} = \frac{G_1G_2G_3}{1+G_1G_2G_4+G_2G_3}$$

06 부울 대수식 중 틀린 것은?

① $A \cdot \overline{A} = 1$　② $A+1=1$
③ $A+A=A$　④ $A \cdot A + A$

해설

부울 대수 정리
$A \cdot \overline{A} = 0$

07 특성방정식 $s^2+Ks+2K-1=0$ 인 계가 안정하기 위한 K의 범위는?

① $K>0$　② $K>\frac{1}{2}$
③ $K<\frac{1}{2}$　④ $0<K<\frac{1}{2}$

해설

루드 수열 안정판별에서
특성방정식 $s^2+Ks+2K-1=0$에 대한 루드 수열을 작성하면 아래와 같고

s^2	1	$2K-1$	0
s^1	K	0	0
s^0	$\frac{(2K-1)\times K - 1\times 0}{K} = 2K-1$	0	0

루드 수열의 제1열의 부호의 변화가 없어야 안정하므로
$K>0$
$2K-1>0$
$K>\frac{1}{2}$

정답 04 ② 05 ③ 06 ① 07 ②

08 근궤적에 관한 설명으로 틀린 것은?

① 근궤적은 실수축에 대하여 상하 대칭으로 나타난다.
② 근궤적의 출발점은 극점이고 근궤적의 도착점은 영점이다.
③ 근궤적의 가지 수는 극점의 수와 영점의 수 중에서 큰 수와 같다.
④ 근궤적이 s 평면의 우반면에 위치하는 K의 범위는 시스템이 안정하기 위한 조건이다.

해설

근궤적의 성질

1. 개루우프 제어계의 복소근은 반드시 공액 복소 쌍을 이루므로 실수축에 관해서 상하 대칭으로 나타난다.
2. 근궤적은 개루우프 전달함수 $G(s)H(s)$의 극점에서 출발하여 영점에서 도착한다.
3. 근궤적의 가지 수는 극점의 수와 영점의 수 중에서 큰 수와 같고 또는 다항식의 최고차 항의 차수와 같다.
4. 근궤적이 s 평면 좌반면에 위치하는 K의 범위는 시스템의 안정하기 위한 조건이다.

09 제어시스템에서 출력이 얼마나 목표값을 잘 추종하는지를 알아볼 때, 시험용으로 많이 사용되는 신호로 다음 식의 조건을 만족하는 것은?

$$u(t-a)=\begin{cases}0, & t<a\\1, & t\geq a\end{cases}$$

① 사인함수 ② 임펄스함수
③ 램프함수 ④ 단위계단함수

해설

시간함수 $f(t)=u(t-a)$는 시간 지연을 포함한 단위계단함수이다.

10 그림의 벡터 궤적을 갖는 계의 주파수 전달함수는?

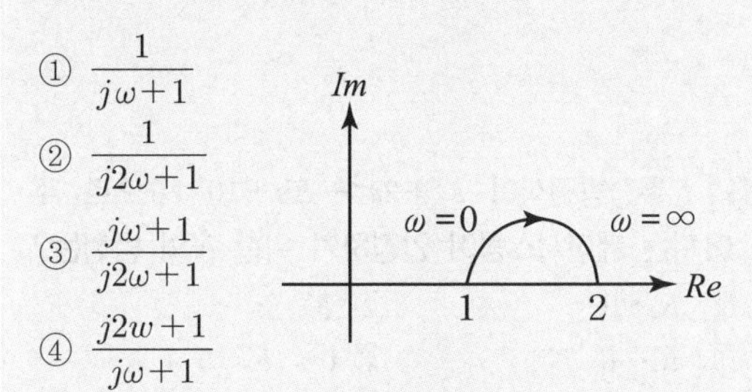

① $\dfrac{1}{j\omega+1}$
② $\dfrac{1}{j2\omega+1}$
③ $\dfrac{j\omega+1}{j2\omega+1}$
④ $\dfrac{j2w+1}{j\omega+1}$

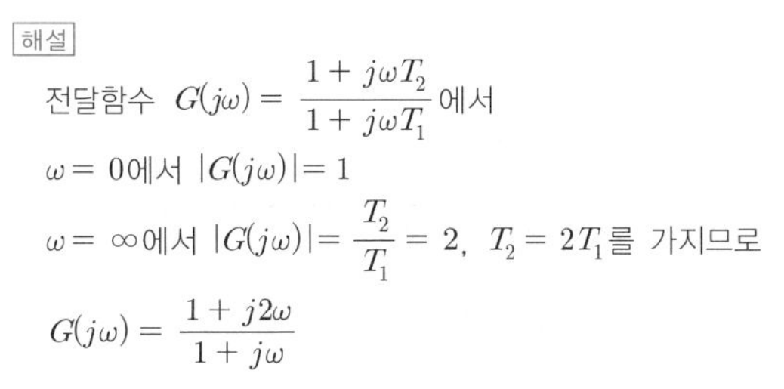

해설

전달함수 $G(j\omega)=\dfrac{1+j\omega T_2}{1+j\omega T_1}$에서

$\omega=0$에서 $|G(j\omega)|=1$

$\omega=\infty$에서 $|G(j\omega)|=\dfrac{T_2}{T_1}=2$, $T_2=2T_1$를 가지므로

$G(j\omega)=\dfrac{1+j2\omega}{1+j\omega}$

11 $f(t)=\delta(t-T)$의 라플라스변환 $F(s)$는?

① e^{Ts} ② e^{-Ts}
③ $\dfrac{1}{s}e^{Ts}$ ④ $\dfrac{1}{s}e^{-Ts}$

해설

시간함수 $f(t)=\delta(t-T)$이므로 시간추이정리를 이용하면 $\delta(t)$를 라플라스 변환하면 $F(s)=1$이고 시간 T만큼 지연을 라플라스 변환하면 e^{-Ts}이므로 $F(s)=1\times e^{-Ts}=e^{-Ts}$가 된다.

정답 08 ④ 09 ④ 10 ④ 11 ②

20 과년도기출문제(2020. 6. 6 시행)

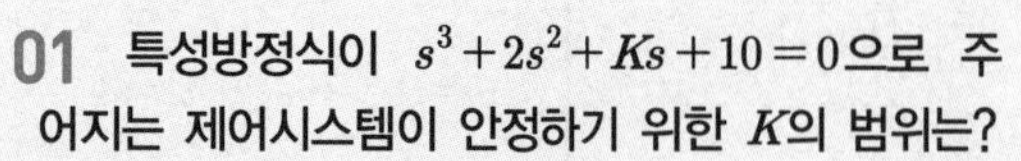

01 특성방정식이 $s^3+2s^2+Ks+10=0$으로 주어지는 제어시스템이 안정하기 위한 K의 범위는?

① $K>0$ ② $K>5$

③ $K<0$ ④ $0<K<5$

해설

루드 수열 안정판별

s^3	1	K	0
s^2	2	10	0
s^1	$\dfrac{2\times K-1\times 10}{2} = \dfrac{2K-10}{2} = A$	$\dfrac{0\times 2-1\times 0}{2}=0$	0
s^0	$\dfrac{10\times A-2\times 0}{A}=10$	0	0

제1열의 부호의 변화가 없어야 안정하므로

$A=\dfrac{2K-10}{2}>0$

$K>\dfrac{10}{2},\ K>5$

02 제어시스템의 개루프 전달함수가 $G(s)H(s)=\dfrac{K(s+30)}{S^4+S^3+2s^2+s+7}$로 주어질 때, 다음 중 $K>0$인 경우 근궤적의 점근선이 실수축과 이루는 각(°)은?

① 20° ② 60°

③ 90° ④ 120°

해설

점근선의 각도

(1) $G(s)H(s)$의 극점 : 분모가 0인 s
극점의 수 $p=4$개

(2) $G(s)H(s)$의 영점 : 분자가 0인 s
영점의 수 $z=1$개이므로
점금선의 각도

$\alpha_k=\dfrac{2k+1}{p-z}\times 180^\circ=\dfrac{2k+1}{3}\times 180^\circ$ 에서

$\alpha_{k=0}=\dfrac{2\times 0+1}{3}\times 180^\circ=60^\circ$

$\alpha_{k=1}=\dfrac{2\times 1+1}{3}\times 180^\circ=180^\circ$

$\alpha_{k=2}=\dfrac{2\times 2+1}{3}\times 180^\circ=300^\circ$

03 z 변환된 함수 $F(z)=\dfrac{3z}{(z-e^{-3T})}$에 대응되는 라플라스 변환 함수는?

① $\dfrac{1}{(s+3)}$ ② $\dfrac{3}{(s-3)}$

③ $\dfrac{1}{(s-3)}$ ④ $\dfrac{3}{(s+3)}$

해설

z 변환

$F(z)=\dfrac{3z}{(z-e^{-3T})}=3\times\dfrac{z}{(z-e^{-3T})}$의

시간함수는 $f(t)=3e^{-3t}$이므로

라플라스 변환은 $F(s)=3\times\dfrac{1}{s+3}=\dfrac{3}{s+3}$

04 그림과 같은 제어시스템의 전달함수 $\dfrac{C(s)}{R(s)}$는?

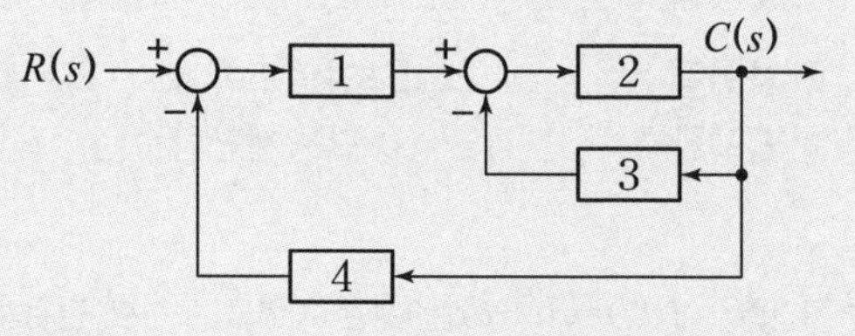

① $\dfrac{1}{15}$ ② $\dfrac{2}{15}$

③ $\dfrac{3}{15}$ ④ $\dfrac{4}{15}$

해설

블록선도의 전달함수

전향경로이득 : $1\times 2=2$

첫 번째 루프이득 : $2\times 3=6$

두 번째 루프이득 : $1\times 2\times 4=8$

전달함수

$G(s)=\dfrac{C(s)}{R(s)}=\dfrac{\sum \text{전향 경로 이득}}{1-\sum \text{루프 이득}}=\dfrac{2}{1+6+8}=\dfrac{2}{15}$

정답 01 ② 02 ② 03 ④ 04 ②

05 전달함수가 $G_C(s)=\dfrac{2s+5}{7s}$ 인 제어기가 있다. 이 제어기는 어떤 제어기인가?

① 비례 미분 제어기
② 적분 제어기
③ 비례 적분 제어기
④ 비례 적분 미분 제어기

해설

비례적분동작(PI동작)전달함수
전달함수

$$G(s)=\frac{2s+5}{7s}=\frac{2}{7}+\frac{5}{7s}$$
$$=\frac{2}{7}\left(1+\frac{1}{\frac{2}{5}s}\right)=K_p\left(1+\frac{1}{T_i s}\right)$$

이므로 비례 적분제어계가 된다.

06 단위 피드백제어계에서 개루프 전달함수 $G(s)$가 다음과 같이 주어졌을 때 단위 계단 입력에 대한 정상상태 편차는?

$$G(s)=\frac{5}{s(s+1)(s+2)}$$

① 0 ② 1
③ 2 ④ 3

해설

정상편차
기준입력이 단위계단입력 $r(t)=u(t)=1$인 경우의 정상편차는 정상위치편차 e_{ssp}를 말하므로

위치편차상수

$$k_p=\lim_{s\to 0}G(s)=\lim_{s\to 0}\frac{5}{s(s+1)(s+2)}=\infty$$

정상위치편차

$$e_{ssp}=\frac{1}{1+\lim_{s=0}G(s)}=\frac{1}{1+k_p}=\frac{1}{1+\infty}=0$$

07 그림과 같은 논리회로의 출력 Y는?

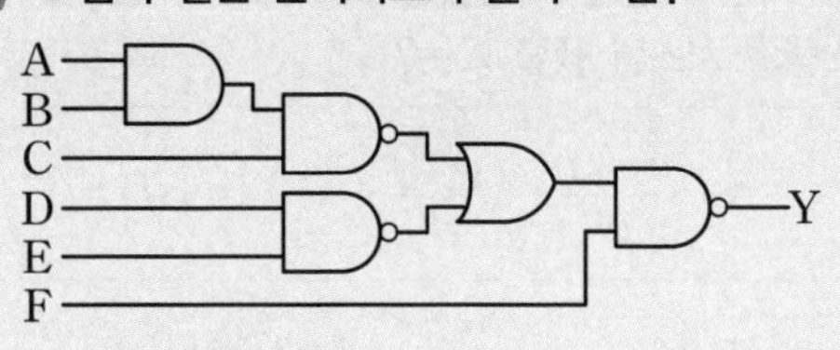

① $ABCDE+\overline{F}$
② $\overline{A}\,\overline{B}\,\overline{C}\,\overline{D}\,\overline{E}+F$
③ $\overline{A}+\overline{B}+\overline{C}+\overline{D}+\overline{E}+F$
④ $A+B+C+D+E+\overline{F}$

해설

시퀀스 논리회로

$$Z=\overline{(\overline{A\cdot B\cdot C}+\overline{D\cdot E})\cdot F}$$
$$=\overline{\overline{A\cdot B\cdot C}+\overline{D\cdot E}}+\overline{F}$$
$$=\overline{\overline{A\cdot B\cdot C}}\cdot\overline{\overline{D\cdot E}}+\overline{F}$$
$$=ABCDE+\overline{F}$$

08 그림의 신호흐름선도에서 전달함수 $\dfrac{C(s)}{R(s)}$는?

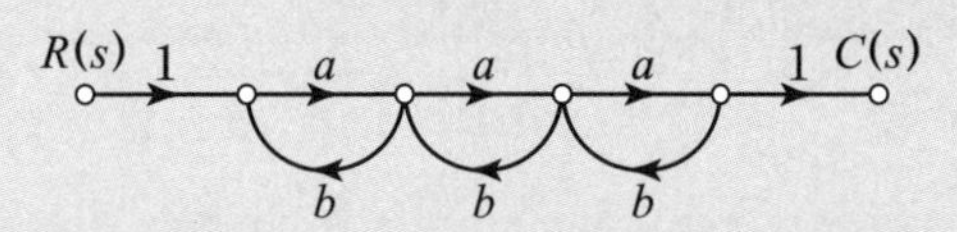

① $\dfrac{a^3}{(1-ab)^3}$ ② $\dfrac{a^3}{(1-3ab+a^2b^2)}$
③ $\dfrac{a^3}{1-3ab}$ ④ $\dfrac{a^3}{1-3ab+2a^2b^2}$

해설

신호 흐름선도의 전달함수

$G_1=1\times a\times a\times a\times 1=a^3,\ \Delta_1=1$

$L_{11}=ab+ab+ab=3ab$

$L_{12}=(ab)\times(ab)=a^2b^2$

$$\therefore\ G=\frac{C}{R}=\frac{G_1\Delta_1}{\Delta}=\frac{G_1\Delta_1}{1-(L_{11}-L_{12})}$$
$$=\frac{a^3\times 1}{1-(3ab-a^2b^2)}=\frac{a^3}{1-3ab+a^2b^2}$$

정답 05 ③ 06 ① 07 ① 08 ②

09 다음과 같은 미분방정식으로 표현되는 제어시스템의 시스템 행렬 A는?

$$\frac{d^2c(t)}{dt^2}+5\frac{dc(t)}{dt}+3c(t)=r(t)$$

① $\begin{bmatrix}-5 & -3\\ 0 & 1\end{bmatrix}$ ② $\begin{bmatrix}-3 & -5\\ 0 & 1\end{bmatrix}$

③ $\begin{bmatrix}0 & 1\\ -3 & -5\end{bmatrix}$ ④ $\begin{bmatrix}0 & 1\\ -5 & -3\end{bmatrix}$

해설

계수행렬

$c(t)=x_1$

$\frac{dc(t)}{dt}=\dot{x}_1=x_2$

$\frac{d^2c(t)}{dt^2}=\dot{x}_2$

$\dot{x}_2+5x_2+3x_1=r(t)$

상태 방정식 $\dot{x}=Ax+Br(t)$ 라 하면

$\dot{x}_1=x_2$

$\dot{x}_2=-3x_1-5x_2+r(t)$

$\begin{bmatrix}\dot{x}_1\\ \dot{x}_2\end{bmatrix}=\begin{bmatrix}0 & 1\\ -3 & -5\end{bmatrix}\begin{bmatrix}x_1\\ x_2\end{bmatrix}+\begin{bmatrix}0\\ 1\end{bmatrix}r(t)$

$\therefore A=\begin{bmatrix}0 & 1\\ -3 & -5\end{bmatrix},\ B=\begin{bmatrix}0\\ 1\end{bmatrix}$

10 안정한 제어시스템의 보드 선도에서 이득 여유는?

① −20~20[dB] 사이에 있는 크기[dB] 값이다.
② 0~20[dB] 사이에 있는 크기 선도의 길이이다.
③ 위상이 0°가 되는 주파수에서 이득의 크기[dB]이다.
④ 위상이 −180°가 되는 주파수에서 이득의 크기[dB]이다.

해설

이득여유 G.M[dB]

위상이 −180°가 되는 주파수에서 이득의 크기[dB]이다.

11 $f(t)=t^2e^{-\alpha t}$를 라플라스 변환하면?

① $\frac{2}{(s+\alpha)^2}$ ② $\frac{3}{(s+\alpha)^2}$

③ $\frac{2}{(s+\alpha)^3}$ ④ $\frac{3}{(s+\alpha)^3}$

해설

복소추이정리

$\mathcal{L}[f(t)e^{\mp at}]=F(s)|_{s=s\pm a\text{대입}}=F(s\pm a)$ 이므로

$\mathcal{L}[t^2e^{-\alpha t}]=\left.\frac{2!}{s^{2+1}}\right|_{s=s+\alpha\text{대입}}=\frac{2}{(s+\alpha)^3}$

정답 09 ③ 10 ④ 11 ③

20 과년도기출문제(2020. 8. 22 시행)

01 시간함수 $f(t)=\sin\omega t$의 z변환은?

① $\dfrac{z\sin\omega T}{z^2+2z\cos\omega T+1}$ ② $\dfrac{z\sin\omega T}{z^2-2z\cos\omega T+1}$

③ $\dfrac{z\sin\omega T}{z^2-2z\sin\omega T+1}$ ④ $\dfrac{z\cos\omega T}{z^2-2z\sin\omega T+1}$

해설

$f(t)$, $F(s)$, $F(z)$의 비교

시간함수 $f(t)$	라플라스변환 $F(s)$	z변환 $F(z)$
$\delta(t)$	1	1
$u(t)=1$	$\dfrac{1}{s}$	$\dfrac{z}{z-1}$
e^{-at}	$\dfrac{1}{s+a}$	$\dfrac{z}{z-e^{-aT}}$
t	$\dfrac{1}{s^2}$	$\dfrac{Tz}{(z-1)^2}$
$\sin\omega t$	$\dfrac{\omega}{s^2+\omega^2}$	$\dfrac{z\sin\omega T}{z^2-2z\cos\omega T+1}$
$\cos\omega t$	$\dfrac{s}{s^2+\omega^2}$	$\dfrac{z(z-\cos\omega T)}{z^2-2z\cos\omega T+1}$

02 다음과 같은 신호흐름선도에서 $\dfrac{C(s)}{R(s)}$의 값은?

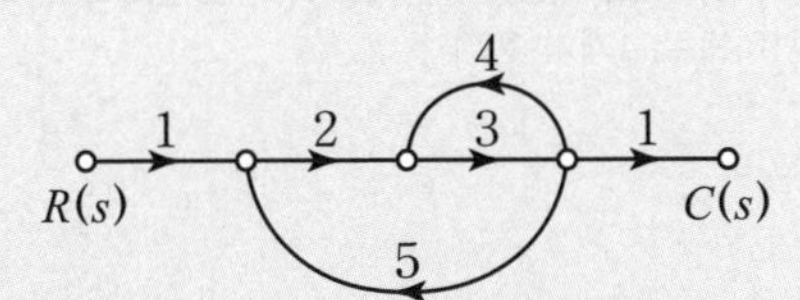

① $-\dfrac{1}{41}$ ② $-\dfrac{3}{41}$

③ $-\dfrac{6}{41}$ ④ $-\dfrac{8}{41}$

해설

신호흐름선도의 전달함수

전향경로이득 : $1\times2\times3\times1=6$

첫 번째 루프이득 : $3\times4=12$

두 번째 루프이득 : $2\times3\times5=30$

전달함수

$$G(s)=\frac{C(s)}{R(s)}=\frac{\sum \text{전향 경로 이득}}{1-\sum \text{루프 이득}}$$

$$=\frac{6}{1-(12+30)}=-\frac{6}{41}$$

03 논리식 $((AB+A\overline{B})+AB)+\overline{A}B$를 간단히 하면?

① $A+B$ ② $\overline{A}+B$

③ $A+\overline{B}$ ④ $A+AB$

해설

$((AB+A\overline{B})+AB)+\overline{A}B$

$=(A(B+\overline{B})+AB)+\overline{A}B=(A+AB)+\overline{A}B$

$=A(1+B)+\overline{A}B=A+\overline{A}B=(A+\overline{A})(A+B)=A+B$

04 그림과 같은 피드백제어 시스템에서 입력이 단위계단함수일 때 정상상태 오차상수인 위치상수 (K_p)는?

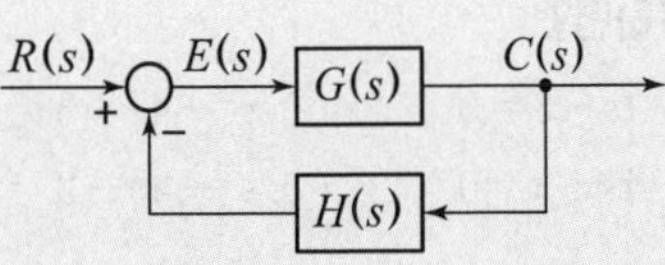

① $K_p=\lim\limits_{s\to0}G(s)H(s)$

② $K_p=\lim\limits_{s\to0}\dfrac{G(s)}{H(s)}$

③ $K_p=\lim\limits_{s\to\infty}G(s)H(s)$

④ $K_p=\lim\limits_{s\to\infty}\dfrac{G(s)}{H(s)}$

정답 01 ② 02 ③ 03 ① 04 ①

해설

기준입력이 단위계단함수 $r(t)=u(t)=1$인 경우 위치상수 K_p는 위치편차상수이다.
블록선도에서 개우프 전달함수는 $G(s)H(s)$이므로
위치편차상수 $k_p=\lim_{s\to 0}G(s)H(s)$가 된다.

05 적분시간 4[sec], 비례감도가 4인 비례적분 동작을 하는 제어요소에 동작신호 $z(t)=2t$를 주었을 때, 이 제어 요소의 조작량은? (단, 조작량의 초기 값은 0이다.)

① t^2+8t ② t^2+2t
③ t^2-8t ④ t^2-2t

해설

비례 감도 $K_p=4$, 적분 시간 $T_i=4$,
동작신호 $z(t)=2t$일 때
비례적분동작(PI동작)전달함수는

$$G(s)=\frac{Y(s)}{Z(s)}=K_p\left(1+\frac{1}{T_i s}\right)$$ 이므로 조작량은

$$Y(s)=K_p\left(1+\frac{1}{T_i s}\right)Z(s)=4\left(1+\frac{1}{4s}\right)\times 2\frac{1}{s^2}$$
$$=\frac{8}{s^2}+\frac{2}{s^3}=8\frac{1}{s^2}+\frac{2}{s^3}$$ 이므로

역라플라스 변환하면 $y(t)=t^2+8t$

06 제어시스템의 상태방정식이 $\frac{dx(t)}{dt}=Ax(t)+Bu(t)$, $A=\begin{bmatrix}0&1\\-3&4\end{bmatrix}$, $B=\begin{bmatrix}1\\1\end{bmatrix}$일 때, 특성방정식을 구하면?

① $s^2-4s-3=0$ ② $s^2-4s+3=0$
③ $s^2+4s+3=0$ ④ $s^2+4s-3=0$

해설

상태방정식에서 계수행렬 A에 의한 특성방정식은
$|sI-A|=0$ 이므로

$$sI-A=s\begin{bmatrix}1&0\\0&1\end{bmatrix}-\begin{bmatrix}0&1\\-3&4\end{bmatrix}$$
$$=\begin{bmatrix}s&0\\0&s\end{bmatrix}-\begin{bmatrix}0&1\\-3&4\end{bmatrix}=\begin{bmatrix}s&-1\\3&s-4\end{bmatrix}$$

특성방정식은

$$|sI-A|=\begin{bmatrix}s&-1\\3&s-4\end{bmatrix}=s(s-4)-(-1)\times 3$$
$$=s^2-4s+3=0$$

07 특성방정식의 모든 근이 s평면(복소평면)의 $j\omega$축(허수축)에 있을 때 이 제어시스템의 안정도는?

① 알 수 없다.
② 안정하다.
③ 불안정하다.
④ 임계안정이다.

해설

복소평면(s-평면)에 의한 안정판별
(1) 좌반부(음의 반평면)에 특성방정식의 근(극점) 존재 : 안정
(2) 우반부(양의 반평면)에 특성방정식의 근(극점) 존재 : 불안정
(3) 특성방정식의 근(극점) 허수축 존재 : 임계안정

08 어떤 제어시스템의 개루프 이득이 $G(s)H(s)=\frac{K(s+2)}{s(s+1)(s+3)(s+4)}$일 때 이 시스템이 가지는 근궤적의 가지(branch) 수는?

① 1 ② 3
③ 4 ④ 5

해설

근궤적의 수
(1) 개루프 전달함수 $G(s)H(s)$의 극점의 수(p)와 영점의 수(z) 중에서 큰 것을 선택
(2) 개루프 전달함수 $G(s)H(s)$의 다항식의 최고차 항의 차수와 같다. 그러므로 다항식의 최고차항의 차수가 4차이므로 4개가 된다.

정답 05 ① 06 ② 07 ④ 08 ③

09 Routh-Hurwitz 방법으로 특성방정식이 $s^4+2s^3+s^2+4s+2=0$인 시스템의 안정도를 판별하면?

① 안정 ② 불안정
③ 임계안정 ④ 조건부 안정

해설

루드 수열 안정판별

s^4	1	1	2
s^3	2	4	0
s^2	$\dfrac{2\times1-1\times4}{2}=-1$	$\dfrac{2\times2-1\times0}{2}=2$	0
s^1	$\dfrac{4\times(-1)-2\times2}{-1}=8$	$\dfrac{0\times(-1)-2\times0}{-1}=0$	0
s^0	$\dfrac{2\times8-(-1)\times0}{8}=2$	0	0

제1열의 부호의 변화가 2번 있으므로 불안정하고 우반부에 근을 2개가 존재한다.

10 다음 회로에서 입력 전압 $v_1(t)$에 대한 출력 전압 $v_2(t)$의 전달함수 $G(s)$는?

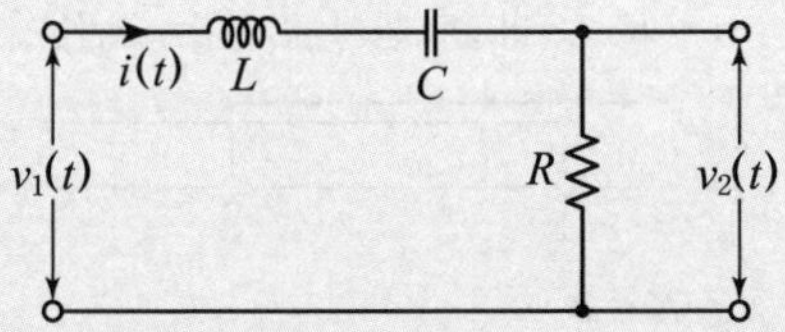

① $\dfrac{RCs}{LCs^2+RCs+1}$ ② $\dfrac{RCs}{LCs^2-RCs-1}$

③ $\dfrac{Cs}{LCs^2+RCs+1}$ ④ $\dfrac{Cs}{LCs^2-RCs-1}$

해설

직렬연결시 전달함수

$$G(s)=\frac{V_2(s)}{V_1(s)}=\frac{\text{출력 임피던스}}{\text{입력 임피던스}}$$

$$=\frac{R}{Ls+\dfrac{1}{Cs}+R}=\frac{RCs}{LCS^2+RCs+1}$$

정답 09 ② 10 ①

20 과년도기출문제(2020. 9. 26 시행)

01 그림과 같은 블록선도의 제어시스템에서 속도 편차 상수 K_v는 얼마인가?

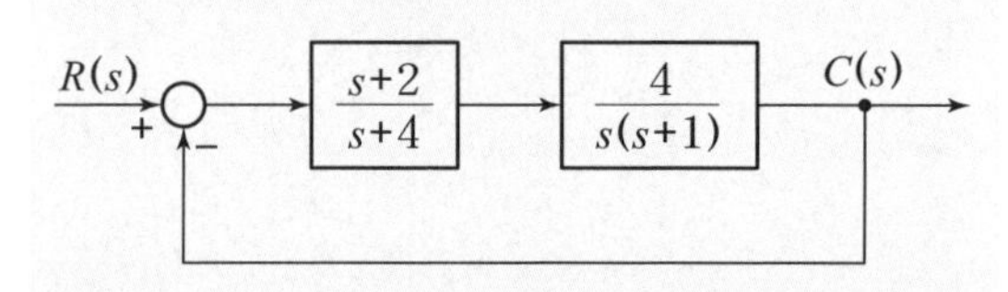

① 0　　② 0.5
③ 2　　④ ∞

해설

블록선도에서 개루우프 전달함수

$$G(s) = \frac{s+2}{s+4} \times \frac{4}{s(s+1)} = \frac{4(s+2)}{s(s+1)(s+4)}$$

이므로 속도편차상수

$$k_p = \lim_{s \to 0} s\,G(s) = \lim_{s \to 0} s\,\frac{4(s+2)}{s(s+1)(s+4)} = 2$$

02 근궤적의 성질 중 틀린 것은?

① 근궤적은 실수축을 기준으로 대칭이다.
② 점근선은 허수축 상에서 교차한다.
③ 근궤적의 가지 수는 특성방정식의 차수와 같다.
④ 근궤적은 개루프 전달함수의 극점으로부터 출발한다.

해설

근궤적의 성질
① 근궤적은 실수축에 관해 대칭이다.
② 근궤적의 점근선은 실수축 상에서 교차한다.
③ 근궤적의 가지수는 특정방정식의 차수와 같다.
④ 근궤적은 개루프 전달함수의 극점에서 출발하여 영점에 도착한다.

03 Routh-Hurwitz 안정도 판별법을 이용하여 특성방정식이 $s^3+3s^2+3s+1+K=0$으로 주어진 제어시스템이 안정하기 위한 K의 범위를 구하면?

① $-1 \le K < 8$
② $-1 < K \le 8$
③ $-1 < K < 8$
④ $K < -1$ 또는 $K > 8$

해설

특성방정식이 $s^3+3s^2+3s+1+K=0$일 때 루드 수열을 작성하면

s^3	1	3	0
s^2	3	$1+K$	0
s^1	$\frac{3\times3-1\times(1+K)}{3} = \frac{8-K}{3} = A$	$\frac{0\times3-1\times0}{3} = 0$	0
s^0	$\frac{(1+K)\times A-3\times0}{A} = 1+K$	0	0

제1열의 부호의 변화가 없어야 안정하므로

$A = \frac{8-K}{3} > 0$, $1+K > 0$ 에서

$K > -1$, $K < 8$ 이므로 동시 존재하는 구간은

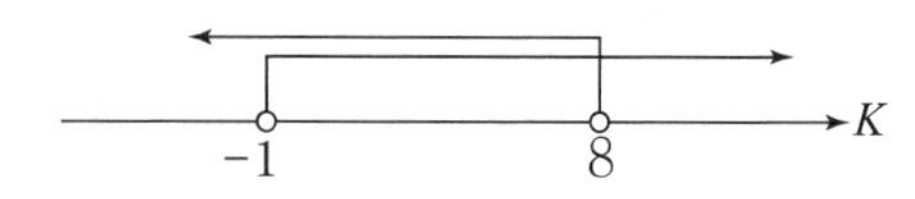

$\because -1 < K < 8$

정답 01 ③ 02 ② 03 ③

04 $e(t)$의 z변환을 $E(z)$라고 했을 때 $e(t)$의 초기값 $e(0)$는?

① $\lim_{z\to 1} E(z)$ ② $\lim_{z\to\infty} E(z)$
③ $\lim_{z\to 1}(1-Z^{-1})E(z)$ ④ $\lim_{z\to\infty}(1-Z^{-1})E(z)$

해설

z 변환
- z 변환의 초기값정리
  $\lim_{t=0} e(t) = \lim_{z=\infty} E(z)$
- z 변환의 최종값정리
  $\lim_{t=\infty} e(t) = \lim_{z=1}(1-z^{-1})E(z)$

05 그림의 신호 흐름 선도에서 $\dfrac{C(s)}{R(s)}$는?

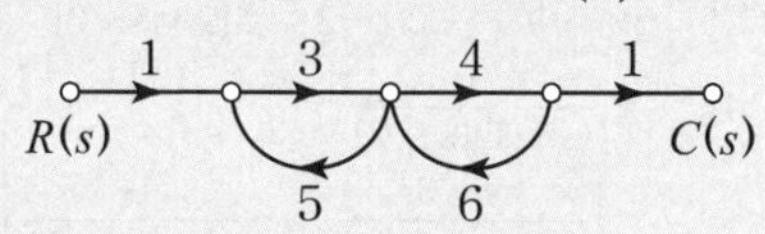

① $-\dfrac{2}{5}$ ② $-\dfrac{6}{19}$
③ $-\dfrac{12}{29}$ ④ $-\dfrac{12}{37}$

해설

신호흐름선도의 전달함수
전향경로이득 $1\times3\times4\times1 = 12$
첫 번째 루프이득 $3\times5 = 15$
두 번째 루프이득 $4\times6 = 24$
전달함수

$$G(s) = \frac{C(s)}{R(s)} = \frac{\sum 전향\ 경로\ 이득}{1-\sum 루프\ 이득}$$

$$= \frac{12}{1-(15+24)} = -\frac{12}{38} = -\frac{6}{19}$$

06 전달함수가 $G(s) = \dfrac{10}{s^2+3s+2}$으로 표현되는 제어시스템에서 직류 이득은 얼마인가?

① 1 ② 2
③ 3 ④ 5

해설

직류이득은 주파수 $f=0$인 경우의 이득이며
주파수가 0이면 $s=j\omega=j2\pi f=0$ 인 경우이므로
$\therefore\ G(s) = \dfrac{10}{2} = 5$

07 전달함수가 $\dfrac{C(s)}{R(s)} = \dfrac{25}{s^2+6s+25}$인 2차 제어 시스템의 감쇠 진동 주파수($\omega_d$)는 몇 [rad/sec]인가?

① 3 ② 4
③ 5 ④ 6

해설

2차계의 전달함수

$G(s) = \dfrac{25}{s^2+6s+25} = \dfrac{\omega_n^2}{s^2+2\delta\omega_n s+\omega_n^2}$ 이므로

$\omega_n^2 = 25$ 에서 고유진동 각파수는 $\omega_n = 5$ [rad/sec] 이고
$2\delta\omega_n = 6$, $10\delta = 6$이므로 제동비 $\delta = 0.6$이므로 감쇠진동이 되어 이때 감쇠진동주파수
$\omega_d = \omega_n\sqrt{1-\delta^2} = 5\sqrt{1-0.6^2} = 4$ [rad/sec]

08 다음 논리식을 간단히 한 것은?

$$Y = \overline{A}BC\overline{D} + \overline{A}BCD + \overline{A}\overline{B}C\overline{D} + \overline{A}\overline{B}CD$$

① $Y = \overline{A}C$ ② $Y = A\overline{C}$
③ $Y = AB$ ④ $Y = BC$

해설

$\overline{A}BC\overline{D} + \overline{A}BCD + \overline{A}\overline{B}C\overline{D} + \overline{A}\overline{B}CD$
$= \overline{A}BC(\overline{D}+D) + \overline{A}\overline{B}C(\overline{D}+D)$
$= \overline{A}BC + \overline{A}\overline{B}C$
$= \overline{A}C(B+\overline{B})$
$= \overline{A}C$

정답 04 ② 05 ② 06 ④ 07 ② 08 ①

09 **폐루프 시스템에서 응답의 잔류 편차 또는 정상상태오차를 제거하기 위한 제어 기법은?**

① 비례 제어 ② 적분 제어
③ 미분 제어 ④ on-off 제어

해설

적분제어동작은 잔류편차 또는 정상상태오차를 제거하는 반면 진폭이 느리게 감소하거나 심지어는 커지는 진동응답을 유발시킬 수 있다.

10 **시스템행렬 A가 다음과 같을 때 상태천이행렬을 구하면?**

$$A = \begin{bmatrix} 0 & 1 \\ -2 & -3 \end{bmatrix}$$

① $\begin{bmatrix} 2e^{t}-e^{-2t} & -e^{t}+e^{2t} \\ 2e^{t}-2e^{2t} & -e^{t}-2e^{2t} \end{bmatrix}$

② $\begin{bmatrix} 2e^{-t}-e^{-2t} & e^{-t}-e^{-2t} \\ -2e^{-t}-2e^{-2t} & -e^{-t}-2e^{2t} \end{bmatrix}$

③ $\begin{bmatrix} 2e^{-t}-e^{-2t} & -e^{-t}+e^{-2t} \\ 2e^{-t}-2e^{-2t} & -e^{-t}-2e^{-2t} \end{bmatrix}$

④ $\begin{bmatrix} 2e^{-t}-e^{-2t} & e^{-t}-e^{-2t} \\ -2e^{-t}+2e^{-2t} & -e^{-t}+2e^{-2t} \end{bmatrix}$

해설

상태천이행렬

$$[sI-A] = \begin{bmatrix} s & 0 \\ 0 & s \end{bmatrix} - \begin{bmatrix} 0 & 1 \\ -2 & -3 \end{bmatrix} = \begin{bmatrix} s & -1 \\ 2 & s+3 \end{bmatrix}$$

$$[sI-A]^{-1} = \frac{1}{(s+1)(s+2)}\begin{bmatrix} s & 1 \\ -2 & s+3 \end{bmatrix}$$

$$= \begin{bmatrix} \frac{s+3}{(s+1)(s+2)} & \frac{1}{(s+1)(s+2)} \\ \frac{-2}{(s+1)(s+2)} & \frac{s}{(s+1)(s+2)} \end{bmatrix}$$

$$F_1(s) = \frac{s+3}{(s+1)(s+2)} = \frac{2}{s+1} - \frac{1}{s+2}$$

$$\Rightarrow\ f_1(t) = 2e^{-t} - e^{-2t}$$

$$F_2(s) = \frac{1}{(s+1)(s+2)} = \frac{1}{S+1} + \frac{-1}{s+2}$$

$$\Rightarrow\ f_2(t) = e^{-t} - e^{-2t}$$

$$F_3(s) = \frac{-2}{(s+1)(s+2)} = \frac{-2}{s+1} + \frac{2}{s+2}$$

$$\Rightarrow\ f_3(t) = -2e^{-t} + 2e^{-2t}$$

$$F_4(s) = \frac{s}{(s+1)(s+2)} = \frac{-1}{s+1} + \frac{2}{s+2}$$

$$\Rightarrow\ f_4(t) = -e^{-t} + 2e^{-2t}$$

이므로 상태천이행렬은

$$\phi(t) = \mathcal{L}^{-1}[(sI-A)^{-1}]$$

$$= \begin{bmatrix} 2e^{-t}-e^{-2t} & e^{-t}-e^{-2t} \\ -2e^{-t}+2e^{-2t} & -e^{-t}+2e^{-2t} \end{bmatrix}$$

정답 09 ② 10 ④

21 과년도기출문제(2021. 3. 7 시행)

01 블록선도와 같은 단위 피드백 제어시스템의 상태방정식은? (단, 상태변수는 $X_1(t)=c(t)$, $X_2=\frac{d}{dt}c(t)$로 한다.)

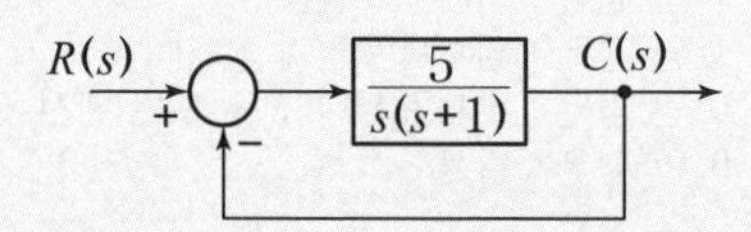

① $\dot{x}_1(t)=x_2(t)$
$\dot{x}_2(t)=-5x_1(t)-x_2(t)+5r(t)$
② $\dot{x}_1(t)=x_2(t)$
$\dot{x}_2(t)=-5x_1(t)-x_2(t)-5r(t)$
③ $\dot{x}_1(t)=-x_2(t)$
$\dot{x}_2(t)=5x_1(t)+x_2(t)-5r(t)$
④ $\dot{x}_1(t)=-x_2(t)$
$\dot{x}_2(t)=-5x_1(t)-x_2(t)+5r(t)$

해설

블록선도의 전달함수를 구하면

$$G(s)=\frac{C(s)}{R(s)}=\frac{\sum 전향\ 경로\ 이득}{1-\sum 루프\ 이득}$$

$$=\frac{\frac{5}{s(s+1)}}{1+\frac{5}{s(s+1)}}=\frac{5}{s^2+s+5}$$ 이므로

$s^2C(s)+sC(s)+5C(s)=5R(s)$에서 역변환시키면

$\frac{d^2c(t)}{dt^2}+\frac{dc(t)}{dt}+5c(t)=5r(t)$가 되며

상태변수 $x_1(t)=c(t)$

$x_2(t)=\dot{x}_1(t)=\frac{dc(t)}{dt}$

$\dot{x}_2(t)=\frac{d^2c(t)}{dt^2}$ 를 대입하면

$\dot{x}_2(t)+x_2(t)+5x_1(t)=5r(t)$ 이므로

$\dot{x}_1(t)=x_2(t)$

$\dot{x}_2(t)=-5x_1(t)-x_2(t)+5r(t)$

02 적분 시간 3sec, 비례 감도가 3인 비례적분동작을 하는 제어 요소가 있다. 이 제어 요소에 동작신호 $x(t)=2t$를 주었을 때 조작량은 얼마인가? (단, 초기 조작량 $y(t)$는 0으로 한다.)

① t^2+2t　　② t^2+4t
③ t^2+6t　　④ t^2+8t

해설

적분 시간 $T_i=3\text{sec}$, 비례 감도가 $K_P=3$인 비례적분동작의 전달함수

$G(s)=\frac{Y(s)}{X(s)}=K_p\left(1+\frac{1}{T_i s}\right)=3\left(1+\frac{1}{3s}\right)$가 되므로

조작량 $Y(s)=3\left(1+\frac{1}{3s}\right)X(s)$에서

동작신호 $x(t)=2t$의 라플라스변화 $X(s)=\frac{2}{s^2}$를 대입하면

$Y(s)=3\left(1+\frac{1}{3s}\right)\times\frac{2}{s^2}=\frac{6}{s^2}+\frac{2}{s^3}=6\frac{1}{s^2}+\frac{2}{s^3}$

$y(t)=t^2+6t$

03 블록선도의 제어시스템은 단위 램프 입력에 대한 정상상태 오차(정상편차)가 0.01이다. 이 제어시스템의 제어요소인 $G_{C1}(s)$의 k는?

$G_{C1}(s)=k$, $G_{C2}(s)=\frac{1+0.1s}{1+0.2s}$,

$G_{ps}=\frac{200}{s(s+1)(s+2)}$

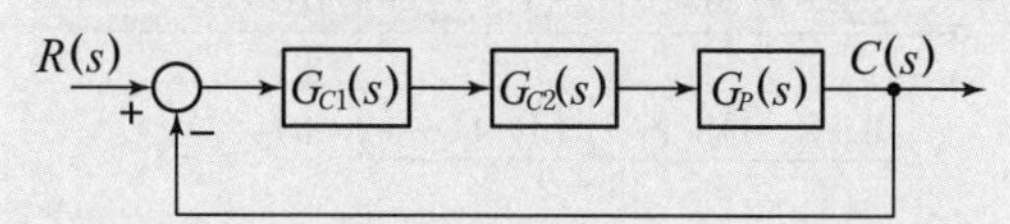

① 0.1　　② 1
③ 10　　④ 100

정답 01 ① 02 ③ 03 ②

해설

기준입력이 단위속도입력 $r(t)=t$ 인 경우의 정상편차는 정상속도편차 e_{ssv}를 말하므로

블록선도에서 개루우프 전달함수

$$G(s) = G_{c1}(s)G_{c2}(s)G_p(s) = K\times\frac{1+0.1s}{1+0.2s}\times\frac{200}{s(s+1)(s+2)} = \frac{200K(1+0.1s)}{s(s+1)(s+2)(1+0.2s)}$$

속도편차상수

$$k_N = \lim_{s\to0} s\,G(s) = \lim_{s\to0} s\frac{200K(1+0.1s)}{s(s+1)(s+2)(1+0.2s)} = 100K$$

정상속도편차

$$e_{ssv} = \frac{1}{\lim\limits_{s=0} sG(s)} = \frac{1}{k_v} = \frac{1}{100K} = 0.01$$

$K=1$

04 개루프 전달함수 G(s)H(s)로부터 근궤적을 작성할 때 실수축에서의 점근선의 교차점은?

$$G(s)H(s) = \frac{K(s-2)(s-3)}{s(s+1)(s+2)(s+4)}$$

① 2　　② 5
③ -4　　④ -6

해설

점근선의 교차점

① $G(s)H(s)$ 의 극점 : 분모가 0인 s
$s=0,\ s=-1,\ s=-2,\ s=-4$ 이므로
극점의 수 $P=4$ 개

② $G(s)H(s)$ 의 영점 : 분자가 0인 s
$s=2,\ s=3$ 이므로 영점의 수 $Z=2$개

실수축과의 교차점

$$\sigma = \frac{\sum G(s)H(s)\text{의 극점} - \sum G(s)H(s)\text{의 영점}}{p-z} = \frac{0+(-1)+(-2)+(-4)-(2+3)}{4-2} = -6$$

05 2차 제어시스템의 감쇠율(Damping Ratio, ζ)이 $\zeta<0$인 경우 제어시스템의 과도응답 특성은?

① 발산　　② 무제동
③ 임계제동　　④ 과제동

해설

제동비(감쇠율) ζ에 따른 제동 및 진동조건

$\zeta < 1$ 인 경우 : 부족 제동(감쇠 진동)
$\zeta > 1$ 인 경우 : 과제동(비진동)
$\zeta = 1$ 인 경우 : 임계제동(임계 상태)
$\zeta = 0$ 인 경우 : 무제동(무한 진동 또는 완전 진동)
$\zeta < 0$ 인 경우 : 발산

06 특성 방정식이 $2s^4+10s^3+11s^2+5s+K=0$으로 주어진 제어시스템이 안정하기 위한 조건은?

① 0<K<2　　② 0<K<5
③ 0<K<6　　④ 0<K<10

해설

루드 수열 안정판별

s^4	2	11	K
s^3	10	5	0
s^2	$\frac{10\times11-2\times5}{10}=10$	$\frac{10\times K-2\times0}{10}=K$	0
s^1	$\frac{10\times5-10\times K}{10}=\frac{50-10K}{10}=A$	$\frac{10\times0-1\times0}{10}=0$	0
s^0	$\frac{A\times K-10\times0}{A}=K$	0	0

제1열의 부호의 변화가 없어야 안정하므로

$A=\frac{50-10K}{10}>0,\ K>0$ 에서

$K>0,\ K<5$ 이므로 동시 존재하는 구간은

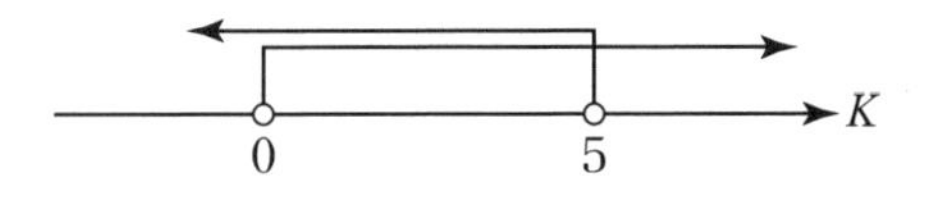

$\because\ 0<K<5$

정 답　04 ④　05 ①　06 ②

07 블록선도의 전달함수 $\left(\frac{C(s)}{R(s)}\right)$는?

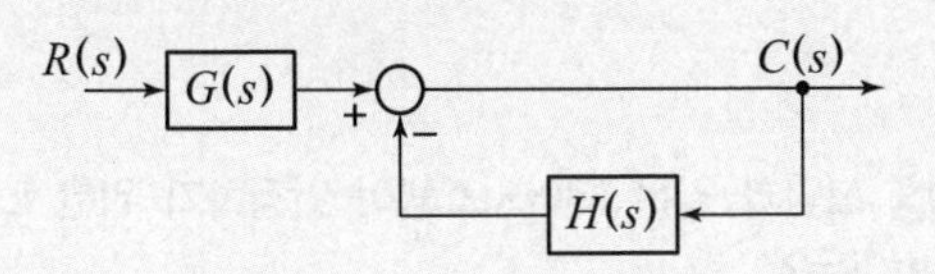

① $\frac{G(s)}{1+H(s)}$ ② $\frac{G(s)}{1+G(s)H(s)}$

③ $\frac{1}{1+H(s)}$ ④ $\frac{1}{1+G(s)H(s)}$

해설

블록선도의 전달함수

전향경로이득 : $G(s)$

루프이득 : $H(s)$

전달함수

$$G(s)=\frac{C(s)}{R(s)}=\frac{\sum 전향\ 경로\ 이득}{1-\sum 루프\ 이득}=\frac{G(s)}{1+H(s)}$$

08 신호흐름선도에서 전달함수 $\left(\frac{C(s)}{R(s)}\right)$는?

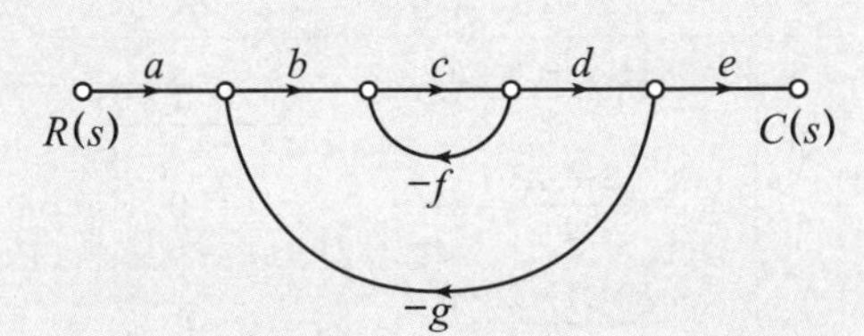

① $\frac{abcde}{1-cg-bcdg}$ ② $\frac{abcde}{1-cf+bcdg}$

③ $\frac{abcde}{1+cf-bcdg}$ ④ $\frac{abcde}{1+cf+bcdg}$

해설

신호흐름선도의 전달함수

전향경로이득 : $a\times b\times c\times d\times e=abcde$

첫 번째 루프이득 : $c\times(-f)=-cf$

두 번째 루프이득 : $b\times c\times d\times(-g)=-bcdg$

전달함수

$$G(s)=\frac{C(s)}{R(s)}=\frac{\sum 전향\ 경로\ 이득}{1-\sum 루프\ 이득}$$

$$=\frac{abcde}{1-(-cf-bcdg)}=\frac{abcde}{1+cf+bcdg}$$

09 e(t)의 z변환을 E(z)라고 했을 때 e(t)의 최종값 e(∞)은?

① $\lim_{z\to1}E(z)$ ② $\lim_{z\to\infty}E(z)$

③ $\lim_{z\to1}(1-z^{-1})E(z)$ ④ $\lim_{z\to\infty}(1-z^{-1})E(z)$

해설

z 변환의 초기값정리 $\lim_{t=0}e(t)=\lim_{z=\infty}E(z)$

z 변환의 최종값정리 $\lim_{t=\infty}e(t)=\lim_{z=1}(1-z^{-1})E(z)$

10 $\overline{A}+\overline{B}\cdot\overline{C}$와 등가인 논리식은?

① $\overline{A\cdot(B+C)}$ ② $\overline{A+B\cdot C}$

③ $\overline{A\cdot B}+C$ ④ $\overline{A\cdot B}+C$

해설

드모르강 정리를 이용하여 풀면 다음과 같다.

$\overline{A}+\overline{B}\cdot\overline{C}=\overline{A}+\overline{B+C}=\overline{A\cdot(B+C)}$

11 $F(s)=\frac{2s^2+s-3}{s(s^2+4s+3)}$의 라플라스 역변환은?

① $1-e^{-t}+2e^{-3t}$ ② $1-e^{-t}-2e^{-3t}$

③ $-1-e^{-t}-2e^{-3t}$ ④ $-1+e^{-t}+2e^{-3t}$

해설

$$F(s)=\frac{2s^2+s-3}{s(s^2+4s+3)}=\frac{2s^2+s-3}{s(s+1)(s+3)}$$

$$=\frac{A}{s}+\frac{B}{s+1}+\frac{C}{s+2}$$

$$A=F(s)\,s|_{s=0}=\left[\frac{2s^2+s-3}{(s+1)(s+3)}\right]_{s=0}=-1$$

$$B=F(s)(s+1)|_{s=-1}=\left[\frac{2s^2+s-3}{s(s+3)}\right]_{s=-1}=1$$

$$C=F(s)(s+3)|_{s=-3}=\left[\frac{2s^2+s-3}{s(s+1)}\right]_{s=-3}=2$$

$$F(s)=\frac{-1}{s}+\frac{1}{s+1}+\frac{2}{s+3}$$

$$=-\frac{1}{s}+\frac{1}{s+1}+2\frac{1}{s+3}$$

$\therefore f(t)=-1+e^{-t}+2e^{-3t}$

정답 07 ① 08 ④ 09 ③ 10 ① 11 ④

21 과년도기출문제(2021. 5. 15 시행)

01 전달함수가 $G_C(s)=\dfrac{s^2+3s+5}{2s}$ 인 제어기가 있다. 이 제어기는 어떤 제어기인가?

① 비례 미분 제어기
② 적분 제어기
③ 비례 미분 제어기
④ 비례 미분 적분 제어기

해설

전달함수 $G_C(s)=\dfrac{s^2+3s+5}{2s}$

$=\dfrac{1}{2}s+\dfrac{3}{2}+\dfrac{5}{2s}=\dfrac{3}{2}\left(1+\dfrac{1}{3}s+\dfrac{5}{3s}\right)$

$=\dfrac{3}{2}\left(1+\dfrac{1}{3}s+\dfrac{1}{\frac{3}{5}s}\right)$ 이므로 비례 미분 적분제어기

02 다음 논리회로의 출력 Y는?

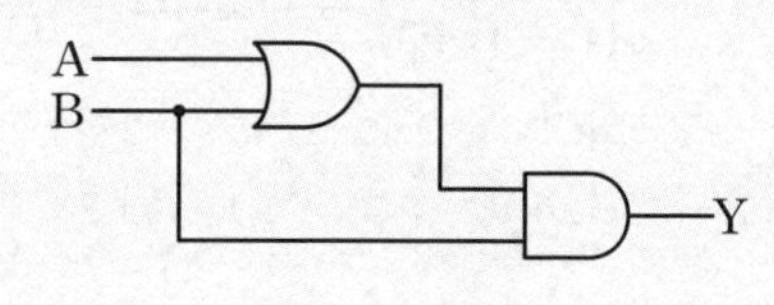

① A　　② B
③ A+B　　④ A · B

해설

$Y=(A+B)\cdot B=A\cdot B+B\cdot B$
$=A\cdot B+B=(A+1)\cdot B=B$

03 그림과 같은 제어시스템이 안정하기 위한 k의 범위는?

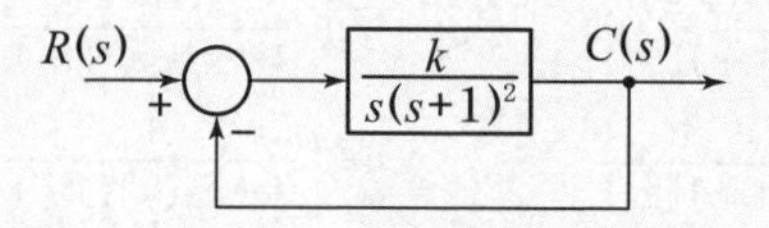

① k>0　　② k>1
③ 0<k<1　　④ 0<k<2

해설

루드 수열 안정판별
$1+G(s)H(s)=0$ 인 특성방정식을 구하면

$1+\dfrac{K}{s(s+1)^2}=\dfrac{s(s+1)^2+K}{s(s+1)^2}=0$

특성방정식 $=s(s+1)^2+K$
$=s^3+2s^2+s+K=0$

루드 수열을 이용하여 풀면 다음과 같다.

s^3	1	1	0
s^2	2	K	0
s^1	$\dfrac{1\times2-1\times K}{2}=\dfrac{2-K}{2}=A$	$\dfrac{0\times2-1\times0}{2}=0$	0
s^0	$\dfrac{K\times A-2\times0}{A}=K$	0	0

제1열의 부호변화가 없어야 안정하므로
$\dfrac{2-K}{2}>0$, $K>0$를 정리하면
$2>K$, $K>0$ 이므로 동시 존재하는 구간은

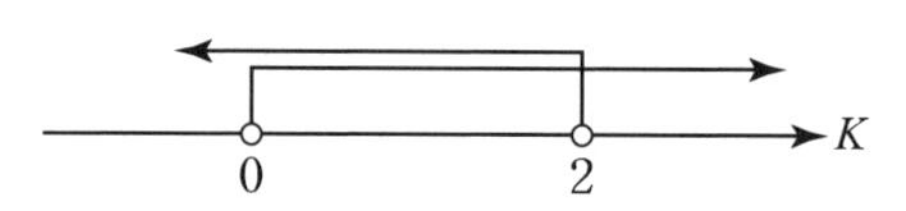

$\because\ 0<K<2$

정답 01 ④ 02 ② 03 ④

04 다음과 같은 상태방정식으로 표현되는 제어시스템의 특성 방정식의 근(S_1, S_2)은?

$$\begin{bmatrix}\dot{x}_1\\ \dot{x}_2\end{bmatrix}=\begin{bmatrix}0 & 1\\ -2 & -3\end{bmatrix}\begin{bmatrix}x_1\\ x_2\end{bmatrix}+\begin{bmatrix}1\\ 0\end{bmatrix}u$$

① 1, −3 ② −1, −2
③ −2, −3 ④ −1, −3

해설

상태방정식에서 계수행렬 A 에 의한 특성방정식은 $|sI-A|=0$ 이므로

$$sI-A=s\begin{bmatrix}1 & 0\\ 0 & 1\end{bmatrix}-\begin{bmatrix}0 & 1\\ -2 & -3\end{bmatrix}$$

$$=\begin{bmatrix}s & 0\\ 0 & s\end{bmatrix}-\begin{bmatrix}0 & 1\\ -2 & -3\end{bmatrix}=\begin{bmatrix}s & -1\\ 2 & s+3\end{bmatrix}$$

특성방정식은

$$|sI-A|=\begin{bmatrix}s & -1\\ 2 & s+3\end{bmatrix}$$

$$=s(s+3)-(-1)\times 2$$

$$=s^2+3s+2=(s+1)(s+2)=0$$ 이므로

특성방정식의 근은 $s_1=-1, s_2=-2$

05 그림의 블록선도와 같이 표현되는 제어시스템에서 A=1, B=1일 때, 블록선도의 출력 C는 약 얼마인가?

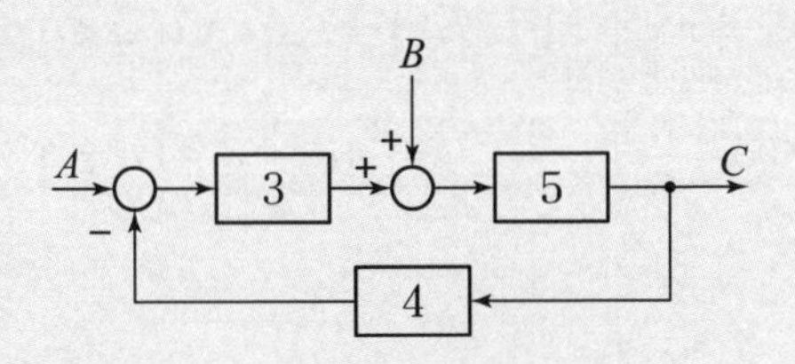

① 0.22 ② 0.33
③ 1.22 ④ 3.1

해설

블록선도의 전달함수

$$\frac{C}{A}=\frac{3\times 5}{1+3\times 5\times 4}=\frac{15}{61}$$

$$\frac{C}{B}=\frac{5}{1+3\times 5\times 4}=\frac{5}{61}$$ 이므로 출력

$$C=\frac{15}{61}\times 1+\frac{5}{61}\times 1=\frac{15}{61}+\frac{5}{61}=\frac{20}{61}=0.33$$

06 제어요소가 제어대상에 주는 양은?

① 동작신호 ② 조작량
③ 제어량 ④ 궤환량

해설

피드백제어계의 구성

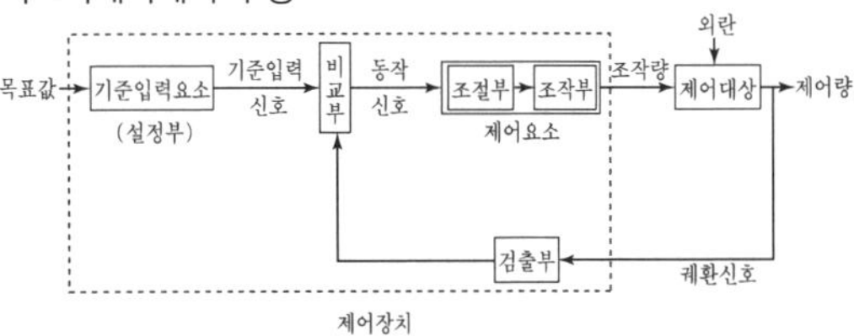

위의 블록선도에서 제어요소가 제어대상에 주는 양은 조작량이라 한다.

07 전달함수가 $\frac{C(s)}{R(s)}=\frac{1}{3s^2+4s+1}$ 인 제어시스템의 과도 응답 특성은?

① 무제동 ② 부족제동
③ 임계제동 ④ 과제동

해설

전달함수 $\frac{C(s)}{R(s)}=\frac{1}{3s^2+4s+1}$

$$=\frac{\frac{1}{3}}{s^2+\frac{4}{3}s+\frac{1}{3}}=\frac{w_n^2}{s^2+2\delta w_n s+w_n^2}$$

$\omega_n{}^2=\frac{1}{3}$, $\omega_n=\frac{1}{\sqrt{3}}$

$2\delta\omega_n=\frac{4}{3}$, $\delta=\frac{2\sqrt{3}}{3}=1.155>1$이므로 과 제동

08 함수 $f(t)=e^{-at}$의 z변환 함수 $F(z)$는?

① $\frac{2z}{z-e^{aT}}$ ② $\frac{1}{z+e^{aT}}$
③ $\frac{z}{z+e^{-aT}}$ ④ $\frac{z}{z-e^{-aT}}$

정답 04 ② 05 ② 06 ② 07 ④ 08 ④

해설

$f(t)$, $F(s)$, $F(z)$의 비교

시간함수 $f(t)$	라플라스변환$F(s)$	z변환 $F(z)$
$\delta(t)$	1	1
$u(t)=1$	$\frac{1}{s}$	$\frac{z}{z-1}$
e^{-at}	$\frac{1}{s+a}$	$\frac{z}{z-e^{-aT}}$
t	$\frac{1}{s^2}$	$\frac{Tz}{(z-1)^2}$

09 제어시스템의 주파수 전달함수가 $G(j\omega)=j5\omega$이고, 주파수가 $\omega=0.02\text{rad/sec}$일 때 이 제어시스템의 이득 (dB)은?

① 20 ② 10
③ -10 ④ -20

해설

$G(j\omega)=\ j5\omega|_{\omega=0.02}=\ j0.1$
전달함수의 크기 $|G(j\omega)|=0.1$
이득은
$g=\ 20\log_{10}|G(jw)|=20\log_{10}0.1=-20\,[\text{dB}]$

10 그림과 같은 제어시스템의 폐루프 전달함수 $T(s)=\frac{C(s)}{R(s)}$에 대한 감도 S_K^T는?

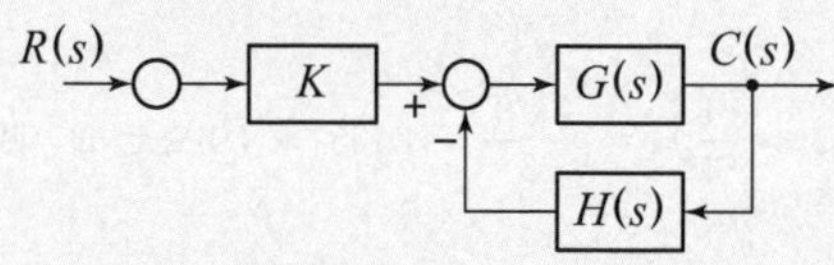

① 0.5 ② 1
③ $\frac{G}{1+GH}$ ④ $\frac{-GH}{1+GH}$

해설

먼저 전달함수 T를 구하면

$T=\frac{C}{R}=\frac{KG(s)}{1+G(s)H(s)}$ 이므로 감도 공식에 대입하면

$$S_K^T=\frac{K}{T}\cdot\frac{dT}{dK}=\frac{K}{\frac{KG(s)}{1+G(s)H(s)}}\cdot\frac{d}{dK}\left(\frac{KG(s)}{1+G(s)H(s)}\right)$$

$$=\frac{1+G(s)H(s)}{G(s)}\cdot\frac{G(s)}{1+G(s)H(s)}=1$$이 된다.

11 그림과 같은 함수의 라플라스 변환은?

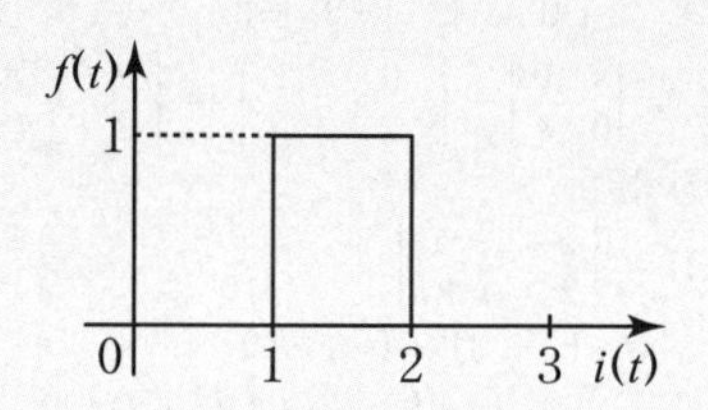

① $\frac{1}{s}(e^{s}-e^{2s})$ ② $\frac{1}{s}(e^{-s}-e^{-2s})$
③ $\frac{1}{s}(e^{-2s}-e^{-s})$ ④ $\frac{1}{s}(e^{-s}+e^{-2s})$

해설

시간함수
$f(t)=u(t-1)-u(t-2)$가 되므로
시간추이정리 $\mathcal{L}[f(t-a)]=F(s)e^{-as}$에 의해서
라플라스 변환하면
$F(s)=\frac{1}{s}e^{-s}-\frac{1}{s}e^{-2s}=\frac{1}{s}(e^{-s}-e^{-2s})$가 된다.

정답 09 ④ 10 ② 11 ②

21 과년도기출문제(2021. 8. 14 시행)

01 그림의 제어시스템이 안정하기 위한 K의 범위는?

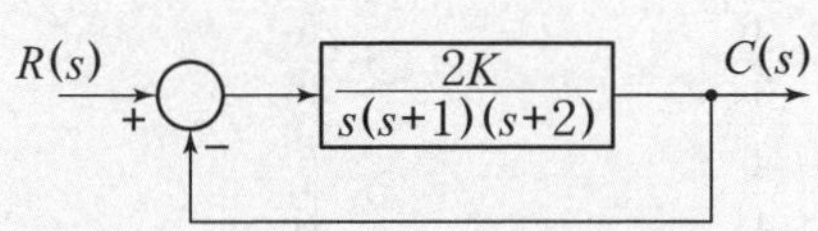

① 0 〈 K 〈 3　　② 0 〈 K 〈 4
③ 0 〈 K 〈 5　　④ 0 〈 K 〈 6

해설

루드 수열 안정판별

$1+G(s)H(s)=0$ 인 특성방정식을 구하면

$$1+\frac{2K}{s(s+1)(s+2)}=\frac{s(s+1)(s+2)+2K}{s(s+1)(s+2)}=0$$

특성방정식 $=s(s+1)(s+2)+2K$

$= s^3+3s^2+2s+2K=0$

루드 수열을 이용하여 풀면 다음과 같다.

s^3	1	2	0
s^2	3	$2K$	0
s^1	$\frac{2\times3-1\times2K}{3}=\frac{6-2K}{3}=A$	$\frac{0\times3-1\times0}{3}=0$	0
s^0	$\frac{2K\times A-3\times0}{A}=2K$	0	0

제1열의 부호변화가 없어야 안정하므로

$\frac{6-2K}{3}>0,\ 6-2K>0,\ K<3$

$2K>0$, $K>0$ 이므로 동시 존재하는 구간은

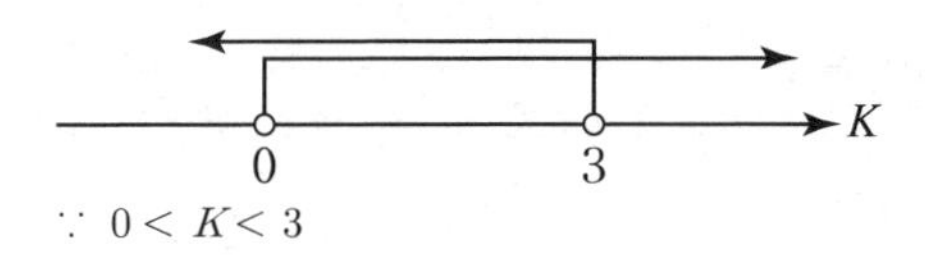

$\because\ 0<K<3$

02 블록선도의 전달함수가 $\frac{C(s)}{R(s)}=10$과 같이 되기 위한 조건은?

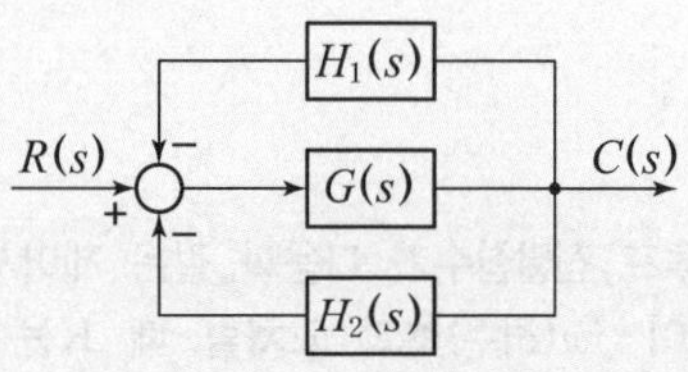

① $G(s)=\frac{1}{1-H_1(s)-H_2(s)}$

② $G(s)=\frac{10}{1-H_1(s)-H_2(s)}$

③ $G(s)=\frac{1}{1-10H_1(s)-10H_2(s)}$

④ $G(s)=\frac{10}{1-10H_1(s)-10H_2(s)}$

해설

블록선도의 전달함수

전향경로이득 : $G(s)$

첫 번째 루프이득 : $G(s)\times H_1(s)$

두 번째 루프이득 : $G(s)\times H_2(s)$

전달함수

$$G=\frac{C(s)}{R(s)}=\frac{\sum \text{전향 경로 이득}}{1-\sum \text{루프 이득}}$$

$$=\frac{G(s)}{1+G(s)H_1(s)+G(s)H_2(s)}=10 \text{ 이므로}$$

$$\therefore\ G(s)=\frac{10}{1-10H_1(s)-10H_2(s)}$$

03 주파수 전달함수가 $G(jw)=\frac{1}{j100w}$ 인 제어시스템에서 $w=1.0$[rad/s]일 때의 이득(dB)과 위상각(°)은 각각 얼마인가?

① 20dB, 90°　　② 40dB, 90°
③ −20dB, −90°　　④ −40dB, −90°

정답　01 ①　02 ④

해설

$$G(j\omega) = \frac{1}{j100\omega}\bigg|_{\omega=1} = \frac{1}{j100}$$

전달함수의 크기 $|G(j\omega)| = \frac{1}{100}$

이득은

$$g = 20\log_{10}|G(j\omega)| = 20\log_{10}\frac{1}{100} = -40\,[\text{dB}]$$

위상각 $\theta = \angle G(j\omega) = -90°$

04 개루프 전달함수가 다음과 같은 제어시스템의 근궤적이 jw(허수)축과 교차할 때 K는 얼마인가?

$$G(s)H(s) = \frac{K}{s(s+3)(s+4)}$$

① 30　② 48
③ 84　④ 180

해설

근궤적의 허수축과의 교차점은
특성방정식 $1+G(s)H(s)=0$을 구하여
전개하면 다음과 같다.

$$1+G(s)H(s) = 1+\frac{K}{s(s+3)(s+4)} = \frac{s(s+3)(s+4)+K}{s(s+3)(s+4)} = 0$$

특성방정식 :
$s(s+3)(s+4)+K = s^3+7s^2+12s+K=0$
루드 수열을 이용하여 임계안정조건으로 유도하여 풀면

s^3	1	12	0
s^2	7	K	0
s^1	$\frac{7\times12-1\times K}{7} = \frac{84-K}{7} = A$	0	0
s^0	K	0	0

K의 임계값은 s^1의 제1열 요소를 0으로 놓으면
$\frac{84-K}{7}=0$일 때 $K=84$

05 그림과 같은 신호흐름선도에서 $\frac{C(s)}{R(s)}$는?

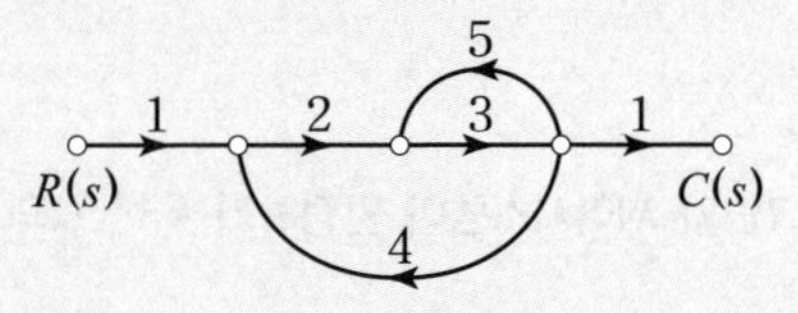

① $-\frac{6}{38}$　② $\frac{6}{38}$
③ $-\frac{6}{41}$　④ $\frac{6}{41}$

해설

신호흐름선도의 전달함수
전향경로이득 : $1\times2\times3\times1=6$
첫 번째 루프이득 : $3\times5=15$
두 번째 루프이득 : $2\times3\times4=24$
전달함수

$$G(s) = \frac{C(s)}{R(s)} = \frac{\sum \text{전향 경로 이득}}{1-\sum \text{루프 이득}} = \frac{6}{1-(15+24)} = -\frac{6}{38}$$

06 단위계단 함수 $u(t)$를 z 변환하면?

① $\frac{1}{z-1}$　② $\frac{z}{z-1}$
③ $\frac{1}{Tz-1}$　④ $\frac{Tz}{Tz-1}$

해설

$f(t)$, $F(s)$, $F(z)$의 비교

시간함수 $f(t)$	라플라스변환$F(s)$	z변환 $F(z)$
$\delta(t)$	1	1
$u(t)=1$	$\frac{1}{s}$	$\frac{z}{z-1}$
e^{-at}	$\frac{1}{s+a}$	$\frac{z}{z-e^{-aT}}$
t	$\frac{1}{s^2}$	$\frac{Tz}{(z-1)^2}$

정답　03 ④　04 ③　05 ①　06 ②

07 제어요소 표준 형식인 적분요소에 대한 전달함수는? (단, K는 상수이다.)

① Ks ② $\frac{K}{s}$
③ K ④ $\frac{K}{1+Ts}$

해설

제어요소의 전달함수

비례 요소	$G(s)=K$ (K를 이득 정수)	1차 지연 요소	$G(s)=\frac{K}{Ts+1}$
미분 요소	$G(s)=Ks$	2차 지연 요소	$G(s)=\frac{K\omega_n^2}{s^2+2\delta\omega_n s+\omega_n^2}$ δ : 감쇠 계수(제동비) ω_n : 고유 진동 각주파수
적분 요소	$G(s)=\frac{K}{s}$	부동작 시간 요소	$G(s)=Ke^{-LS}$ (L: 부동작 시간)

08 그림의 논리회로와 등가인 논리식은?

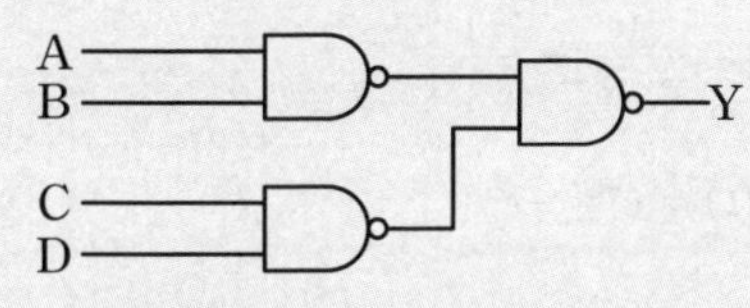

① $Y=A\cdot B\cdot C\cdot D$
② $Y=A\cdot B+C\cdot D$
③ $Y=\overline{A\cdot B}+\overline{C\cdot D}$
④ $Y=(\overline{A}+\overline{B})\cdot(\overline{C}+\overline{D})$

해설

시퀀스 논리회로

$Y=\overline{\overline{A\cdot B}\cdot\overline{C\cdot D}}=\overline{\overline{A\cdot B}}+\overline{\overline{C\cdot D}}$
$=A\cdot B+C\cdot D$

09 다음과 같은 상태방정식으로 표현되는 제어시스템에 대한 특성방정식의 근(s_1, s_2)은?

$$\begin{bmatrix} x_1 \\ x_2 \end{bmatrix}=\begin{bmatrix} 0 & -3 \\ 2 & -5 \end{bmatrix}\begin{bmatrix} x_1 \\ x_2 \end{bmatrix}+\begin{bmatrix} 1 \\ 0 \end{bmatrix}u$$

① 1, −3 ② −1, −2
③ −2, −3 ④ −1, −3

해설

특성방정식

상태방정식에서 계수행렬 A에 의한 특성방정식은 $|sI-A|=0$이므로

$$sI-A=s\begin{bmatrix} 1 & 0 \\ 0 & 1 \end{bmatrix}-\begin{bmatrix} 0 & -3 \\ 2 & -5 \end{bmatrix}$$
$$=\begin{bmatrix} s & 0 \\ 0 & s \end{bmatrix}-\begin{bmatrix} 0 & -3 \\ 2 & -5 \end{bmatrix}=\begin{bmatrix} s & 3 \\ -2 & s+5 \end{bmatrix}$$

특성방정식은

$$|sI-A|=\begin{vmatrix} s & 3 \\ -2 & s+5 \end{vmatrix}$$
$$=s(s+5)-3\times(-2)$$
$$=s^2+5s+6=(s+2)(s+3)=0$$

특성방정식의 근 $s=-2,\ -3$

10 블록선도의 제어시스템은 단위 램프 입력에 대한 정상상태 오차(정상편차)가 0.01이다. 이 제어시스템의 제어요소인 $G_{C1}(s)$의 k는?

$$G_{C1}(s)=k,\ G_{C2}(s)=\frac{1+0.1s}{1+0.2s}$$
$$G_p(s)=\frac{20}{s(s+1)(s+2)}$$

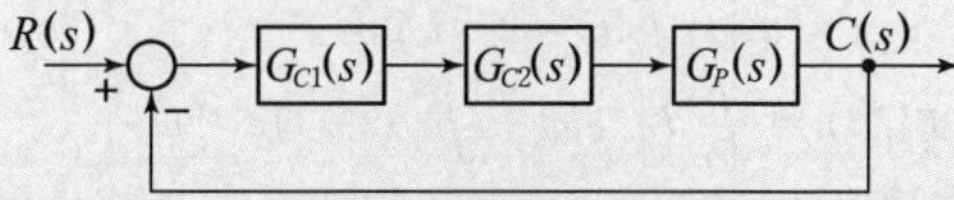

① 0.1 ② 1
③ 10 ④ 100

정답 07 ② 08 ② 09 ③ 10 ③

해설

정상편차

기준입력이 단위램프(속도)입력 $r(t) = t$ 인 경우의 정상편차는 정상속도편차 e_{ssv}를 말하므로

블록선도에서 개루우프 전달함수

$$G(s) = G_{c1}(s)\,G_{c2}(s)\,G_p(s)$$

$$= k \times \frac{1+0.1s}{1+0.2s} \times \frac{20}{s(s+1)(s+2)}$$

$$= \frac{20K(1+0.1)}{s(s+1)(s+2)(1+0.2s)}$$

속도편차상수

$$k_v = \lim_{s\to 0} s\,G(s)$$

$$= \lim_{s\to 0} s\frac{20K(1+0.1)}{s(s+1)(s+2)(1+0.2s)} = 10K$$

정상속도편차

$$e_{ssv} = \frac{1}{\lim_{s=0} sG(s)} = \frac{1}{k_v} = \frac{1}{10K} = 0.01$$

$K = 10$

11 그림과 같은 파형의 라플라스 변환은?

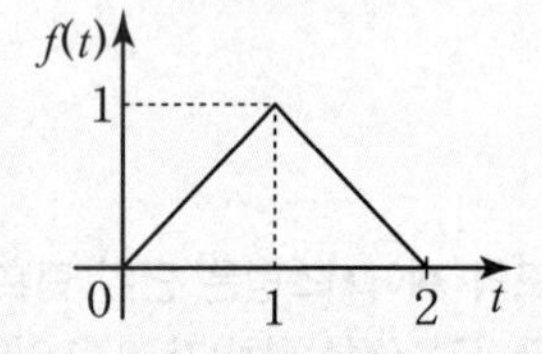

① $\frac{1}{s^2}(1-2e^{s})$ ② $\frac{1}{s^2}(1-2e^{-s})$

③ $\frac{1}{s^2}(1-2e^{s}+e^{2s})$ ④ $\frac{1}{s^2}(1-2e^{-s}+e^{-2s})$

해설

$0 \le t \le 1$에서 $f_1(t) = t$

$1 \le t \le 2$에서 $f_2(t) = 2 - t$ 이므로

$$\mathcal{L}[f(t)] = \int_0^1 t e^{-st}\,dt + \int_1^2 (2-t)e^{-st}\,dt$$

$$= \left[t \cdot \frac{e^{-st}}{-s}\right]_0^1 + \frac{1}{s}\int_0^1 e^{-st}\,dt + \left[(2-t)\frac{e^{-st}}{-s}\right]_1^2 - \frac{1}{s}\int_1^2 e^{-st}\,dt$$

$$= -\frac{e^{-s}}{s} - \frac{e^{-s}}{s^2} + \frac{1}{s^2} + \frac{e^{-s}}{s} + \frac{e^{-2s}}{s^2} - \frac{e^{-s}}{s^2}$$

$$= \frac{1}{s^2}(1 - 2e^{-s} + e^{-2s})$$

12 회로에서 $t=0$ 초에 전압 $v_1(t) = e^{-4t}$[V]를 인가하였을 때 $v_2(t)$는 몇 [V]인가? (단, $R = 2[\Omega]$, $L = 1[H]$이다.)

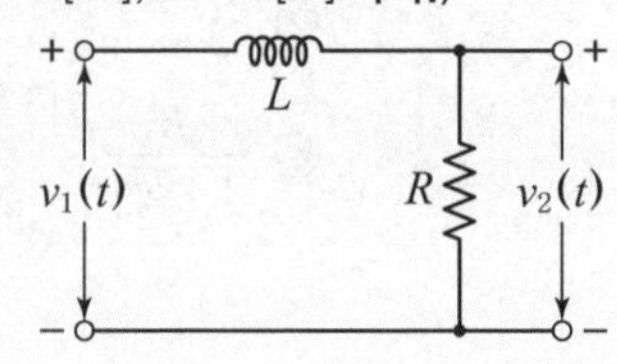

① $e^{-2t} - e^{-4t}$ ② $2e^{-2t} - 2e^{-4t}$

③ $-2e^{-2t} + 2e^{-4t}$ ④ $-2e^{-2t} - 2e^{-4t}$

해설

$R-L$ 직렬연결시 전달함수

$$G(s) = \frac{V_2(s)}{V_1(s)} = \frac{\text{출력임피던스}}{\text{입력임피던스}}$$

$$= \frac{R}{Ls+R} = \frac{2}{s+2}\text{에서}$$

출력 $V_2(s) = G(s)V_1(s) = \frac{2}{s+2} \times \frac{1}{s+4}$

$$= \frac{2}{(s+2)(s+4)} = \frac{A}{(s+2)} + \frac{B}{(s+4)}$$

$$A = V_2(s)(s+2)|_{s=-2} = \left[\frac{2}{s+4}\right]_{s=-2} = 1$$

$$B = V_2(s)(s+4)|_{s=-4} = \left[\frac{2}{s+2}\right]_{s=-4} = -1$$

$$V_2(s) = \frac{1}{s+2} - \frac{1}{s+4}$$

$$\therefore\ v_2(t) = e^{-2t} - e^{-4t}$$

정답 11 ④ 12 ①

22 과년도기출문제(2022. 3. 5 시행)

01 $F(z)=\dfrac{(1-e^{-aT})z}{(z-1)(z-e^{-aT})}$의 역 z 변환은?

① $1-e^{-at}$ ② $1+e^{-at}$
③ $t\cdot e^{-at}$ ④ $t\cdot e^{at}$

해설

$F(z)$를 $G(z)$로 변환하여 부분분수 전개를 이용하면

$G(z)=\dfrac{F(z)}{z}=\dfrac{(1-e^{-aT})}{(z-1)(z-e^{-aT})}$

$=\dfrac{A}{(z-1)}+\dfrac{B}{(z-e^{-aT})}$

$A=G(z)(z-1)|_{z=1\text{대입}}=1$

$B=G(z)(z-e^{-aT})|_{z=e^{-aT}\text{대입}}=-1$ 이므로

$G(z)=\dfrac{F(z)}{z}=\dfrac{1}{(z-1)}-\dfrac{1}{(z-e^{-aT})}$

$F(z)=\dfrac{z}{z-1}-\dfrac{z}{z-e^{-aT}}$ 이므로

역 z 변환하면 $f(t)=1-e^{-at}$가 된다.

02 다음의 특성 방정식 중 안정한 제어시스템은?

① $s^3+3s^2+4s+5=0$
② $s^4+3s^3-s^2+s+10=0$
③ $s^5+s^3+2s^2+4s+3=0$
④ $s^4-2s^3-3s^2+4s+5=0$

해설

안정필요조건은 모든차수가 있고 부호변화가 없어야 되므로 ③번은 s^4이 없고 ②, ④번은 부호변화가 있으므로 불안정하다.

03 그림의 신호흐름선도에서 전달함수 $\dfrac{C(s)}{R(s)}$는?

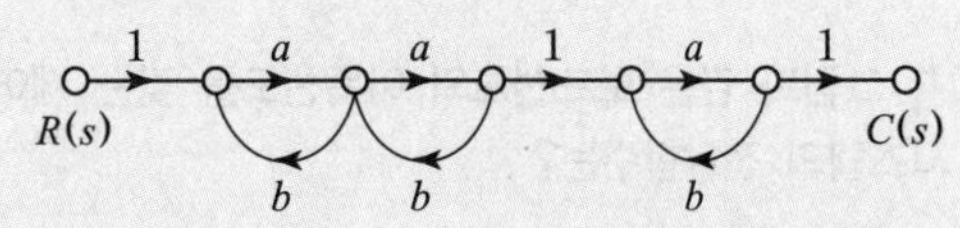

① $\dfrac{a^3}{(1-ab)^3}$ ② $\dfrac{a^3}{1-3ab+a^2b^2}$
③ $\dfrac{a^3}{1-3ab}$ ④ $\dfrac{a^3}{1-3ab+2a^2b^2}$

해설

신호흐름선도의 전달함수를 구하면

$G_1=1\times a\times a\times 1\times a\times 1=a^3$, $\Delta_1=1$

$L_{11}=ab+ab+ab=3ab$

$L_{12}=(ab)\times(ab)+(ab)\times(ab)=2a^2b^2$

$\therefore\ G=\dfrac{C}{R}=\dfrac{G_1\Delta_1}{\Delta}=\dfrac{G_1\Delta_1}{1-(L_{11}-L_{12})}$

$=\dfrac{a^3\times 1}{1-(3ab-2a^2b^2)}=\dfrac{a^3}{1-3ab+2a^2b^2}$

04 그림과 같은 블록선도의 제어시스템에 단위계단 함수가 입력되었을 때 정상상태 오차가 0.01이 되는 a의 값은?

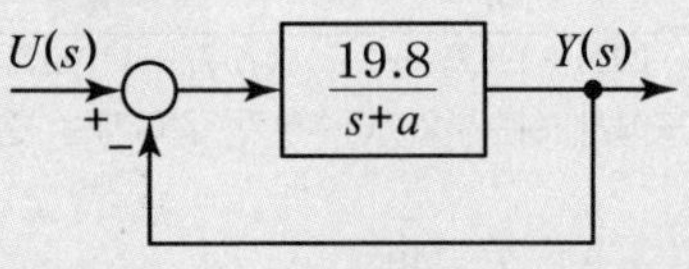

① 0.2 ② 0.6
③ 0.8 ④ 1.0

해설

기준입력이 단위계단함수 $r(t)=u(t)$인 경우의 정상편차는 정상위치편차 e_{ssp}를 말하므로

주어진 블록선도에서 개루우프 전달함수를 구하면

$G(s)=\dfrac{19.8}{s+a}$ 이므로

위치편차상수 $k_p=\lim_{s\to 0}G(s)=\dfrac{19.8}{a}$가 되므로

정답 01 ① 02 ① 03 ④ 04 ①

정상위치편차

$$e_{ssp} = \frac{1}{1+\lim_{s=0} G(s)} = \frac{1}{1+k_p} = \frac{1}{1+\frac{19.8}{a}} = 0.01$$ 에서

$a = 0.2$ 가 된다.

05 그림과 같은 보드선도의 이득선도를 갖는 제어 시스템의 전달함수는?

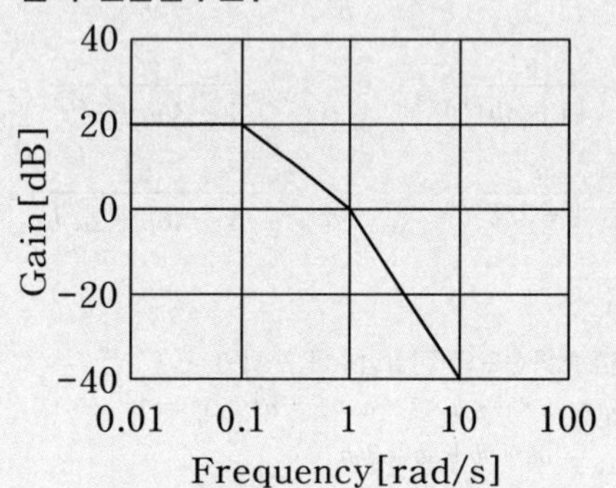

① $G(s) = \frac{10}{(s+1)(s+10)}$

② $G(s) = \frac{10}{(s+1)(10s+1)}$

③ $G(s) = \frac{20}{(s+1)(s+10)}$

④ $G(s) = \frac{20}{(s+1)(10s+1)}$

해설

2차계의 전달함수

$G(s) = \frac{K}{(T_1 s+1)(T_2 s+1)} = \frac{K}{(j\omega T_1+1)(j\omega T_2+1)}$ 에서

보드선도에서 실수부와 허수부가 같아지는 절점주파수를 구하면

$\omega_1 = \frac{1}{T_1} = 0.1,\ T_1 = 10$

$\omega_2 = \frac{1}{T_2} = 1,\ T_2 = 1$ 이고

비례이득 $g = 20\log_{10} K = 20[\text{dB}]$ 에서

$K = 10$ 이 되므로 주어진 수치를 대입하면

$G(s) = \frac{10}{(10s+1)(s+1)}$ 이 된다.

06 그림과 같은 블록선도의 전달함수 $\frac{C(s)}{R(s)}$ 는?

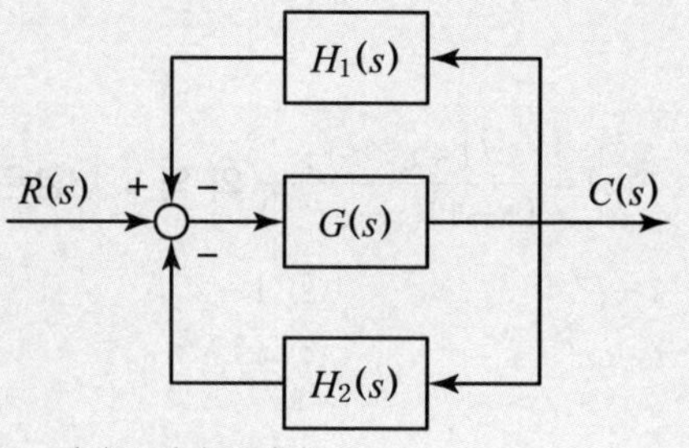

① $\frac{G(s)H_1(s)H_2(s)}{1+G(s)H_1(s)H_2(s)}$

② $\frac{G(s)}{1+G(s)H_1(s)H_2(s)}$

③ $\frac{G(s)}{1-G(s)(H_1(s)+H_2(s))}$

④ $\frac{G(s)}{1+G(s)(H_1(s)+H_2(s))}$

해설

블록선도에서 전향경로이득과 루프이득을 구하면

전향경로이득 : $G(s)$

첫 번째 루프이득 : $G(s) \times H_1(s)$

두 번째 루프이득 : $G(s) \times H_2(s)$ 이므로

전달함수는

$$G(s) = \frac{C(s)}{R(s)} = \frac{\Sigma \text{전향 경로 이득}}{1-\Sigma \text{루프 이득}}$$

$$= \frac{G(s)}{1+G(s)H_1(s)+G(s)H_2(s)}$$

$$= \frac{G(s)}{1+G(s)(H_1(s)+H_2(s))}$$ 가 된다.

정 답 05 ② 06 ④

07 그림과 같은 논리회로와 등가인 것은?

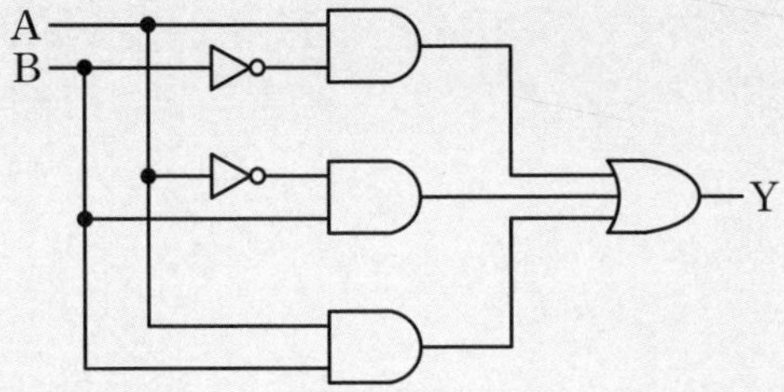

① 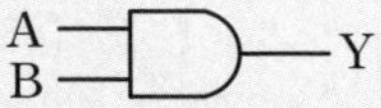

② 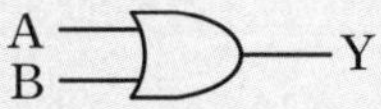

③ 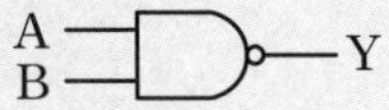

④ 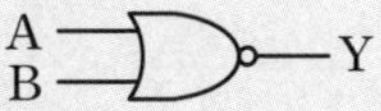

해설

무접점 논리회로에서 출력을 구하여
드모르강 정리를 이용하여 풀면

$Y = A \cdot \overline{B} + \overline{A} \cdot B + A \cdot B$
$= A \cdot \overline{B} + B \cdot (\overline{A} + A)$
$= A \cdot \overline{B} + B = (A+B) \cdot (\overline{B} + B)$
$= A + B$

이므로 OR회로와 같다.

08 다음의 개루프 전달함수에 대한 근궤적의 점근선이 실수축과 만나는 교차점은?

$$G(s)H(s) = \frac{K(s+3)}{s^2(s+1)(s+3)(s+4)}$$

① $\frac{5}{3}$　　② $-\frac{5}{3}$
③ $\frac{5}{4}$　　④ $-\frac{5}{4}$

해설

개루프 전달함수에서 극점과 영점을 구하며
① $G(s)H(s)$ 의 극점 : 분모가 0인 s
$s = 0$: 2개, $s = -1$: 1개, $s = -3$: 1개
$s = -4$: 1개이므로
극점의 수 $P = 5$ 개
② $G(s)H(s)$ 의 영점 : 분자가 0인 s
$s = -3$ 이므로 영점의 수 $Z = 1$개

점근선이 실수축과 만나는 교차점

$$\sigma = \frac{\sum G(s)H(s) \text{의 극점} - \sum G(s)H(s) \text{의 영점}}{p - z}$$
$$= \frac{0 + 0 + (-1) + (-3) + (-4) - (-3)}{5 - 1}$$
$$= -\frac{5}{4} \text{가 된다.}$$

09 블록선도에서 ⓐ에 해당하는 기호는?

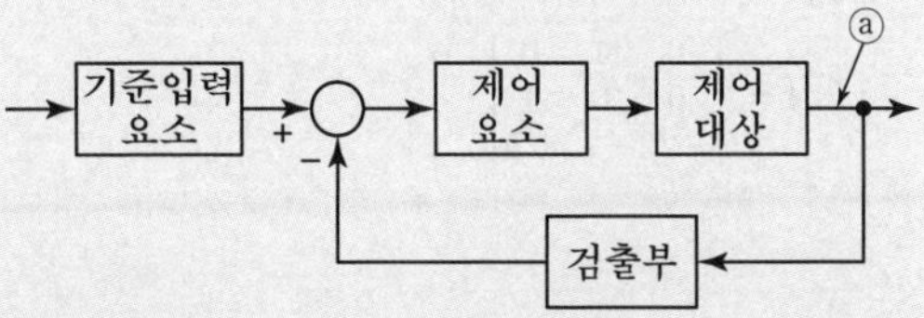

① 조작량　　② 제어량
③ 기준입력　　④ 동작신호

해설

피드백제어계의 블럭선도에서

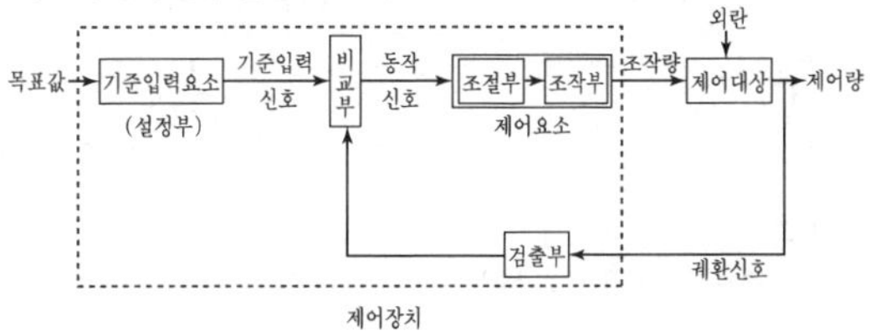

ⓐ는 제어대상에서 나가는 양이므로 제어량이 된다.

10 다음의 미분방정식과 같이 표현되는 제어시스템이 있다. 이 제어시스템을 상태방정식 $\dot{x} = Ax + Bu$ 로 나타내었을 때 시스템 행렬 A는?

$$\frac{d^3C(t)}{dt^3} + 5\frac{d^2C(t)}{dt^2} + \frac{dC(t)}{dt} + 2C(t) = r(t)$$

① $\begin{vmatrix} 0 & 1 & 0 \\ 0 & 0 & 1 \\ -2 & -1 & -5 \end{vmatrix}$　　② $\begin{vmatrix} 1 & 0 & 0 \\ 0 & 1 & 0 \\ -2 & -1 & -5 \end{vmatrix}$

③ $\begin{vmatrix} 0 & 1 & 0 \\ 0 & 0 & 1 \\ 2 & 1 & 5 \end{vmatrix}$　　④ $\begin{vmatrix} 1 & 0 & 0 \\ 0 & 1 & 0 \\ 2 & 1 & 5 \end{vmatrix}$

정답　07 ②　08 ④　09 ②　10 ①

해설

상태방정식에서 상태변수를 구하면

$x_1 = c(t)$, $x_2 = \dot{x}_1 = \dfrac{dc(t)}{dt}$

$x_3 = \dot{x}_2 = \dfrac{d^2c(t)}{dt^2}$, $\dot{x}_3 = \dfrac{d^3c(t)}{dt^2}$

$\dot{x}_3 + 5x_3 + x_2 + 2x_1 = r(t)$이므로

상태 방정식 $\dot{x} = Ax + Bu$ 라 하면

$\dot{x}_1 = x_2$

$\dot{x}_2 = x_3$

$\dot{x}_3 = -2x_1 - x_2 - 5x_3 + r(t)$

$$\begin{bmatrix} \dot{x}_1 \\ \dot{x}_2 \\ \dot{x}_3 \end{bmatrix} = \begin{bmatrix} 0 & 1 & 0 \\ 0 & 0 & 1 \\ -2 & -1 & -5 \end{bmatrix} \begin{bmatrix} x_1 \\ x_2 \\ x_3 \end{bmatrix} + \begin{bmatrix} 0 \\ 0 \\ 1 \end{bmatrix} r(t)$$

$$\therefore\ A = \begin{bmatrix} 0 & 1 & 0 \\ 0 & 0 & 1 \\ -2 & -1 & -5 \end{bmatrix}$$

11 정전용량이 C[F]인 커패시터에 단위 임펄스의 전류원이 연결되어 있다. 이 커패시터의 전압 $v_c(t)$ 는? (단, $u(t)$는 단위 계단함수이다.)

① $v_c(t) = C$
② $v_c(t) = Cu(t)$
③ $v_c(t) = \dfrac{1}{C}$
④ $v_c(t) = \dfrac{1}{C}u(t)$

해설

정전용량 C[F]의 전압

$v_c(t) = \dfrac{1}{C}\int i(t)dt$ [V]에서 라플라스변환하면

$V_c(s) = \dfrac{1}{C}\dfrac{1}{s}I(s)$가 되므로

전류원이 단위임펄스 $i(t) = \delta(t)$이므로

라플라스 변환 $I(s) = 1$를 대입하면

$V_c(s) = \dfrac{1}{C}\dfrac{1}{s}$가 된다.

이를 역라플라스 변환하면 $v_c(t) = \dfrac{1}{C}u(t)$가 된다.

정답 11 ④

22 과년도기출문제(2022. 4. 24 시행)

01 다음 블록선도의 전달함수 $\left(\frac{C(s)}{R(s)}\right)$는?

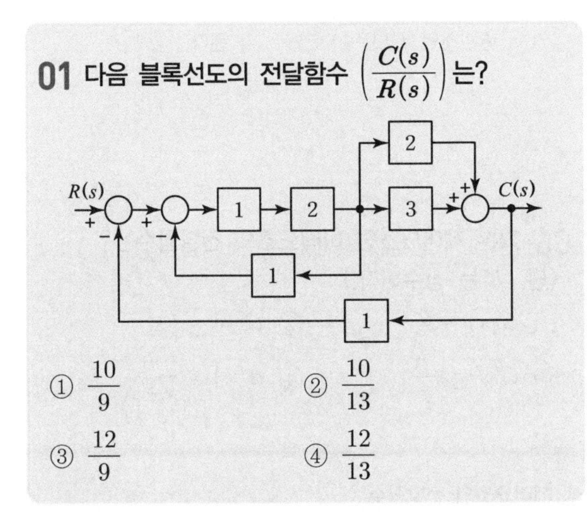

① $\frac{10}{9}$　② $\frac{10}{13}$
③ $\frac{12}{9}$　④ $\frac{12}{13}$

해설

블록선도의 전향경로이득과 루프이득을 구하면
첫 번째 전향경로이득 : $1\times2\times3=6$
두 번째 전향경로이득 : $1\times2\times2=4$
첫 번째 루프이득 : $1\times2\times1=2$
두 번째 루프이득 : $1\times2\times3\times1=6$
세 번째 루프이득 : $1\times2\times2\times1=4$ 이므로
블록선도의 전달함수는

$$G(s)=\frac{C(s)}{R(s)}=\frac{\Sigma\text{전향 경로 이득}}{\Sigma\text{루프 이득}}$$
$$=\frac{6+4}{1+2+6+4}=\frac{10}{13}\text{가 된다.}$$

02 전달함수가 $G(s)=\frac{1}{0.1s(0.01s+1)}$과 같은 제어시스템에서 $\omega=0.1[\text{rad/s}]$일 때의 이득[dB]과 위상각[°]은 약 얼마인가?

① 40[dB], −90°　② −40[dB], 90°
③ 40[dB], −180°　④ 40[dB], −180°

해설

주파수 전달함수에 $\omega=0.1[\text{rad/s}]$를 대입하면

$$G(j\omega)=\left.\frac{1}{0.1j\omega(1+0.01j\omega)}\right|_{\omega=0.1\text{대입}}=\frac{1}{j0.01(1+j0.001)}$$

이므로 주파수 전달함수의 크기

$$|G(j\omega)|=\frac{1}{0.01\sqrt{1^2+0.001^2}}=100\text{이고}$$

주파수 전달함수의 위상각

$$\theta=\angle G(j\omega)=-(90°+\tan^{-1}\frac{0.001}{1})=-90°\text{ 이므로}$$

이득 g[dB]은

$$g=20\log_{10}|G(jw)|=20\log_{10}100=40\,[\text{dB}]\text{가 된다.}$$

03 다음의 논리식과 등가인 것은?

$$Y=(A+B)(\overline{A}+B)$$

① $Y=A$　② $Y=B$
③ $Y=\overline{A}$　④ $Y=\overline{B}$

해설

논리식을 간소화하면

$$Y=(A+B)(\overline{A}+B)=A\overline{A}+AB+\overline{A}B+BB$$
$$=0+AB+\overline{A}B+B=B(A+\overline{A}+1)=B$$

정답　01 ②　02 ①　03 ②

04 다음의 개루프 전달함수에 대한 근궤적이 실수축에서 이탈하게 되는 분리점은 약 얼마인가?

$$G(s)H(s) = \frac{K}{s(s+3)(s+8)},\ K \geq 0$$

① -0.93　② -5.74
③ -6.0　④ -1.33

해설

개루우프 전달함수에서 특성방정식은

$$1 + G(s)H(s) = 1 + \frac{K}{s(s+3)(s+8)} = \frac{s(s+3)(s+8)+K}{s(s+3)(s+8)} = 0 \text{ 이므로}$$

$s(s+3)(s+8) + K = 0$ 에서

$K = -s(s+3)(s+8) = -s^3 - 11s^2 - 24s$ 이므로

$\frac{dK}{ds} = 0$ 을 만족하는 방정식의 근의 값을 구하면

$$\frac{dK}{ds} = \frac{d}{ds}\left[-s^3 - 11s^2 - 24s\right] = -(3s^2 + 22s + 24) = 0$$

$3s^2 + 22s + 24 = 0$

$$s = \frac{-22 \pm \sqrt{22^2 - 4\times3\times24}}{2\times3} = \frac{-22\pm\sqrt{196}}{6} = -1.33,\ -6$$

근궤적의 영역은 $0 \sim -3$ 사이와 $-8 \sim -\infty$사이에 존재하므로 이 범위에 속한 s 값은 -1.33이다.

05 $F(z) = \frac{(1-e^{-aT})z}{(z-1)(z-e^{-aT})}$ 의 역 z 변환은?

① $t \cdot e^{-at}$　② $a^t \cdot e^{-at}$
③ $1+e^{-at}$　④ $1-e^{-at}$

해설

$F(z)$를 $G(z)$로 변환하여 부분분수 전개를 이용하면

$$G(z) = \frac{F(z)}{z} = \frac{(1-e^{-aT})}{(z-1)(z-e^{-aT})} = \frac{A}{(z-1)} + \frac{B}{(z-e^{-aT})}$$

$A = G(z)(z-1)|_{z=1\text{대입}} = 1$

$B = G(z)(z-e^{-aT})|_{z=e^{-aT}\text{대입}} = -1$ 이므로

$$G(z) = \frac{F(z)}{z} = \frac{1}{(z-1)} - \frac{1}{(z-e^{-aT})}$$

$$F(z) = \frac{z}{z-1} - \frac{z}{z-e^{-aT}} \text{ 이므로}$$

역 z 변환하면 $f(t) = 1 - e^{-at}$가 된다.

06 기본 제어요소인 비례요소의 전달함수는? (단, K는 상수이다.)

① $G(s) = K$　② $G(s) = Ks$
③ $G(s) = \frac{K}{s}$　④ $G(s) = \frac{K}{s+K}$

해설

제어요소의 전달함수

비례 요소 : K,　미분 요소 : Ks

적분 요소 : $\frac{K}{s}$, 1차 지연 요소 : $\frac{K}{s+K}$

2차 지연요소 : $\frac{\omega_n^2}{s^2+2\delta\omega_n s+\omega_n^2}$

07 다음의 상태방정식으로 표현되는 시스템의 상태천이행렬은?

$$\begin{bmatrix} \frac{d}{dt}x_1 \\ \frac{d}{dt}x_2 \end{bmatrix} = \begin{bmatrix} 0 & 1 \\ -3 & -4 \end{bmatrix}\begin{bmatrix} x_1 \\ x_2 \end{bmatrix}$$

① $\begin{bmatrix} 1.5e^{-t}-0.5e^{-3t} & -1.5e^{-t}+1.5e^{-3t} \\ 0.5e^{-t}-0.5e^{-3t} & -0.5e^{-t}+1.5e^{-3t} \end{bmatrix}$

② $\begin{bmatrix} 1.5e^{-t}-0.5e^{-3t} & 0.5e^{-t}-0.5e^{-3t} \\ -1.5e^{-t}+1.5e^{-3t} & -0.5e^{-t}+1.5e^{-3t} \end{bmatrix}$

③ $\begin{bmatrix} 1.5e^{-t}-0.5e^{-4t} & 0.5e^{-t}-0.5e^{-4t} \\ -1.5e^{-t}+1.5e^{-4t} & -0.5e^{-t}+1.5e^{-4t} \end{bmatrix}$

④ $\begin{bmatrix} 1.5e^{-t}-0.5e^{-4t} & -1.5e^{-t}+1.5e^{-4t} \\ 0.5e^{-t}-0.5e^{-4t} & -0.5e^{-t}+1.5e^{-4t} \end{bmatrix}$

정답　04 ④　05 ④　06 ①　07 ②

해설

상태천이행렬 $\phi(t) = \mathcal{L}^{-1}[(sI-A)^{-1}]$ 이므로

$$[sI-A] = \begin{bmatrix} s & 0 \\ 0 & s \end{bmatrix} - \begin{bmatrix} 0 & 1 \\ -3 & -4 \end{bmatrix} = \begin{bmatrix} s & -1 \\ 3 & s+4 \end{bmatrix}$$

$$[sI-A]^{-1} = \frac{1}{s(s+4)+3}\begin{bmatrix} s+4 & 1 \\ -3 & s \end{bmatrix} = \frac{1}{(s+1)(s+3)}\begin{bmatrix} s+4 & 1 \\ -3 & s \end{bmatrix} = \begin{bmatrix} \frac{s+4}{(s+1)(s+3)} & \frac{1}{(s+1)(s+3)} \\ \frac{-3}{(s+1)(s+3)} & \frac{s}{(s+1)(s+3)} \end{bmatrix}$$

각 행렬의 역라플라스 변환값은

$F_1(s) = \frac{s+4}{(s+1)(s+3)} = \frac{1.5}{s+1} + \frac{-0.5}{s+3}$

$\Rightarrow f_1(t) = 1.5e^{-t} - 0.5e^{-3t}$

$F_2(s) = \frac{1}{(s+1)(s+3)} = \frac{0.5}{s+1} + \frac{-0.5}{s+3}$

$\Rightarrow f_2(t) = 0.5e^{-t} - 0.5e^{-3t}$

$F_3(s) = \frac{-3}{(s+1)(s+3)} = \frac{-1.5}{s+1} + \frac{1.5}{s+3}$

$\Rightarrow f_3(t) = -1.5e^{-t} + 1.5e^{-3t}$

$F_4(s) = \frac{s}{(s+1)(s+3)} = \frac{-0.5}{s+1} + \frac{1.5}{s+3}$

$\Rightarrow f_4(t) = -0.5e^{-t} + 1.5e^{-3t}$ 이므로

상태천이행렬은

$$\phi(t) = \mathcal{L}^{-1}[(sI-A)^{-1}] = \begin{bmatrix} 1.5e^{-t} - 0.5e^{-3t} & 0.5e^{-t} - 0.5e^{-3t} \\ -1.5e^{-t} + 1.5e^{-3t} & -0.5e^{-t} + 1.5e^{-3t} \end{bmatrix}$$

08 제어시스템의 전달함수가 $T(s) = \frac{1}{4s^2+s+1}$ 과 같이 표현될 때 이 시스템의 고유주파수 $(\omega_n(\text{rad/s}))$와 감쇠율(ζ)은?

① $\omega_n = 0.25, \zeta = 1.0$ ② $\omega_n = 0.5, \zeta = 0.25$
③ $\omega_n = 0.5, \zeta = 0.5$ ④ $\omega_n = 1.0, \zeta = 0.5$

해설

제동비에 따른 제동조건 또는 진동조건은
전달함수

$$\frac{C(s)}{R(s)} = \frac{1}{4s^2+s+1} = \frac{\frac{1}{4}}{s^2 + \frac{1}{4}s + \frac{1}{4}} = \frac{\omega_n^2}{s^2 + 2\zeta\omega_n s + \omega_n^2}$$

고유진동각주파수는

$\omega_n{}^2 = \frac{1}{4}$, $\omega_n = \frac{1}{2} = 0.5$ 이고

감쇠비(제동비)는

$2\zeta\omega_n = \frac{1}{4}$, $\zeta = \frac{1}{4} = 0.25$가 되므로

$\zeta = 0.25 < 1$ 이므로 부족제동 및 감쇠진동 한다.

09 그림의 신호흐름선도를 미분방정식으로 표현한 것으로 옳은 것은? (단, 모든 초기 값은 0이다.)

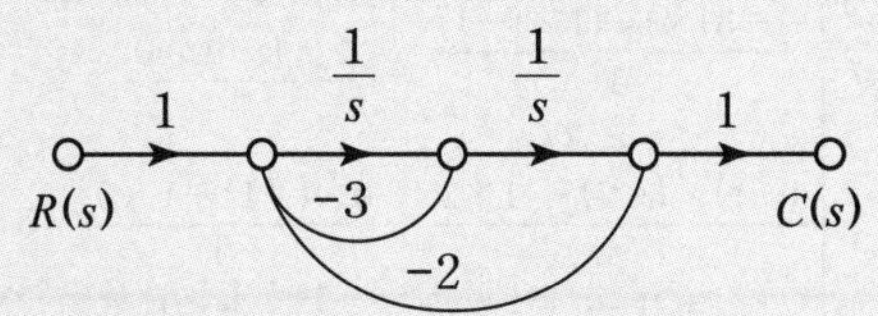

① $\frac{d^2c(t)}{dt^2} + 3\frac{dc(t)}{dt} + 2c(t) = r(t)$

② $\frac{d^2c(t)}{dt^2} + 2\frac{dc(t)}{dt} + 3c(t) = r(t)$

③ $\frac{d^2c(t)}{dt^2} - 3\frac{dc(t)}{dt} - 2c(t) = r(t)$

④ $\frac{d^2c(t)}{dt^2} - 2\frac{dc(t)}{dt} - 3c(t) = r(t)$

해설

신호흐름선도의 전향경로이득 및 루프이득을 구하면

전향경로이득 $= 1 \times \frac{1}{s} \times \frac{1}{s} \times 1 = \frac{1}{s^2}$

첫 번째 루프이득 $= \frac{1}{s} \times -3 = -\frac{3}{s}$

두 번째 루프이득 $= \frac{1}{s} \times \frac{1}{s} \times -2 = -\frac{2}{s^2}$

신호흐름선도의 전달함수는

$$G(s) = \frac{C(s)}{R(s)} = \frac{\Sigma\text{전향 경로 이득}}{\Sigma\text{루프 이득}}$$

$$= \frac{\frac{1}{s^2}}{1-(-\frac{3}{s}-\frac{2}{s^2})} = \frac{1}{s^2+3s+2}$$ 가 되므로

$s^2C(s) + 3sC(s) + 2C(s) = R(s)$에서
역라플라스 변환하면 미분방정식은

$\frac{d^2c(t)}{dt^2} + 3\frac{dc(t)}{dt} + 2c(t) = r(t)$가 된다.

정답 08 ② 09 ①

10 **제어시스템의 특성방정식이 $s^4+s^3-3s^2-s+2=0$와 같을 때, 이 특성방정식에서 s 평면의 오른쪽에 위치하는 근은 몇 개인가?**

① 0 ② 1
③ 2 ④ 3

해설

특성방정식이 $s^4+s^3-3s^2-s+2=0$에서
루드수열을 작성하면

s^4	1	-3	2
s^3	1	-1	0
s^2	$\frac{(-3)\times1-1\times(-1)}{1} = -2$	$\frac{2\times1-1\times0}{1}=2$	0
s^1	$\frac{(-1)\times(-2)-1\times2}{-2} = 0 \rightarrow -4$	$\frac{0\times(-1)-1\times0}{-1}=0 \rightarrow 0$	0
s^0	$\frac{2\times(-4)-(-2)\times0}{-4} = 2$	0	0

루드수열에서 s^1의 열이 모두가 0이 되므로 보조방정식 $-2s^2+2$을 미분하면 $-4s$ 되고 s^1의 계수로 사용하면 제1열의 부호가 2번 변화가 있으므로 불안정하며 s 평면의 오른쪽에 갖는 근이 2개 존재한다.

11 $f(t)=\mathcal{L}^{-1}\left[\frac{s^2+3s+2}{s^2+2s+5}\right]$**는?**

① $\delta(t)+e^{-t}(\cos2t-\sin2t)$
② $\delta(t)+e^{-t}(\cos2t+2\sin2t)$
③ $\delta(t)+e^{-t}(\cos2t-2\sin2t)$
④ $\delta(t)+e^{-t}(\cos2t+\sin2t)$

해설

라플라스 변환식

$$F(s)=\frac{s^2+3s+2}{s^2+2s+5}=1+\frac{s-3}{s^2+2s+5}=1+\frac{s+1-4}{(s+1)^2+4}$$

$$=1+\frac{s+1}{(s+1)^2+2^2}-2\frac{2}{(s+1)^2+2^2}$$ 에서

역라플라스 변환하면

$$f(t)=\delta(t)+e^{-t}\cos2t-2e^{-t}\sin2t$$

$=\delta(t)+e^{-t}(\cos2t-2\sin2t)$가 된다.

정답 10 ③ 11 ③

22 과년도기출문제(2022. 7. 2 시행)

※ 본 기출문제는 수험자의 기억을 바탕으로 하여 복원한 문제이므로 실제 문제와 다를 수 있음을 미리 알려드립니다.

01 다음 회로망에서 입력전압을 $V_1(t)$, 출력전압을 $V_2(t)$라 할 때, $\dfrac{V_2(s)}{V_1(s)}$에 대한 고유주파수 ω_n과 제동비 ζ의 값은? (단, $R=100[\Omega]$, $L=2[\mathrm{H}]$, $C=200[\mu\mathrm{F}]$이고, 모든 초기전하는 0이다.)

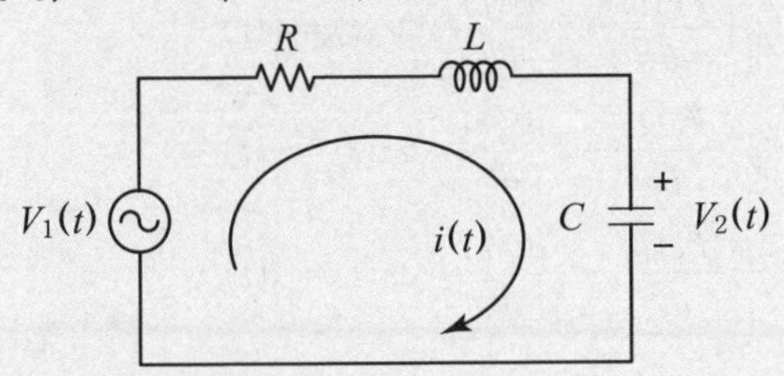

① $\omega_n=50$, $\zeta=0.5$
② $\omega_n=50$, $\zeta=0.7$
③ $\omega_n=250$, $\zeta=0.5$
④ $\omega_n=250$, $\zeta=0.7$

해설

$R-L-C$ 직렬연결시 전달함수는

$G(s)=\dfrac{V_2(s)}{V_1(s)}=\dfrac{\text{출력 임피던스}}{\text{입력 임피던스}}$ 이므로

입력임피던스 $Z_i=R+Ls+\dfrac{1}{Cs}[\Omega]$

출력임피던스 $Z_0=\dfrac{1}{Cs}[\Omega]$를 대입하면

$$G(s)=\frac{\frac{1}{Cs}}{R+Ls+\frac{1}{Cs}}=\frac{1}{LCs^2+RCs+1}$$

$$=\frac{\frac{1}{LC}}{s^2+\frac{R}{L}s+\frac{1}{LC}}$$ 가 되므로

주어진 수치대입하면

$\dfrac{R}{L}=\dfrac{100}{2}=50$, $\dfrac{1}{LC}=\dfrac{1}{2\times200\times10^{-6}}=2500$ 이므로

$G(s)=\dfrac{2500}{s^2+50s+2500}=\dfrac{\omega_n^2}{s^2+2\zeta\omega_n s+\omega_n^2}$ 가 된다.

고유주파수는 $\omega_n^2=2500$, $\omega=50$

제동비는 $2\zeta\omega_n=50$, $\zeta=0.5$

02 다음 함수의 역라플라스 변환 $f(t)$는 어떻게 되는가?

$$F(s)=\frac{2s+3}{(s^2+3s+2)}$$

① $e^{-t}+e^{-2t}$
② $e^{-t}-e^{-2t}$
③ $e^{t}-2e^{-2t}$
④ $e^{-t}+2e^{-2t}$

해설

라플라스 변환을 부분분수 전개하면

$F(s)=\dfrac{2s+3}{s^2+3s+2}=\dfrac{2s+3}{(s+1)(s+2)}$

$=\dfrac{A}{s+1}+\dfrac{B}{s+2}$ 에서

$A=F(s)(s+1)|_{s=-1}=\left.\dfrac{2s+3}{s+2}\right|_{s=-1}=1$

$B=F(s)(s+2)|_{s=-2}=\left.\dfrac{2s+3}{s+1}\right|_{s=-2}=1$

이므로 수치를 대입하면

$F(s)=\dfrac{1}{s+1}+\dfrac{1}{s+2}$ 가 되어 역라플라스 하면

$\therefore\ f(t)=e^{-t}+e^{-2t}$

정답 01 ① 02 ②

03 그림의 제어시스템이 안정하기 위한 K의 범위는?

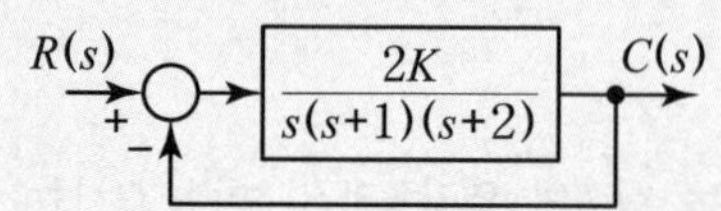

① $0 < K < 3$　② $0 < K < 4$
③ $0 < K < 5$　④ $0 < K < 6$

해설

블록선도에서 특성방정식
$1+G(s)H(s)=0$를 구하면
$1+\frac{2K}{s(s+1)(s+2)}=\frac{s(s+1)(s+2)+2K}{s(s+1)(s+2)}=0$에서

특성방정식 $=s(s+1)(s+2)+2K$
$=s^3+3s^2+2s+2K=0$이므로
루드 수열을 이용하여 풀면 다음과 같다.

s^3	1	2	0
s^2	3	$2K$	0
s^1	$\frac{2\times3-1\times2K}{3}=\frac{6-2K}{3}=A$	$\frac{0\times3-1\times0}{3}=0$	0
s^0	$\frac{2K\times A-3\times0}{A}=2K$	0	0

루드 수열의 제1열의 부호변화가 없어야 안정하므로
$A=\frac{6-2K}{3}>0$, $6-2K>0$, $K<3$
$2K>0$, $K>0$ 이므로

동시 존재하는　구간은

$\therefore\ 0<K<3$

04 그림과 같은 신호흐름 선도의 전달함수는?

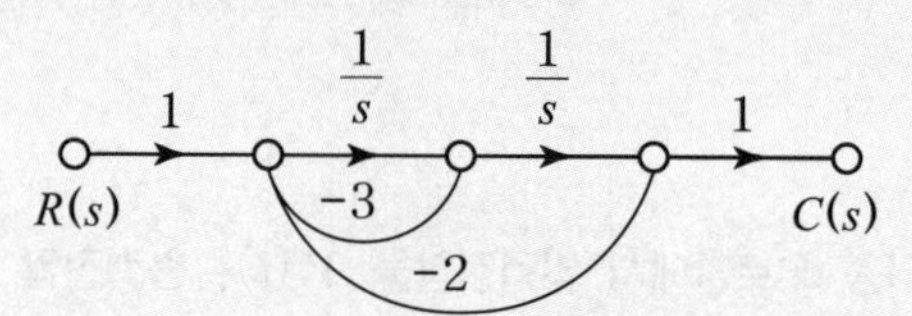

① $\frac{d^2c(t)}{dt^2}+3\frac{dc(t)}{dt}+2c(t)=r(t)$

② $\frac{d^2c(t)}{dt^2}+2\frac{dc(t)}{dt}+3c(t)=r(t)$

③ $\frac{d^2c(t)}{dt^2}-3\frac{dc(t)}{dt}-2c(t)=r(t)$

④ $\frac{d^2c(t)}{dt^2}-2\frac{dc(t)}{dt}-3c(t)=r(t)$

해설

신호흐름선도의 전향경로이득 및 루프이득은
전향경로이득 $1\times\frac{1}{s}\times\frac{1}{s}\times1=\frac{1}{s^2}$
첫 번째 루프이득 $\frac{1}{s}\times-3=-\frac{3}{s}$
두 번째 루프이득 $\frac{1}{s}\times\frac{1}{s}\times-2=-\frac{2}{s^2}$ 이므로

신호흐름선도의 전달함수
$G(s)=\frac{C(s)}{R(s)}=\frac{\Sigma\text{전향 경로 이득}}{\Sigma\text{루프 이득}}$
$=\frac{\frac{1}{s^2}}{1-\left(-\frac{3}{s}-\frac{2}{s^2}\right)}=\frac{\frac{1}{s^2}}{1+\frac{3}{s}+\frac{2}{s^2}}$
$=\frac{1}{s^2+3s+2}$가 된다.
$s^2C(s)+3sC(s)+2C(s)=R(s)$에서
역 라플라스 변환하여 미분방정식을 구하면
$\frac{d^2c(t)}{dt^2}+3\frac{dc(t)}{dt}+2c(t)=r(t)$

정답　03 ①　04 ①

05 그림과 같은 보드선도의 이득선도를 갖는 제어 시스템의 전달함수는?

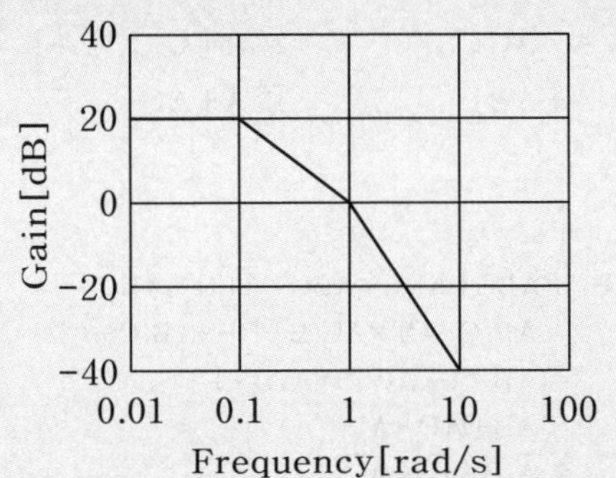

① $G(s)=\dfrac{10}{(s+1)(s+10)}$

② $G(s)=\dfrac{10}{(s+1)(10s+1)}$

③ $G(s)=\dfrac{20}{(s+1)(s+10)}$

④ $G(s)=\dfrac{20}{(s+1)(10s+1)}$

해설

2차계의 전달함수

$G(s)=\dfrac{K}{(T_1s+1)(T_2s+1)}=\dfrac{K}{(j\omega T_1+1)(j\omega T_2+1)}$

에서 보드선도에서 실수부와 허수부가 같아지는 절점주파수를 구하면

$\omega_1=\dfrac{1}{T_1}=0.1,\ T_1=10$

$\omega_2=\dfrac{1}{T_2}=1,\ T_2=1$이고

비례이득 $g=20\log_{10}K=20\,[\mathrm{dB}]$에서

$K=10$이 되므로 주어진 수치를 대입하면

$G(s)=\dfrac{10}{(10s+1)(s+1)}$이 된다.

06 블록선도의 전달함수가 $\dfrac{C(s)}{R(s)}=10$과 같이 되기 위한 조건은?

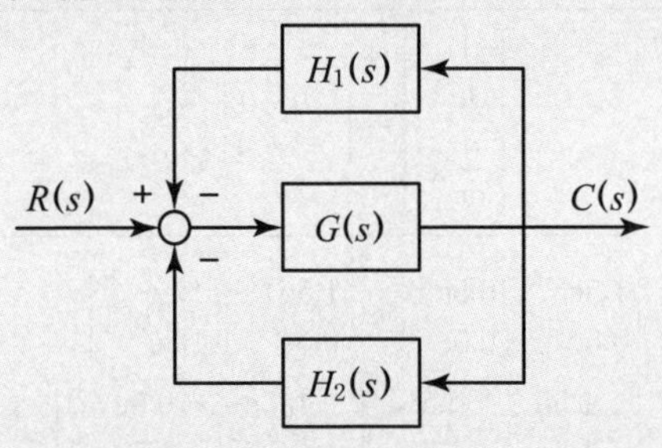

① $G(s)=\dfrac{1}{1-H_1(s)-H_2(s)}$

② $G(s)=\dfrac{10}{1-H_1(s)-H_2(s)}$

③ $G(s)=\dfrac{1}{1-10H_1(s)-10H_2(s)}$

④ $G(s)=\dfrac{10}{1-10H_1(s)-10H_2(s)}$

해설

블록선도에서 전향경로이득 및 루프이득을 구하면

전향경로이득 $G(s)$

첫 번째 루프이득 $G(s)\times H_2(s)$

두 번째 루프이득 $G(s)\times H_1(s)$이므로

전체 전달함수 $\mathrm{G}=\dfrac{\mathrm{C(s)}}{\mathrm{R(s)}}$는

$G=\dfrac{C(s)}{R(s)}=\dfrac{\Sigma\text{전향 경로 이득}}{\Sigma\text{루프 이득}}$

$=\dfrac{G(s)}{1+G(s)H_1(s)+G(s)H_2(s)}=10$가 되므로

여기서 $G(s)$로 정리하면

$G(s)=\dfrac{10}{1-10H_1(s)-10H_2(s)}$가 된다.

정답 05 ② 06 ④

07 **다음의 상태방정식으로 표현되는 시스템의 상태 천이행렬은?**

$$\begin{bmatrix} \frac{d}{dt}x_1 \\ \frac{d}{dt}x_2 \end{bmatrix} = \begin{bmatrix} 0 & 1 \\ -3 & -4 \end{bmatrix} \begin{bmatrix} x_1 \\ x_2 \end{bmatrix}$$

① $\begin{bmatrix} 1.5e^{-t}-0.5e^{-3t} & -1.5e^{-t}+1.5e^{-3t} \\ 0.5e^{-t}-0.5e^{-3t} & -0.5e^{-t}+1.5e^{-3t} \end{bmatrix}$

② $\begin{bmatrix} 1.5e^{-t}-0.5e^{-3t} & 0.5e^{-t}-0.5e^{-3t} \\ -1.5e^{-t}+1.5e^{-3t} & -0.5e^{-t}+1.5e^{-3t} \end{bmatrix}$

③ $\begin{bmatrix} 1.5e^{-t}-0.5e^{-4t} & 0.5e^{-t}-0.5e^{-4t} \\ -1.5e^{-t}+1.5e^{-4t} & -0.5e^{-t}+1.5e^{-4t} \end{bmatrix}$

④ $\begin{bmatrix} 1.5e^{-t}-0.5e^{-4t} & -1.5e^{-t}+1.5e^{-4t} \\ 0.5e^{-t}-0.5e^{-4t} & -0.5e^{-t}+1.5e^{-4t} \end{bmatrix}$

해설

상태천이행렬 $\phi(t) = \mathcal{L}^{-1}[(sI-A)^{-1}]$ 이므로

$$[sI-A] = \begin{bmatrix} s & 0 \\ 0 & s \end{bmatrix} - \begin{bmatrix} 0 & 1 \\ -3 & -4 \end{bmatrix} = \begin{bmatrix} s & -1 \\ 3 & s+4 \end{bmatrix}$$

$$[sI-A]^{-1} = \frac{1}{s(s+4)+3}\begin{bmatrix} s+4 & 1 \\ -3 & s \end{bmatrix} = \frac{1}{(s+1)(s+3)}\begin{bmatrix} s+4 & 1 \\ -3 & s \end{bmatrix} = \begin{bmatrix} \frac{s+4}{(s+1)(s+3)} & \frac{1}{(s+1)(s+3)} \\ \frac{-3}{(s+1)(s+3)} & \frac{s}{(s+1)(s+3)} \end{bmatrix}$$

각 행렬의 역라플라스 변환값은

$F_1(s) = \frac{s+4}{(s+1)(s+3)} = \frac{1.5}{s+1} + \frac{-0.5}{s+3}$

$\Rightarrow f_1(t) = 1.5e^{-t} - 0.5e^{-3t}$

$F_2(s) = \frac{1}{(s+1)(s+3)} = \frac{0.5}{s+1} + \frac{-0.5}{s+3}$

$\Rightarrow f_2(t) = 0.5e^{-t} - 0.5e^{-3t}$

$F_3(s) = \frac{-3}{(s+1)(s+3)} = \frac{-1.5}{s+1} + \frac{1.5}{s+3}$

$\Rightarrow f_3(t) = -1.5e^{-t} + 1.5e^{-3t}$

$F_4(s) = \frac{s}{(s+1)(s+3)} = \frac{-0.5}{s+1} + \frac{1.5}{s+3}$

$\Rightarrow f_4(t) = -0.5e^{-t} + 1.5e^{-3t}$ 이므로

상태천이행렬은

$$\phi(t) = \mathcal{L}^{-1}[(sI-A)^{-1}] = \begin{bmatrix} 1.5e^{-t}-0.5e^{-3t} & 0.5e^{-t}-0.5e^{-3t} \\ -1.5e^{-t}+1.5e^{-3t} & -0.5e^{-t}+1.5e^{-3t} \end{bmatrix}$$

08 $\overline{A}BC+\overline{A}B\overline{C}+A\overline{B}\,\overline{C}+AB\overline{C}+\overline{A}\,\overline{B}C+\overline{A}\,\overline{B}\,\overline{C}$ **의 논리식을 간략화 하면?**

① $A+AC$　　② $A+C$

③ $\overline{A}+A\overline{B}$　　④ $\overline{A}+A\overline{C}$

해설

주어진 논리식을 간소화하면

$\overline{A}BC+\overline{A}B\overline{C}+A\overline{B}\,\overline{C}+AB\overline{C}+\overline{A}\,\overline{B}C+\overline{A}\,\overline{B}\,\overline{C}$

$= \overline{A}B(C+\overline{C})+A\overline{C}(\overline{B}+B)+\overline{A}\,\overline{B}(C+\overline{C})$

$= \overline{A}B \cdot 1+A\overline{C} \cdot 1+\overline{A}\,\overline{B} \cdot 1$

$= \overline{A}B+A\overline{C}+\overline{A}\,\overline{B}$

$= \overline{A}(B+\overline{B})+A\overline{C}$

$= \overline{A} \cdot 1+A\overline{C}$

$= \overline{A}+A\overline{C}$

09 **3차인 이산치 시스템의 특성 방정식의 근이 -0.3, -0.2, $+0.5$로 주어져 있다. 이 시스템의 안정도는?**

① 이 시스템은 안정한 시스템이다.

② 이 시스템은 불안정한 시스템이다.

③ 이 시스템은 임계 안정한 시스템이다.

④ 위 정보로서는 이 시스템의 안정도를 알 수 없다.

해설

이산치 시스템의 안정판별은 z-평면을 이용하므로 특성 방정식의 근이 반경이 $|z| = 1$인 단위원 내부에 존재하므로 제어계의 특성이 안정한 시스템이 된다.

정 답　07 ②　08 ④　09 ①

10 그림과 같은 RLC 회로에서 입력전압 $ei(t)$, 출력 전류가 $i(t)$인 경우 이 회로의 전달함수 $\frac{I(s)}{Ei(s)}$는? (단, 모든 초기 조건은 0이다.)

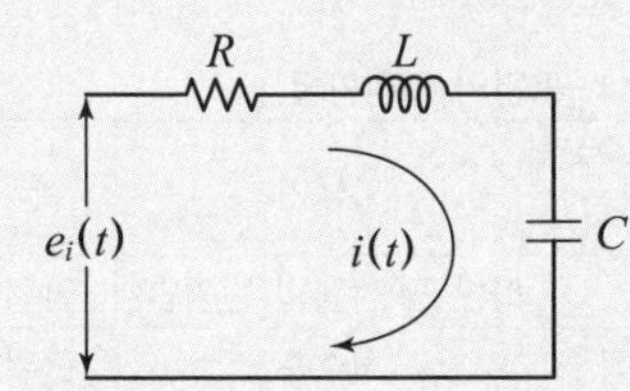

① $\frac{Rs}{LCs^2+RCs+1}$ ② $\frac{1}{LCs^2+RCs+1}$
③ $\frac{Cs}{LCs^2+RCs+1}$ ④ $\frac{1}{LCs^2+RCs+1}$

해설

$R-L-C$ 직렬회로에서
전압에 대한 전류의 전달함수는 어드미턴스 값 이므로

$$G(s) = \frac{I(s)}{E_i(s)} = Y(s) = \frac{1}{Z(s)}$$
$$= \frac{1}{R+Ls+\frac{1}{Cs}} = \frac{Cs}{LCs^2+RCs+1}$$

11 $G(s)H(s) = \frac{K(s+1)}{s(s+2)(s+3)}$에서 근궤적의 수는?

① 1 ② 2
③ 3 ④ 4

해설

근궤적의 수(N)는 극점의 수(p)와 영점의 수(z) 중에서 큰 것을 선택 또는 다항식의 최고차항의 차수와 같으므로
$z=1$ 개, $p=3$개 이므로
$z < p$ 이고 $N=p=3$개가 된다.

12 다음과 같은 시스템에 단위계단입력 신호가 가해졌을 때 지연시간에 가장 가까운 값(sec)는?

$$\frac{C(s)}{R(s)} = \frac{1}{s+1}$$

① 0.5 ② 0.7
③ 0.9 ④ 1.2

해설

기준입력이 $r(t)=u(t)$, $R(s)=\frac{1}{s}$ 이므로
전달함수 $\frac{C(s)}{R(s)} = \frac{1}{s+1}$ 에서
응답(출력)를 구하면
$C(s) = \frac{1}{s+1}R(s) = \frac{1}{s+1} \cdot \frac{1}{s} = \frac{1}{s(s+1)}$ 가 되므로
부분분수 전개를 이용하면
$$C(s) = \frac{1}{s(s+1)} = \frac{A}{s} + \frac{B}{s+1}$$
$$A = \lim_{s\to0} s \cdot C(s) = \left[\frac{1}{s+1}\right]_{s=0} = 1$$
$$B = \lim_{s\to0}(s+1)\,C(s) = \left[\frac{1}{s}\right]_{s=-1} = -1 \text{ 이므로}$$
$C(s) = \frac{1}{s} - \frac{1}{s+1}$ 가 되어
이를 역라플라스변환하면
$\therefore\ c(t) = 1-e^{-t}$ 가 된다.

지연시간은 응답이 목표값의 50%에 도달시간 이므로
$c(t) = 1-e^{-t} = 0.5$
$e^{-t} = 0.5$, $-t = \log_e 0.5$
$t = -\log_e 0.5 = 0.7[\text{sec}]$

정답 10 ③ 11 ③ 12 ②

23 과년도기출문제(2023. 3. 1 시행)

※ 본 기출문제는 수험자의 기억을 바탕으로 하여 복원한 문제이므로 실제 문제와 다를 수 있음을 미리 알려드립니다.

01 $f(t)=\sin t+2\cos t$를 라플라스 변환하면?

① $\dfrac{2s}{s^2+1}$　② $\dfrac{2s+1}{(s+1)^2}$

③ $\dfrac{2s+1}{s^2+1}$　④ $\dfrac{2s}{(s+1)^2}$

해설

2개 이상의 시간함수가 합이나 차인 경우 선형의 정리에 의해서 풀면

$F(s)=\mathcal{L}[f(t)]$

$=\mathcal{L}[\sin t]+\mathcal{L}[2\cos t]$

$=\dfrac{1}{s^2+1^2}+2\cdot\dfrac{s}{s^2+1^2}=\dfrac{2s+1}{s^2+1}$

02 다음 논리회로의 출력 Y는?

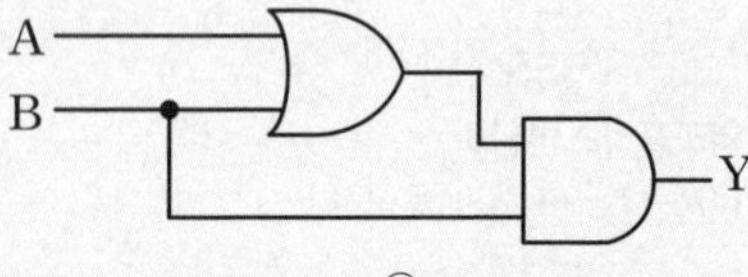

① A　② B

③ A+B　④ A · D

해설

드모르강 정리를 이용하여 논리식을 간소화하면

$X=(A+B)\cdot B$

$=A\cdot B+B\cdot B$

$=A\cdot B+B$

$=B(A+1)$

$=B\cdot 1$

$=B$

03 샘플러의 주기를 T라 할 때 s 평면상의 모든 점은 식 $z=e^{sT}$에 의하여 z평면상에 사상된다. s 평면의 우반 평면상의 모든 점은 z평면상 단위원의 어느 부분으로 사상되는가?

① 내점　② 외점

③ z평면 전체　④ 원주상의 점

해설

s–평면과 z–평면의 안정판별

구간 \ 구분	s 평면	z 평면
안정	좌반 평면(음의 반평면)	단위원 내부
임계안정	허수축	단위 원주상
불안정	우반 평면(양의 반평면)	단위원 외부

04 그림과 같은 보드선도의 이득선도를 갖는 제어 시스템의 전달함수는?

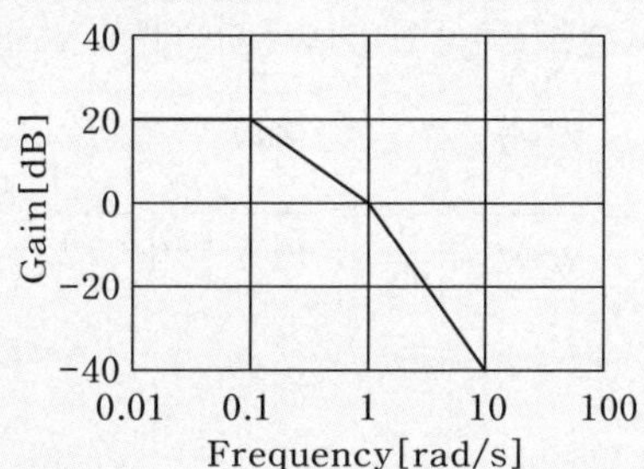

① $G(s)=\dfrac{10}{(s+1)(s+10)}$

② $G(s)=\dfrac{10}{(s+1)(10s+1)}$

③ $G(s)=\dfrac{20}{(s+1)(s+10)}$

④ $G(s)=\dfrac{20}{(s+1)(10s+1)}$

해설

2차계의 전달함수

$G(s)=\dfrac{K}{(T_1s+1)(T_2s+1)}=\dfrac{K}{(j\omega T_1+1)(j\omega T_2+1)}$

에서 실수부와 허수부가 같아지는 절점주파수를 구하면

$\omega_1 T_1=1$, $\omega_1=\dfrac{1}{T_1}=0.1$, $T_1=10$

$\omega_2 T_1=1$, $\omega_2=\dfrac{1}{T_2}=1$, $T_2=1$

비례이득 $g=20\log_{10}K=20[\text{dB}]$에서

$\log_{10}K=1$, $K=10$이 되므로

$G(s)=\dfrac{10}{(10s+1)(s+1)}$이 된다.

정답　01 ③　02 ②　03 ②　04 ②

05 그림의 신호흐름 선도의 전달함수는?

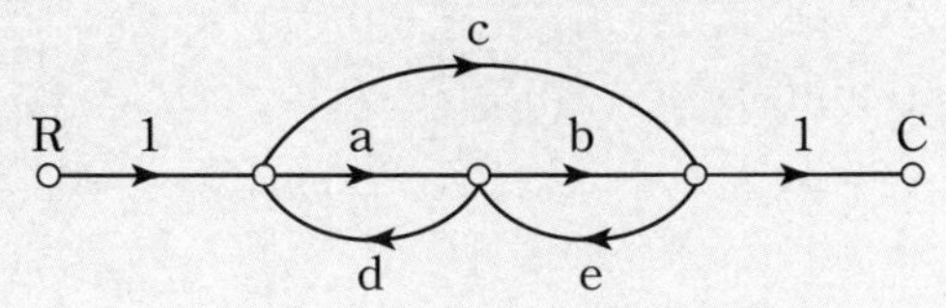

① $\dfrac{ab+c}{1-(ad+be)-cde}$

② $\dfrac{ab+c}{1+(ad+be)-cde}$

③ $\dfrac{ab+c}{1-(ad+be)}$

④ $\dfrac{ab+c}{1+(ad+be)}$

해설

신호흐름 선도의 전달함수를 구하면
첫 번째 전향경로이득 $1\times a\times b\times 1 = ab$
두 번째 전향경로이득 $1\times c\times 1 = c$
첫 번째 루프이득 $a\times d = ad$
두 번째 루프이득 $b\times e = be$
세 번째 루프이득 $c\times d\times e = cde$
전달함수

$$G(s) = \frac{C(s)}{R(s)} = \frac{\sum \text{전향 경로 이득}}{1-\sum \text{루프 이득}}$$

$$= \frac{ab+c}{1-(ad+be+cde)} = \frac{ab+c}{1-(ad+be)-cde}$$

06 $G(j\omega) = \dfrac{K}{j\omega(j\omega+1)}$ 의 나이퀴스트 선도를 도시한 것은? (단, $K>0$이다.)

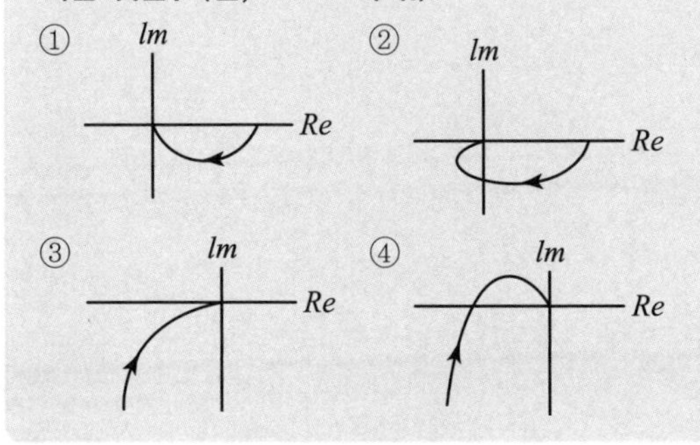

해설

전달함수 $G(j\omega) = \dfrac{K}{j\omega(j\omega+1)}$에서
전달함수의 크기 $|G(j\omega)|$ 및 위상 θ을 구하면

$|G(j\omega)| = \dfrac{K}{\omega\sqrt{\omega^2+1}}$

$\theta = \angle G(j\omega) = -90° - \tan^{-1}\omega$이므로
$\omega \to 0$일 때
$|G(jw)| = \infty$, 위상 $\theta = -90°$
$\omega \to \infty$ 일 때
$|G(jw)| = 0$, 위상 $\theta = -180°$
위의 조건으로 나이퀴스트 선도를 그리면 된다.

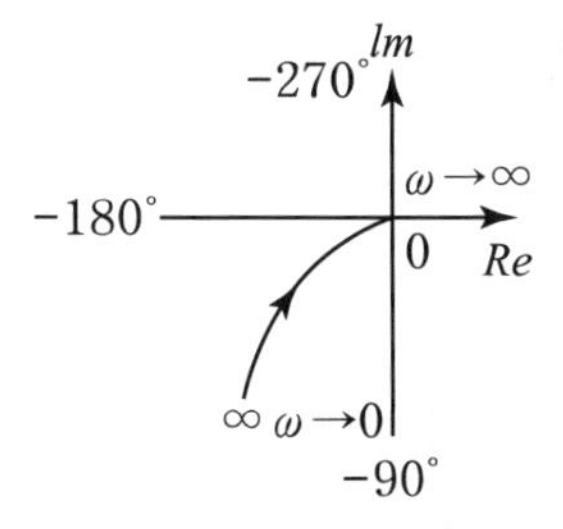

07 목표값이 미리 정해진 시간적 변화를 하는 경우 제어량을 그것에 추종하기 위한 제어는?

① 프로그래밍제어 ② 정치제어
③ 추종제어 ④ 비율제어

해설

목표값이 미리 정해진 시간적 변화를 하는 경우 제어량을 그것에 추종시키기 위한 제어를 프로그래밍 제어라 하며 그 예로는 무인열차, 무인자판기, 무인엘리베이터 등이 있다.

08 $F(s) = \dfrac{1}{s(s+1)(s+2)}$ 일 때 $f(t)$?

① $-\dfrac{1}{2} - \dfrac{1}{2}e^{-2t} + e^{-t}$

② $-\dfrac{1}{2} - \dfrac{1}{2}e^{-2t} - e^{-t}$

③ $\dfrac{1}{2} + \dfrac{1}{2}e^{-2t} - e^{-t}$

④ $\dfrac{1}{2} - \dfrac{1}{2}e^{-2t} - e^{-t}$

정답 05 ① 06 ③ 07 ① 08 ③

해설

$$F(s)=\frac{1}{s(s+1)(s+2)}=\frac{A}{s}+\frac{B}{(s+1)}+\frac{C}{(s+2)}$$ 에서

$$A=F(s)\,s|_{s=0}=\left.\frac{1}{(s+1)(s+2)}\right|_{s=0}=\frac{1}{2}$$

$$B=F(s)(s+1)|_{s=-1}=\left.\frac{1}{s(s+2)}\right|_{s=-1}=-1$$

$$C=F(s)(s+2)|_{s=-2}=\left.\frac{1}{s(s+1)}\right|_{s=-2}=\frac{1}{2}$$

$$F(s)=\frac{\frac{1}{2}}{s}+\frac{-1}{s+1}+\frac{\frac{1}{2}}{s+2}$$

$$=\frac{1}{2}\cdot\frac{1}{s}-\frac{1}{s+1}+\frac{1}{2}\cdot\frac{1}{s+2}$$

$$\therefore\ f(t)=\frac{1}{2}-e^{-t}+\frac{1}{2}\cdot e^{-2t}$$

09 입력신호 $x(t)$와 출력신호 $y(t)$의 관계가 다음과 같을 때 전달함수는?

$$\frac{d^2}{dt^2}y(t)+5\frac{d}{dt}y(t)+6y(t)=x(t)$$

① $\frac{1}{(s+2)(s+3)}$ ② $\frac{s+1}{(s+2)(s+3)}$

③ $\frac{s+4}{(s+2)(s+3)}$ ④ $\frac{s}{(s+2)(s+3)}$

해설

미분방정식을 실미분정리로 양변을 라플라스 변환하면

$s^2\,Y(s)+5s\,Y(s)+6\,Y(s)=X(s)$

$(s^2+5s+6)\,Y(s)=X(s)$

$$\therefore\ G(s)=\frac{Y(s)}{X(s)}=\frac{1}{s^2+5s+6}=\frac{1}{(s+2)(s+3)}$$

10 $\int_0^t f(t)dt$을 라플라스 변환하면?

① $s^2F(s)$ ② $sF(s)$

③ $\frac{1}{s}F(s)$ ④ $\frac{1}{s^2}F(s)$

해설

실적분 정리 (초기값 : $f(0)=0$)

$$\mathcal{L}\left[\int_0^t f(t)\,dt\right]=\frac{1}{s}F(s)$$

정답 09 ① 10 ③

CBT시험 복원문제

전기기사과년도

23 과년도기출문제(2023. 5. 13 시행)

※ 본 기출문제는 수험자의 기억을 바탕으로 하여 복원한 문제이므로 실제 문제와 다를 수 있음을 미리 알려드립니다.

01 시스템 행렬 A가 다음과 같을 때 상태천이행렬을 구하면?

$$A=\begin{bmatrix}0 & 1\\ -2 & -3\end{bmatrix}$$

① $\begin{bmatrix}2e^{t}-e^{2t} & -e^{t}+e^{2t}\\ 2e^{t}-2e^{2t} & -e^{t}+2e^{2t}\end{bmatrix}$

② $\begin{bmatrix}2e^{-t}-e^{-2t} & e^{-t}-e^{-2t}\\ 2e^{-t}+2e^{-2t} & -e^{-t}+2e^{2t}\end{bmatrix}$

③ $\begin{bmatrix}2e^{-t}-e^{-2t} & e^{-t}+e^{-2t}\\ -2e^{-t}-2e^{-2t} & -e^{-t}-2e^{2t}\end{bmatrix}$

④ $\begin{bmatrix}2e^{-t}-e^{-2t} & e^{-t}-e^{-2t}\\ -2e^{-t}+2e^{-2t} & -e^{-t}+2e^{-2t}\end{bmatrix}$

해설

상태 천이행렬를 구하면

$[sI-A]=\begin{bmatrix}s & 0\\ 0 & s\end{bmatrix}-\begin{bmatrix}0 & 1\\ -2 & -3\end{bmatrix}=\begin{bmatrix}s & -1\\ 2 & s+3\end{bmatrix}$

$[sI-A]^{-1}=\dfrac{1}{(s+1)(s+2)}\begin{bmatrix}s & 1\\ -2 & s+3\end{bmatrix}$

$=\begin{bmatrix}\dfrac{s+3}{(s+1)(s+2)} & \dfrac{1}{(s+1)(s+2)}\\ \dfrac{-2}{(s+1)(s+2)} & \dfrac{s}{(s+1)(s+2)}\end{bmatrix}$

에서 역라플라스 변환하면

$F_1(s)=\dfrac{s+3}{(s+1)(s+2)}=\dfrac{2}{s+1}-\dfrac{1}{s+2}$

$\therefore\ f_1(t)=2e^{-t}-e^{-2t}$

$F_2(s)=\dfrac{1}{(s+1)(s+2)}=\dfrac{1}{S+1}+\dfrac{-1}{s+2}$

$\therefore\ f_2(t)=e^{-t}-e^{-2t}$

$F_3(s)=\dfrac{-2}{(s+1)(s+2)}=\dfrac{-2}{s+1}+\dfrac{2}{s+2}$

$\therefore\ f_3(t)=-2e^{-t}+2e^{-2t}$

$F_4(s)=\dfrac{s}{(s+1)(s+2)}=\dfrac{-1}{s+1}+\dfrac{2}{s+2}$

$\therefore\ f_4(t)=-e^{-t}+2e^{-2t}$ 이므로

상태천이행렬은

$\phi(t)=\mathcal{L}^{-1}[(sI-A)^{-1}]$

$=\begin{bmatrix}2e^{-t}-e^{-2t} & e^{-t}-e^{-2t}\\ -2e^{-t}+2e^{-2t} & -e^{-t}+2e^{-2t}\end{bmatrix}$

02 다음 방정식으로 표기되는 식이 있다. 이 시스템을 상태방정식 $X(k+1)=AX(k)+Bu(k)$로 표현할 때 계수행렬 A는 어떻게 되는가?

$$c(k+2)+3c(k+1)+5c(k)=u(k)$$

① $\begin{bmatrix}0 & 1\\ -3 & -5\end{bmatrix}$　② $\begin{bmatrix}1 & 0\\ -3 & -5\end{bmatrix}$

③ $\begin{bmatrix}1 & 0\\ -5 & -3\end{bmatrix}$　④ $\begin{bmatrix}0 & 1\\ -5 & -3\end{bmatrix}$

해설

차분방정식

$c(k+2)+3c(k+1)+5c(k)=u(k)$에서

상태 방정식 $X(k+1)=AX(k)+Bu(k)$라 하면

상태변수 $X_1=c(k)$

$X_2=X_1(k+1)=c(k+1)$

$X_3=X_2(k+1)=c(k+2)$일 때

$X_1(k+1)=X_2$

$X_2(k+1)=-5X_1-3X_2+u(k)$가 되므로

$\begin{bmatrix}X_1(k+1)\\ X_2(k+1)\end{bmatrix}=\begin{bmatrix}0 & 1\\ -5 & -3\end{bmatrix}\begin{bmatrix}X_1\\ X_2\end{bmatrix}+\begin{bmatrix}0\\ 1\end{bmatrix}u(k)$ 이므로

계수행렬 $A=\begin{bmatrix}0 & 1\\ -5 & -3\end{bmatrix}$

03 그림과 같은 블록선도에 대한 등가 종합 전달 함수(C/A)는?

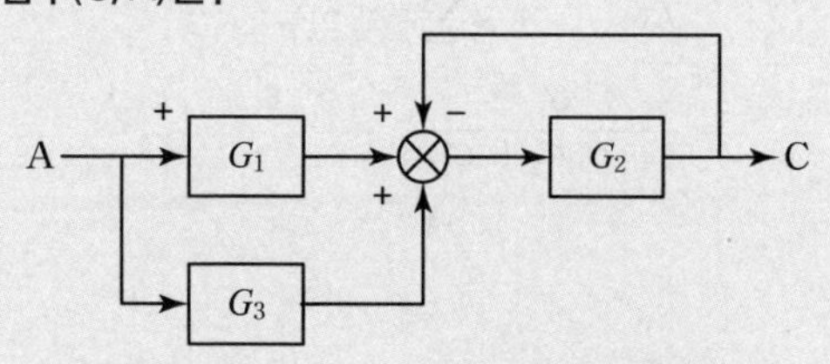

① $\dfrac{G_2(G_1+G_3)}{1+G_3}$　② $\dfrac{G_2(G_1+G_3)}{1+G_2}$

③ $\dfrac{G_2(G_1+G_3)}{1-G_2}$　④ $\dfrac{G_2(G_1-G_3)}{1+G_2}$

정답　01 ④　02 ④　03 ②

해설

블록선도의 전달함수를 구하면
첫번째 전향경로이득 : $G_1 \times G_2$
두번째 전향경로이득 : $G_3 \times G_2$
첫 번째 루프이득 : $G_2 \times 1 = G_2$
전달함수

$$G(s) = \frac{C(s)}{R(s)} = \frac{\sum 전향\ 경로\ 이득}{1-\sum 루프\ 이득} = \frac{G_2(G_1+G_3)}{1+G_2}$$

04 그림과 같은 블록선도에서 C(s)/R(s)는?

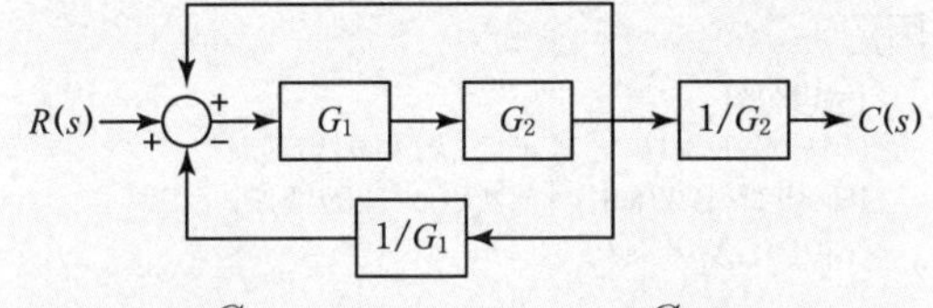

① $\dfrac{G_1}{1+G_1-G_1G_2}$ ② $\dfrac{G_1}{1+G_1+G_1G_2}$
③ $\dfrac{G_1}{1+G_2-G_1G_2}$ ④ $\dfrac{G_1}{1+G_2+G_1G_2}$

해설

블록선도의 전달함수를 구하면
첫 번째 전향경로이득 : $G_1 \times G_2 \times \dfrac{1}{G_2} = G_1$
첫 번째 루프이득 : $G_1 \times G_2 \times 1 = G_1 G_2$
두 번째 루프이득 : $G_1 \times G_2 \times \dfrac{1}{G_1} = G_2$
전달함수

$$G(s) = \frac{C(s)}{R(s)} = \frac{\sum 전향\ 경로\ 이득}{1-\sum 루프\ 이득} = \frac{G_1}{1-G_1G_2+G_2}$$

05 다음 논리 회로의 기능은?

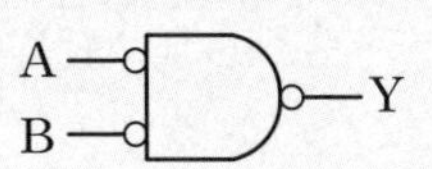

① NOT ② NOR
③ NAND ④ OR

해설

드모르강의 정리를 이용하여 논리식을 간소화하면
$Y = \overline{\overline{A} \cdot \overline{B}} = \overline{\overline{A}} + \overline{\overline{B}} = A + B$ 이므로 OR회로가 된다.

06 안정된 제어계의 특성근이 2개의 공액복소근을 가질 때 이 근들이 허수축 가까이에 있는 경우 허수축에서 멀리 떨어져 있는 안정된 근에 비해 과도 응답 영향은 어떻게 되는가?

① 천천히 사라진다. ② 영향이 같다.
③ 빨리 사라진다. ④ 영향이 없다.

해설

특성방정식의 근이 허수축(j)에서 멀리 떨어져 있을수록 정상값에 빨리 도달하므로 빨리 사라지고 허수축에서 가까이에 있는 경우 정상값에 늦게 도달하므로 과도응답은 천천히 사라진다.

07 전달함수가 $\dfrac{C(s)}{R(s)} = \dfrac{25}{s^2+6s+25}$ 인 2차 제어 시스템의 감쇠 진동 주파수(ω_d)는 몇 [rad/sec]인가?

① 3 ② 4
③ 5 ④ 6

해설

2차계의 전달함수

$G(s) = \dfrac{25}{s^2+6s+25} = \dfrac{\omega_n^2}{s^2+2\delta\omega_n s+\omega_n^2}$ 에서

계수를 구하면
$\omega_n^2 = 25$에서 고유 진동 각파수는 $\omega_n = 5\,[\text{rad/sec}]$이고
$2\delta\omega_n = 6$, $10\delta = 6$이므로 제동비 $\delta = 0.6$이므로
감쇠진동이 되어 이때 감쇠 진동 주파수
$\omega_d = \omega_n\sqrt{1-\delta^2} = 5\sqrt{1-0.6^2} = 4\,[\text{rad/sec}]$

정답 04 ③ 05 ④ 06 ① 07 ②

08 2차 지연요소의 특성방정식이 $s^2+3s+4=0$와 같을 때 2차 지연요소의 감쇠율은?

① 0.35 ② 0.95
③ 0.75 ④ 0.55

해설

2차 지연요소의 전달함수에서 특성방정식
$s^2+3s+4 = s^2+2\delta\omega_n s+\omega_n^2$이므로
$\omega_n^2 = 4$에서 고유 진동 각파수는 $\omega_n = 2\,[\mathrm{rad/sec}]$이고
$2\delta\omega_n = 3$, $4\delta = 3$이므로 감쇠율(제동비) $\delta = \dfrac{3}{4} = 0.75$

09 계단입력 신호를 인가한 직후, 제어량이 목표값에 가까운 일정한 값으로 안정 될 때까지의 특성은?

① 정상특성 ② 지연요소
③ 과도특성 ④ 낭비시간요소

해설

목표값에 가까운 일정한 값으로 안정 될 때까지의 특성을 과도 특성이라 한다.

10 다음의 개루프 전달함수에 대한 근궤적이 실수축에서 이탈하게 되는 분리점은 약 얼마인가?

$$G(s)H(s) = \frac{K}{s(s+3)(s+8)},\ K \geq 0$$

① -5.74 ② -1.33
③ -0.93 ④ -6.0

해설

근궤적의 분리점(이탈점)은
특성방정식

$$1+G(s)H(s) = 1+\frac{K}{s(s+3)(s+8)} = \frac{s(s+3)(s+8)+K}{s(s+3)(s+8)} = 0 \text{ 에서}$$

$s(s+3)(s+8)+K=0$
$K = -s(s+3)(s+8) = -s^3-11s^2-24s$이므로
분리점은 $\dfrac{dK}{ds}=0$을 만족하는 방정식의 근의 값을 구하면

$$\frac{dK}{ds} = \frac{d}{ds}\left[-s^3-11s^2-24s\right] = -(3s^2+22s+24) = 0$$

$3s^2+22s+24=0$ 에서
근의 공식으로 근을 구하면

$$s = \frac{-22\pm\sqrt{22^2-4\times3\times24}}{2\times3} = \frac{-22\pm\sqrt{196}}{6} = -1.33,\ -6$$

근궤적의 영역은 $0\sim-3$ 사이와 $-8\sim-\infty$사이에 존재하므로 이 범위에 속한 s 값은 -1.33이다.

정답 08 ③ 09 ③ 10 ②

과년도기출문제(2023. 7. 8 시행)

※ 본 기출문제는 수험자의 기억을 바탕으로 하여 복원한 문제이므로 실제 문제와 다를 수 있음을 미리 알려드립니다.

01 2차 선형 시불변 시스템의 전달함수 $G(s)=\dfrac{\omega_n^2}{s^2+2\delta\omega_n s+\omega_n^2}$ 에서 ω_n 이 의미하는 것은?

① 감쇠계수 ② 비례계수
③ 고유 진동 주파수 ④ 공진 주파수

해설

2차계의 전달함수에서 ω_n[rad/sec]는 고유 진동 주파수, δ는 제동비(감쇠비)라 한다.

02 다음과 같은 신호흐름선도에서 $\dfrac{C(s)}{R(s)}$ 의 값은?

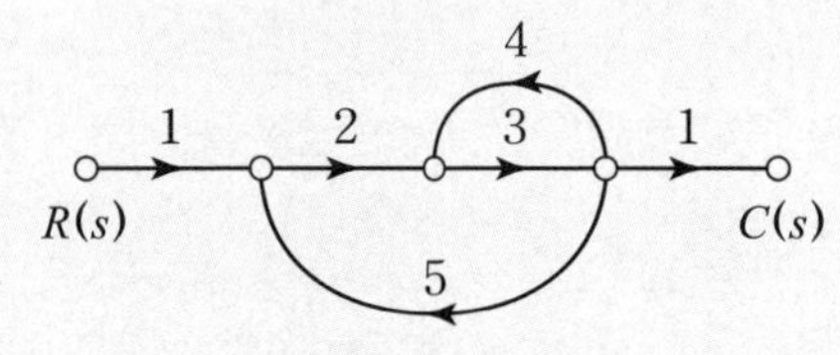

① $-\dfrac{1}{41}$ ② $-\dfrac{3}{41}$
③ $-\dfrac{6}{41}$ ④ $-\dfrac{8}{41}$

해설

신호흐름선도의 전달함수는
전향경로이득 : $1\times2\times3\times1=6$
첫 번째 루프이득 : $3\times4=12$
두 번째 루프이득 : $2\times3\times5=30$
전달함수

$$G(s)=\frac{C(s)}{R(s)}=\frac{\sum 전향\ 경로\ 이득}{1-\sum 루프\ 이득}$$

$$=\frac{6}{1-(12+30)}=-\frac{6}{41}$$

03 그림과 같은 블록선도에서 등가 전달함수는?

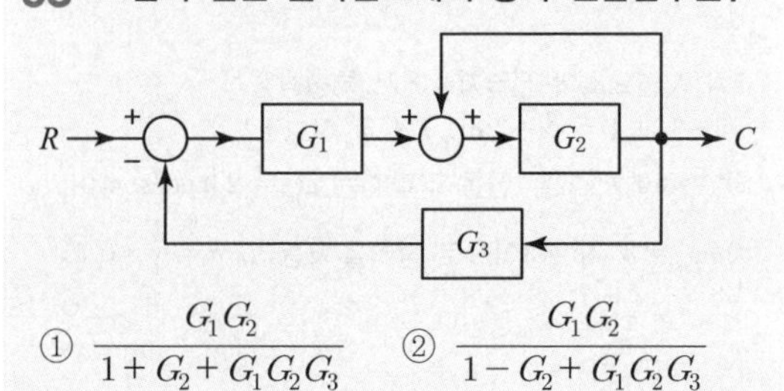

① $\dfrac{G_1G_2}{1+G_2+G_1G_2G_3}$ ② $\dfrac{G_1G_2}{1-G_2+G_1G_2G_3}$
③ $\dfrac{G_1G_3}{1-G_2+G_1G_2G_3}$ ④ $\dfrac{G_1G_3}{1+G_2+G_1G_2G_3}$

해설

블록선도의 전달함수는
전향경로이득 : $G_1\times G_2$
첫 번째 루프이득 : $G_2\times1=G_2$
두 번째 루프이득 : $G_1\times G_2\times G_3$
전달함수

$$G(s)=\frac{C(s)}{R(s)}=\frac{\sum 전향\ 경로\ 이득}{1-\sum 루프\ 이득}$$

$$=\frac{G_1G_2}{1-G_2+G_1G_2G_3}$$

04 일정 입력에 대해 잔류편차가 있는 제어계는?

① 비례 제어계
② 적분 제어계
③ 비례 적분 제어계
④ 비례 적분 미분 제어계

해설

비례동작(P제어)인 경우 off-set(오프셋, 잔류편차, 정상편차, 정상오차)가 발생하고 속응성(응답속도)이 나쁘다.

정답 01 ③ 02 ③ 03 ② 04 ①

05 다음의 과도응답에 관한 설명 중 옳지 않은 것은?

① 지연 시간은 응답이 최초로 목표값의 50[%]가 되는 데 소요되는 시간이다.
② 백분율 오버슈트는 최종 목표값과 최대 오버슈트와의 비를 %로 나타낸 것이다.
③ 감쇠비는 최종 목표값과 최대 오버슈트와의 비를 나타낸 것이다.
④ 응답시간은 응답이 요구하는 오차 이내로 정착되는데 걸리는 시간이다.

해설

감쇠비는 과도응답이 소멸되는 정도로서 제2의 오버슈트와 최대 오버슈트와의 비를 나타낸 것이다.

06 ω가 0에서 ∞까지 변화하였을 때 $G(j\omega)$의 크기와 위상각을 극좌표에 그린 것으로 이 궤적을 표시하는 선도는?

① 근궤적도　② 나이퀴스트선도
③ 니콜스선도　④ 보오드선도

해설

ω가 0에서 ∞까지 변화시 주파수 전달함수 $G(j\omega)$의 크기와 위상각을 극좌표에 그린 것으로 이 궤적을 표시하는 선도를 나이퀴스트선도라 한다.

07 상태방정식으로 표시되는 제어계의 천이행렬 $\Phi(t)$는?

$$X = \begin{bmatrix} 0 & 1 \\ 0 & 0 \end{bmatrix} X + \begin{bmatrix} 0 \\ 1 \end{bmatrix} U$$

① $\begin{bmatrix} 0 & t \\ 1 & 1 \end{bmatrix}$　② $\begin{bmatrix} 1 & 1 \\ 0 & t \end{bmatrix}$
③ $\begin{bmatrix} 1 & t \\ 0 & 1 \end{bmatrix}$　④ $\begin{bmatrix} 0 & t \\ 1 & 0 \end{bmatrix}$

해설

계수행렬 $A = \begin{bmatrix} 0 & 1 \\ 0 & 0 \end{bmatrix}$이므로 상태천이행렬 $\phi(t)$는

$$sI - A = s\begin{bmatrix} 1 & 0 \\ 0 & 1 \end{bmatrix} - \begin{bmatrix} 0 & 1 \\ 0 & 0 \end{bmatrix} = \begin{bmatrix} s & -1 \\ 0 & s \end{bmatrix}$$

$$[sI - A]^{-1} = \begin{bmatrix} s & -1 \\ 0 & s \end{bmatrix}^{-1} = \frac{1}{s^2}\begin{bmatrix} s & 1 \\ 0 & s \end{bmatrix} = \begin{bmatrix} \frac{1}{s} & \frac{1}{s^2} \\ 0 & \frac{1}{s} \end{bmatrix}$$

$$\therefore\ \phi(t) = \mathcal{L}^{-1}\{[sI - A]^{-1}\} = \begin{bmatrix} 1 & t \\ 0 & 1 \end{bmatrix}$$

08 그림과 같은 제어계에서 단위 계단 입력 D가 인가될 때 외란 D에 의한 정상편차는 얼마인가?

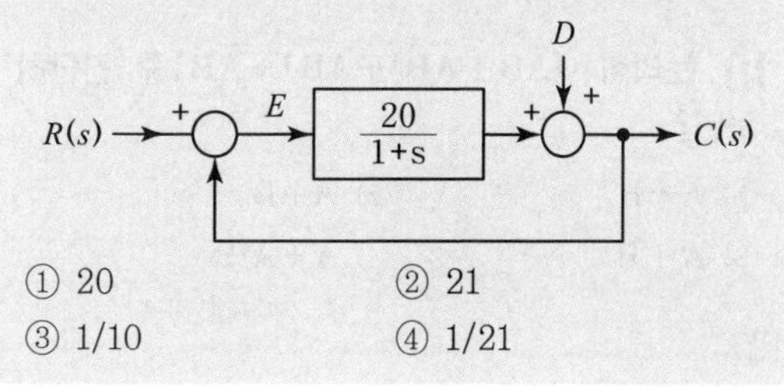

① 20　② 21
③ 1/10　④ 1/21

해설

기준입력이 단위계단입력 $D = u(t) = 1$인 경우의 정상편차는 정상위치편차 e_{ssp}를 말하므로

블록선도에서 개우프 전달함수는 $G(s) = \frac{20}{1+s}$이므로

위치편차상수는 $k_p = \lim_{s \to 0} G(s) = \lim_{s \to 0} \frac{20}{1+s} = 20$

정상위치편차는

$$e_{ssp} = \frac{1}{1 + \lim_{s=0} G(s)} = \frac{1}{1 + k_p} = \frac{1}{1+20} = \frac{1}{21}$$

정답　05 ③　06 ②　07 ③　08 ④

09 보드선도의 이득곡선이 0[dB]인 점을 지날 때 주파수에서 양의 위상여유가 생기고 위상곡선이 -180°를 지날 때 양의 이득여유가 생긴다면 이 폐루프 시스템의 안정도는 어떻게 되겠는가?

① 항상 안정
② 항상 불안정
③ 조건부 안정
④ 안정성 여부를 판가름 할 수 없다.

해설

보드 선도에서 이득 곡선이 0[dB]인 점을 지날 때의 주파수에서 양의 위상 여유가 생기고 위상 곡선이 −180°를 지날 때 양의 이득 여유가 생긴다면 시스템은 안정하다.

10 논리식 $((AB+A\overline{B})+AB)+\overline{A}B)$를 간단히 하면?

① $A+B$
② $\overline{A}+B$
③ $A+\overline{B}$
④ $A+A\cdot B$

해설

드모르강의 정리를 이용하여 논리식을 간소화하면

$((AB+A\overline{B})+AB)+\overline{A}B)$
$=(A(B+\overline{B})+AB)+\overline{A}B)$
$=(A\cdot 1+AB)+\overline{A}B)$
$=(A(1+B)+\overline{A}B)$
$=(A\cdot 1+\overline{A}B)$
$=A+\overline{A}B$
$=(A+\overline{A})\cdot(A+B)$
$=1\cdot(A+B)=A+B$

정답 09 ① 10 ①

전기기사 · 전기공사기사

제어공학 ❺

定價 18,000원

저 자 대산전기기술학원

발행인 이 종 권

2016年 1月 28日 초 판 발 행
2017年 1月 21日 2차개정발행
2018年 1月 29日 3차개정발행
2018年 11月 15日 4차개정발행
2019年 12月 23日 5차개정발행
2020年 12月 21日 6차개정발행
2021年 1月 12日 7차개정발행
2022年 1月 10日 8차개정발행
2023年 1月 12日 9차개정발행
2024年 1月 30日 10차개정발행

發行處 (주) 한솔아카데미

(우)06775 서울시 서초구 마방로10길 25 트윈타워 A동 2002호
TEL : (02)575-6144/5 FAX : (02)529-1130
〈1998. 2. 19 登錄 第16-1608號〉

※ 본 교재의 내용 중에서 오타, 오류 등은 발견되는 대로 한솔아카데미 인터넷 홈페이지를 통해 공지하여 드리며 보다 완벽한 교재를 위해 끊임없이 최선의 노력을 다하겠습니다.

※ 파본은 구입하신 서점에서 교환해 드립니다.

www.inup.co.kr / www.dsan.co.kr

ISBN 979-11-6654-470-5 13560